国家出版基金项目
NATIONAL PUBLICATION FOUNDATION

地球观测与导航技术丛书

地理空间数据数字水印
理论与方法

朱长青　许德合　任　娜　闵连权 等　著

国家 863 计划项目（2006AA12Z223）
国家自然科学基金（41071245、41301413）
国家社科基金重大项目（11&ZD161）　　资　助
江苏高校优势学科建设工程资助项目

科　学　出　版　社
北　京

内 容 简 介

本书在作者多年研究的基础上，基于数字水印技术，结合地理空间数据基本特性，对地理空间数据数字水印技术基本理论和方法进行了深入研究。本书主要内容包括地理空间数据数字水印技术特征分析、地理空间数据数字水印技术国内外研究进展、不同类型的地理空间数据数字水印模型和算法及其实验分析、栅格数据可见水印模型和算法等，特别从多个角度包括空间域、变换域等对地理空间数据数字水印模型和算法进行全方位的探讨，并结合应用实际进行深入研究。

本书可作为从事地理空间数据相关理论、技术和应用的教学、科研、开发人员的学习和参考用书。

图书在版编目（CIP）数据

地理空间数据数字水印理论与方法/朱长青等著. —北京：科学出版社，2014.8

（地球观测与导航技术丛书）

国家出版基金项目

ISBN 978-7-03-041597-4

Ⅰ. ①地… Ⅱ. ①朱… Ⅲ. ①地理信息系统-水印 Ⅳ. ①P208

中国版本图书馆 CIP 数据核字（2014）第 187138 号

责任编辑：朱海燕 李秋艳/责任校对：宋玲玲
责任印制：赵德静/封面设计：王 浩

科 学 出 版 社 出版
北京东黄城根北街 16 号
邮政编码：100717
http://www.sciencep.com

中国科学院印刷厂 印刷

科学出版社发行 各地新华书店经销

*

2014 年 8 月第 一 版 开本：787×1092 1/16
2014 年 8 月第一次印刷 印张：15
字数：350 000

定价：69.00 元
（如有印装质量问题，我社负责调换）

《地球观测与导航技术丛书》编委会

顾问专家

徐冠华　龚惠兴　童庆禧　刘经南　王家耀
李小文　叶嘉安

主　编

李德仁

副主编

郭华东　龚健雅　周成虎　周建华

编　委（按姓氏汉语拼音排序）

鲍虎军　陈　戈　陈晓玲　程鹏飞　房建成
龚建华　顾行发　江碧涛　江　凯　景贵飞
景　宁　李传荣　李加洪　李　京　李　明
李增元　李志林　梁顺林　廖小罕　林　珲
林　鹏　刘耀林　卢乃锰　孟　波　秦其明
单　杰　施　闯　史文中　吴一戎　徐祥德
许健民　尤　政　郁文贤　张继贤　张良培
周国清　周启鸣

《地球观测与导航技术丛书》出版说明

地球空间信息科学与生物科学和纳米技术三者被认为是当今世界上最重要、发展最快的三大领域。地球观测与导航技术是获得地球空间信息的重要手段，而与之相关的理论与技术是地球空间信息科学的基础。

随着遥感、地理信息、导航定位等空间技术的快速发展以及航天、通信和信息科学的有力支撑，地球观测与导航技术相关领域的研究在国家科研中的地位不断提高。我国科技发展中长期规划将高分辨率对地观测系统与新一代卫星导航定位系统列入国家重大专项；国家有关部门高度重视这一领域的发展，国家发展和改革委员会设立产业化专项支持卫星导航产业的发展；工业与信息化部和科学技术部也启动了多个项目支持技术标准化和产业示范；国家高技术研究发展计划（863 计划）将早期的信息获取与处理技术（308、103）主题，首次设立为"地球观测与导航技术"领域。

目前，"十一五"计划正在积极向前推进，"地球观测与导航技术领域"作为 863 计划领域的第一个五年计划也将进入科研成果的收获期。在这种情况下，把地球观测与导航技术领域相关的创新成果编著成书，集中发布，以整体面貌推出，当具有重要意义。它既能展示 973 计划和 863 计划主题的丰硕成果，又能促进领域内相关成果传播和交流，并指导未来学科的发展，同时也对地球观测与导航技术领域在我国科学界中地位的提升具有重要的促进作用。

为了适应中国地球观测与导航技术领域的发展，科学出版社依托有关的知名专家支持，凭借科学出版社在学术出版界的品牌启动了《地球观测与导航技术丛书》。

丛书中每一本书的选择标准要求作者具有深厚的科学研究功底、实践经验，主持或参加 863 计划地球观测与导航技术领域的项目、973 相关项目以及其他国家重大相关项目，或者所著图书为其在已有科研或教学成果的基础上高水平的原创性总结，或者是相关领域国外经典专著的翻译。

我们相信，通过丛书编委会和全国地球观测与导航技术领域专家、科学出版社的通力合作，将会有一大批反映我国地球观测与导航技术领域最新研究成果和实践水平的著作面世，成为我国地球空间信息科学中的一个亮点，推动我国地球空间信息科学的健康和快速发展！

李德仁

2009 年 10 月

序　言

　　数字水印技术作为信息安全的前沿技术，对于地理空间数据的安全管理、版权保护及共享服务等具有重要作用。该书针对地理空间特点的数字水印技术，是目前测绘地理信息领域急需解决的重要理论和应用问题。

　　朱长青教授及其研究团队近年来承担了多项国家 863 计划项目、自然科学基金项目和国家社会科学基金重大项目，对于地理空间数据安全特别是数字水印技术有深入的研究和应用，在取得的丰硕理论和应用成果基础上，完成了这部《地理空间数据数字水印理论与方法》。

　　该书从地理空间数据的基本特征和应用实际出发，系统研究了地理空间数据数字水印理论和技术，详细论述了不同类型的地理空间数据数字水印技术方法。同时，作者还对理论成果的应用转化开展了积极工作，研发了"吉印"地理空间数据数字水印系统；该系统在军队和地方近百家部门成功应用，为地理空间数据安全保护做出了积极的贡献。

　　该书重点突出，体系完整，内容丰富，应用广泛，特别是将理论与应用有机结合，具有较好的学术价值、理论价值和应用价值。

　　该书对从事地理空间数据安全和共享相关理论、技术和应用的教学、科研、开发人员具有较高的参考价值和指导意义，对于从事地理空间数据应用服务的教学和科研人员也具有较高的参考价值。

　　该书的出版，必将对我国地理空间数据安全的研究、教育、发展和应用起到重要的作用；对于提高地理空间数据的服务能力和水平，充分发挥地理空间数据的价值，实现地理空间数据共享，满足社会各行各业的需求具有重要意义。

中国工程院院士　王家耀

2013 年 6 月于郑州

前　言

地理空间数据是国家基础设施建设和地球科学研究的支撑性成果，是国民经济、国防建设中不可缺少的战略资源，在国家经济、国防建设中占有十分重要的地位。随着信息化、数字化和网络化的飞速发展，地理空间数据的访问、获取、使用、传播、复制、存储等都变得非常方便快捷，随之而来的安全问题也更加突出，如何保护地理空间数据的安全已成为迫在眉睫的问题。

数字水印技术是近年来信息安全领域中发展起来的前沿技术，它是将水印信息（如版权信息、用户信息、使用期限等）嵌入到数字载体中，使水印信息成为数字载体不可分离的一部分，由此来确定版权拥有者、所有权认证、跟踪侵权行为、认证数据来源的真实性、识别购买者、提供关于数字内容的其他附加信息等。

目前，数字水印技术在图像、视频、音频等领域的安全保护方面发展得较为成熟，并取得了许多成功应用。近年来，在地理空间数据安全管理和版权保护方面，数字水印技术也得到了高度的关注，取得了一些重要的研究和应用成果。

本书致力于地理空间数据数字水印理论和方法的研究，对矢量、影像、数字高程模型、栅格地图等数据的水印模型、算法及应用进行了深入而详细的探讨，为进一步开展地理空间数据数字水印技术研究提供理论和应用基础。

本书共 13 章。第 1 章对数字水印技术的基本概念、分类和特征等进行论述，以期使读者对数字水印技术有基本的了解。第 2 章简要地论述地理空间数据的获取、特征及数据组织方式。第 3 章结合地理空间数据的特点，论述地理空间数据数字水印技术的发展、特征及其研究现状。第 4 章介绍数字水印技术中常用的数学方法，如离散余弦变换、离散小波变换、离散傅里叶变换等数学原理及性质。第 5 章根据矢量空间数据的特征，介绍将水印数据直接嵌入数据顶点坐标的空间域方法。第 6 章介绍地理空间数据数字水印技术攻击方法，对空间域和小波变换域的地理空间数据水印嵌入算法进行实验，得到不同攻击方法对水印信息的影响效果。第 7 章在充分考虑矢量地理空间数据特点的基础上，利用地图数据的统计特性研究矢量地理空间数据的统计水印算法。第 8 章介绍基于离散余弦变换和离散小波变换的矢量地理空间数据水印算法，同时对空间域与变换域的水印算法进行分析和比较。第 9 章对基于离散傅里叶变换的矢量地理空间数据水印算法进行详细阐述并做鲁棒性、不可见性和可用性实验。第 10 章针对栅格数字地图自身数据特性，基于小波变换技术，研究栅格数字地图数字水印算法。第 11 章从遥感影像区别于普通图像的特征入手，针对其数字水印技术的特点和要求加以分析和研究，研究遥感影像的数字水印模型和算法。第 12 章通过对数字高程模型数据的分析，建立三种数字高程模型数字水印模型和算法。第 13 章研究可见水印嵌入模型，提出一种以用户为中心的可见水印嵌入模型。

本书内容是在国家 863 计划项目"矢量地理空间数据数字水印技术，编号：2006AA12Z223"，国家自然科学基金"矢量地理空间数据水印检测模型研究，编号：41071245"、"基于压缩感知的矢量地理数据水印模型研究，编号：41301413"，国家社会科学基金重大项目"我国地理信息安全的政策和法律研究，编号：11&ZD161"，江苏高校优势学科建设工程资助项目等研究成果的基础上形成的。

本书由朱长青组织编写，朱长青、许德合、任娜和闵连权负责统稿，参与本书写作的还有王玉海、王志伟、杨成松、王奇胜、符浩军、郭思远、崔翰川等。

由于作者水平和知识所限，书中一定还有缺点和不妥之处，恳请读者批评指正。

作　者

2013 年 7 月

目　　录

第1章 概　　论

本章从概念、特征、算法、分类、原理以及应用等方面对数字水印技术进行全面论述，为后面各章地理空间数据数字水印理论和方法的研究建立基础，使读者对数字水印技术建立基本认识。

1.1 引　　言

始于 20 世纪中后期的数字化革命，经历了五十多年的发展，将人类社会推进到信息化社会阶段，社会的信息化极大地改变了人类的生产与生活方式，使得处在全世界各地的人们进行信息交流更加方便、直接和经济，同时也极大地提高了信息表达的效率和准确率。信息化社会为人类带来便利的同时也带来了各种安全风险和隐患。近几年来，恐怖主义、战争威胁、计算机病毒、信息对抗、信息安全等问题困扰全人类，人们开始关心数据信息来自何方、送到何处，数据的保密性、真实性、完整性、通信对象的可信赖性、个人隐私的保护以及辛勤劳动所创造的数据产品的安危等。针对侵权盗版活动日益猖獗的情况，一方面可通过立法来加强对数字产品版权的保护，另一方面也必须要采用先进的版权保护技术来保障法律的实施。传统的版权保护技术如激光防伪标签、条码、特殊符号以及隐形标记等在数字化产品的版权保护上无能为力，寻求适用于数字产品版权保护的技术手段成为十分紧迫的社会需求及课题。

空间数据作为一种特殊的数据信息，有自己特殊的应用场合，随着近几年对地理信息系统的开发和研究，地理空间数据的应用得到了快速增长。例如，地理空间数据可应用于汽车导航系统、带有 GPS 定位服务的移动通信设备、基于 WEB 的数字地图服务，以及采用地理信息系统（GIS）技术用于地理国情监测和灾难应急响应系统等。地理空间数据生产成本高、精度高，但作为数据的一种，同样也易于更改、复制和传播，一旦对地理空间数据的发布失去控制，造成地理空间数据的流失和滥用，就会损害相关单位的正当权益，甚至损害我国的国防安全。

1.1.1 传统信息安全技术的不足

传统的信息安全技术主要是加密技术。该技术目前已经发展得比较成熟，在信息社会的各个领域中得到了广泛的应用。加密技术是将信息的语义隐藏起来，对手得到密码后，虽然知道其中有秘密信息存在，却不知道秘密信息的含义而已。加密技术对内容的保护只局限在加密通信的信道中或其他加密状态下，一旦解密，则毫无保护可言。目前，计算机技术的飞速发展使得密码破译能力越来越强，常规密码的安全性受到了很大的威胁。而密码一旦破译，内容完全透明，信息就会失控，信息版权就得不到保护，也为盗版侵权行为提供了便利（孙圣和等，2004）。传统加密方法的局限如图 1.1 所示（潘蓉，2005）。为了弥补密码技术的缺陷，人们开始寻求另一种技术来对加密技术进行补充，从而使解密后的内容仍能受到保护。

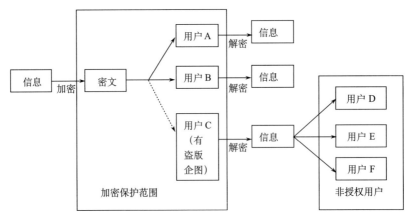

图 1.1　传统加密方法

1.1.2　数字水印技术的需求

　　数字水印技术是信息安全领域中近年发展起来的前沿技术，并有希望成为这样一种补充技术，数字水印技术是利用数字作品中普遍存在的冗余数据与随机性把版权信息嵌入在数字作品本身中，因为它在数字产品中嵌入的信息不会被常规处理操作去除从而起到保护数字作品版权的一种技术（孙圣和等，2004）。数字水印技术是通过计算机以一定的算法嵌入的，一般不易感知，只能通过计算机提取和检测。在发生版权纠纷时，可以通过相应的算法提取出来，从而验证数字产品的版权归属，确保版权所有者的合法利益（杨义先和钮心忻，2006）。基于数字水印技术的保护版权的方法如图 1.2 所示（潘蓉，2005）。数字水印技术一方面弥补了密码技术的缺陷，可以为解密后的数据提供进一步的保护；另一方面，数字水印技术也弥补了数字签名技术的缺陷，因为它可以在原始数据中一次性嵌入大量的秘密信息（李黎，2004）。数字水印技术是目前信息安全技术领域的一个新方向，是一种可以在开放网络环境下保护版权、认证来源及完整性的新型技术，创作者的创作信息和个人标志通过数字水印技术系统以人们所不可感知的水印形式嵌入在数字产品中。

　　与数字加密相比，数字水印技术具有以下的优点：第一，数字水印技术被嵌入到数据本身内容之中，并不影响数据的正常使用与传播，而数字加密对数据本身内容进行扰乱，影响了数据的有效传播；第二，由于数字水印技术被嵌入到数据本身内容之中，因此对数据复制、一般处理与传播都不会改变数字水印技术的主要信息，除非对数据进行较多的处理，而这样往往会造成数据质量的严重下降，使其失去使用价值或商业价值；第三，通过检测数据中的数字水印技术信息，不仅能够判断数据的版权信息，还可以对

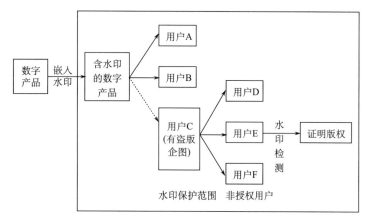

图 1.2 数字水印技术过程

数据的侵权行为进行监视与跟踪，这一点可以通过在数据中嵌入购买者的数字标志来实现。因此，使用数字水印技术可以较好地弥补数字加密的不足之处（姚俊，2002）。随着数字水印技术的发展，研究者发现了越来越多的应用，有许多是当初所没有预料到的。如今，数字水印技术在数字内容的广播监控、所有者鉴别、所有权验证、操作跟踪、内容认证、拷贝控制和设备控制等方面得到了十分广泛的应用（Tirkel et al.，1993），关于数字水印的详细介绍见 1.2 节。

目前，数字水印技术得到了高度重视和发展。但是，大部分的研究和应用仅限于数字图像、声音和视频。这一方面是因为计算机和网络技术的发展使得这些产品得到了普及，提出了比较明确的需求；另一方面是因为随着通信技术和信息处理技术的发展，产生了大量成熟的数据处理算法。已经有许多学者和研究机构对地理空间数据水印技术进行了研究，并取得了一些研究成果，但是从总体上来看，数字水印技术在地理空间数据方面的研究还处于起步和发展阶段。

1.2 数字水印技术

水印技术最早出现于意大利的造纸业中，1282 年，意大利法布里阿诺（Fabriano）的一家造纸厂在纸张的制造过程中，将具有图案或者标识的压胶辊压制于纸浆之上，使得造出来的纸张具有某种隐隐约约的印记，这就是早期的水印，早期纸张中的水印技术主要用于增强纸张的美感。

最早将水印作为防伪功能应用于印钞的是德国。1772 年，德国为了使发行的纸币能够防伪，就在新发行的萨克森纸币上首先应用了水印。到了 19 世纪后期，世界上的许多国家都在本国纸币上应用了水印。

类似于数字水印技术的案例最早出现于 1954 年，当时美国的 E. Hembrooke 申请了一个名为 *Identification of Sound and Like Signals* 的发明，提出一种将不可感知的标识码嵌入到音乐作品中以保护作品的版权的专利。该专利申请书中写道"申请的发明能有效追踪音乐产品的版权同时提供一种保护隐私的手段，就像纸张中的水印一样"，这是最早出现的电子水印技术。

随着计算机技术的不断发展和普及，数据版权保护的重要性越来越突出，在这一历史条件下，数字水印技术应运而生。1993 年，Tirkel 等发表了一篇名为 *Electronic Watermark* 的文章，首先提出了"电子水印"的说法，然后又发表了另外一篇名为 *A Digital Watermark* 的文章（Schyndel et al.，1994），提出了"数字水印技术"这一概念，并引起了许多学者和公司的关注。从此之后，对于数字水印技术的研究如雨后春笋般涌现出来。经过近 20 年来大量学者和研究机构的共同努力，数字水印技术的研究取得了较大进步。在数字水印技术理论研究方面，每年都会有大量关于数字水印技术的论文发表，分析近几年的数字水印技术方面的论文可以发现对于数字水印技术的研究发生了很大的变化，取得了较大的进步。从早期简单的空间域水印算法到现在鲁棒性好的空间域和变换域相结合的水印算法，从早期仅仅考虑简单的单一水印攻击到现在考虑复杂的复合水印攻击，从早期算法模型研究到现在算法和水印数据评价的研究，从早期图像水印算法的研究到现在的视频、音频、文本、三维模型和地理空间数据等多种载体数据水印算法的研究，这一系列变化使得对水印理论的研究正朝着更深更广的方向发展，这为数字水印技术的发展和应用奠定了坚实基础。

数字水印技术自提出以来，由于其在信息安全和经济上的重要地位，发展较为迅速，世界各国的科研机构、大学和商业集团都积极地参与或投资支持此方面的研究。例如，美国财政部、美国版权工作组、美国洛斯阿拉莫斯国家实验室、美国海陆空研究实验室、欧洲电信联盟、德国国家信息技术研究中心、日本 NTT 信息与通信系统研究中心、麻省理工学院、南加利福尼亚大学、剑桥大学、瑞士洛桑联邦工学院、西班牙 Vigo 大学、微软公司剑桥研究院、CA 公司、荷兰菲利浦公司、朗讯贝尔实验室等都在进行这方面的研究工作。IBM 公司、日立公司、NEC 公司、Pioneer 电子公司和 Sony 公司五家公司还宣布联合研究基于信息隐藏的电子水印。

近年来，国际上相继发表了大量的关于数字水印技术的学术文章，内容主要是数字水印技术的理论研究，包括数字水印技术的特点、分类、模型、应用和模型等，几个有影响的国际会议（如 IEEE，SPIE 等）及一些国际权威学术期刊（如 *Signal Processing* 等）相继出版了有关数字水印技术的专题。1996 年 5 月，国际第一届信息隐藏学术讨论会（International Information Hiding Workshop，IHW）在英国剑桥牛顿研究所召开。在 1999 年第三届信息隐藏国际学术研讨会上，数字水印技术成为主旋律，全部 33 篇文章中有 18 篇是关于数字水印技术的研究。1998 年的国际图像处理大会（ICIP）上，还开辟了两个关于数字水印技术的专题讨论。由 M. Kutter 创建的 Watermarking World 成为一个关于数字水印技术的著名网上论坛。

除了理论研究以外，一些机构也正在积极开发采用数字水印技术的产品，在 20 世纪 90 年代末期一些公司开始正式地销售水印产品。在图像水印方面，美国的 Digimarc 公司率先推出了第一个商用数字水印技术软件，然后又以插件形式将该软件集成到 Adobe 公司的 Photoshop 和 Corel Draw 图像处理软件中。该公司还推出了媒体桥（Mediabridge）技术，利用这项技术用户只要将含有 Digimarc 水印信息的图片放在网络摄像机（Web Camera）前，媒体桥技术就可以直接将用户带到与图像内容相关联的网络站点。AlpVision 公司推出的 Lavellt 软件，能够在任何扫描的图片中隐藏若干字符，这些字符标记可以作为原始文件出处的证明，也就是说任何电子图片，无论是用于 Word 文档、出版物，还是电子邮件或者网页，都可以借助于隐藏的标记知道它的原始出处。AlpVision 公司的 SafePaper 是专为打印文档设计的安全产品，它将水印信息隐藏到纸的背面，以此来证明该文档的真伪。SafePaper 可用于证明一份文件是否为指定的公司或组织所打印，如医疗处方、法律文书、契约等，还可以将一些重要或秘密的信息，如商标、专利、名字、金额等，隐藏到数字水印技术中。2001 年 7 月，富士通公司开发出了"阶层型电子水印"技术，为其在因特网上实现电子博物馆和电子美术馆系统"Musethque Light"提供了安全保障。美国 Informix 软件公司开发的数据库管理系统"INFORMIX-Universal Server"也可作为嵌入数字水印技术的软件使用。目前国际上报道的已经开发成功的数字水印技术软件还有：Digimarc 公司的 PictureMarc、BatchMarc、Marc Center、Marc Spider，英国 Signum 公司的 SureSign 系列产品，Aliroo 公司的 ScarLet，Alpha 公司的 EIKONAmark 以及 MediaSec 公司的 SysCop 系列产品等。这些产品都对数字水印技术的发展起到了巨大的推动作用。欧洲电子产业界和相关大学协作开发了采用数字水印技术来监视复制音像软件的监视系统，以防止数字广播业者的不正当复制行为。该开发计划名称为"TALISMAN"（Tracing Authors' Rights by Labeling Image Service and Monitoring Access Networks）。此开发计划作为欧洲电子产业界等组织的欧共体项目于 1995 年 9 月开始进行，1998 年 8 月结束，有法国、比利时、德国、西班牙、意大利和瑞士等在内的 11 个通信与广播业者、研究单位和大学参加。

随着技术信息交流的加快和水印技术的迅速发展，国内一些研究单位也已逐步从技术跟踪转向深入系统研究，各大研究所和高校纷纷投入数字水印技术的研究，其中比较有代表性的有南京师范大学、解放军信息工程大学、中国科学院自动化研究所、北京邮电大学、清华大学、中山大学、国防科学技术大学、电子科技大学、哈尔滨工业大学、浙江大学、北京电子技术应用研究所等。1999 年 12 月由北京电子技术应用研究所组织召开了我国第一届信息隐藏学术研讨会后，至今已成功举办了十届，很大程度地推进了国内水印技术的研究与发展。国家 863 计划、973 计划、国家自然科学基金等都对数字水印技术的研究提供了项目资助。同时，国家对信息安全产业的健康发展也非常重视，在 2003 年的《科技型中小企业技术创新基金若干重点项目指南》中，明确指出对"数字产品产权保护"（基于数字水印技术、信息隐藏、网络认证等先进技术）和"个性化产品"（证件）的防伪等多项防盗版和防伪技术予以重点支持。

现在国内已经出现了一些研发数字水印的公司和产品，其中比较有代表性的是创办南京吉印信息科技有限公司的朱长青教授主持研发的"吉印"地理空间数据数字水印技术系统，该系统可以对多种格式多种类型的地理空间数据进行水印信息嵌入和检测，并保持好的精度和高的鲁棒性，系统已在测绘、地理信息、规划、地质、国土资源、军事、公安（系统）等多个领域和部门的 60 多家单位得到应用。中国科学院自动化研究所的刘瑞祯、谭铁牛教授等于 2002 年在上海创办了一家专门从事数字水印技术、多媒体信息和网络安全、防伪技术等的软硬件开发公司——上海阿须数码技术有限公司。该公司现从事数字证件、数字印章、PDF 文本、分块离散图像、视频、网络安全等多方面数字水印技术的研究，创办至今这家公司已申请了多项国家数字水印技术专利。由数字水印技术专家李炳发教授牵头成立的成都宇飞信息工程有限公司，在成功开发出音频、视频、图像及文本数字水印技术平台的基础上，又率先开发出了国际上第一个印刷打印数字水印技术软件并投入了商业化应用，其研究成果已经处于国际领先水平。虽然数字水印技术在国内的应用还处于初级阶段，但水印公司的创办使得数字水印技术在国内不只是停留在理论研究的层面上，而是走上了实用化和商业化的道路，这样会更有助于推动国内水印技术的蓬勃发展，为国内的信息安全产业提供有效的、安全的保障。

从总体上看，我国数字水印相关的研究与世界水平同步，而且有自己独特的研究思路，已有一些技术和商业化的产品推向市场。

1.2.1 数字水印技术的定义和特征

目前虽有许多文献讨论有关数字水印技术的问题，但数字水印技术始终没有一个明确统一的定义。Cox 等（2003）把"水印"定义为"不可感知地在作品中嵌入信息的操作行为"；杨义先和钮心忻（2006）认为"数字水印技术是永久镶嵌在其他数据（宿主数据）中具有鉴别性的数字信号或模式，而且并不影响宿主数据的可用性"。

不同的应用对数字水印技术的要求不尽相同，一般认为数字水印技术应具有如下特点。

1. 可证明性

水印应能为受到版权保护的信息产品的归属提供完全可靠的证据。水印算法能够将所有者的有关信息（如注册的用户号码、产品标志或有意义的文字等）嵌入到被保护的对像中，并在需要的时候将这些信息提取出来。水印可以用来判别对象是否受到保护，并能够监视被保护数据的传播、真伪鉴别以及非法拷贝控制等。这实际上也是水印技术发展的基本动力。

2. 不可感知性

不可感知性是指视觉或听觉上的不可感知性，即指因嵌入水印导致的载体数据的变换对于观察者的视觉或听觉系统来讲应该是不可察觉的，最理想的情况是水印与原始载体在视觉上是一模一样的，这是绝大多数水印算法所应达到的要求。

3. 鲁棒性

鲁棒性是指水印应该能够承受大量的物理和几何失真，包括有意的（如恶意攻击）或无意的（如图像压缩、滤波、打印、扫描与复印、噪声污染、尺寸变换等）。显然在经过这些操作后，鲁棒的水印算法应仍能从水印载体中提取出嵌入的水印或证明水印的存在。一个鲁棒的水印应做到如果攻击者试图删除水印将会导致水印载体的彻底破坏。

4. 虚警率

虚警率是指未加水印而错误地检测出水印的频率的数学期望值。

5. 水印容量

水印容量指水印系统可携带的最大有效载荷数据量。

6. 计算量

计算量指嵌入算法与提取算法的复杂程度与计算成本。

由于水印特性的要求对应用的依赖性很强，以上水印的特性也是对水印进行评价的标准，恰当的评价准则和具体的应用有关。许多文献中讨论的数字水印技术可能不具备上述特点，或者只具备部分上述特点，这里讨论的是更广泛意义上的水印。

1.2.2　数字水印技术基本原理

数字水印技术是指在数字化数据中嵌入水印信息，使水印信息与数据融为一体，成为数据不可分离的一部分。其中的水印信息可以是版权标志、用户信息或者是产品相关信息等。当需要的时候可以通过相应的提取算法提取出水印信息，证明数据的版权归属，由此来确定版权拥有者、所有权认证、跟踪侵权行为、认证数字内容来源的真实性、识别购买者、提供关于数字内容的其他附加信息等（潘蓉，2005），是数字时代解决数字化产品安全保护的一种有效手段。

一个完整的数字水印技术系统包括水印嵌入器和检测器两大部分（孙圣和等，2004），如图 1.3 所示。

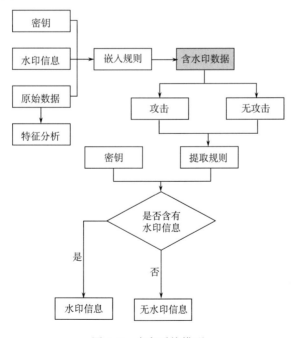

图 1.3　水印系统模型

嵌入器至少具有两个输入量，一个是水印信息，另外一个是原始载体数据。嵌入器的输出为含水印信息的载体数据，该数据通常用于分发或者传输。检测器的输入至少为含有水印信息的载体数据，在非盲检测情况下还需要原始载体。检测器的输出为判断水印信息的有无，如果含有水印信息，则输出所嵌入的水印信息；否则，提示不存在水印信息。

在实际应用中，一个完整的数字水印技术系统包括水印生成、水印嵌入和水印提取与检测三个部分。

1. 水印生成

水印信号的产生通常基于伪随机数发生器或混沌系统，产生的水印信号 W 往往需要进一步的变换以适应水印嵌入算法。X 代表所要保护的数字产品的集合，G 表示利用密钥 K 和待嵌入水印的 X 共同生成水印的算法。为了分析方便，我们把 G 分解为算法 R 和算法 T 两个部分：

$$G = T \circ R \tag{1.1}$$

$$R: K \rightarrow \tilde{W}, \qquad T: \tilde{W} \times X \times K \rightarrow W \tag{1.2}$$

算法 R 输出原始水印 $X \in \tilde{W}$，该原始水印只由密钥 K 产生。当 R 基于伪随机数发生器时，密钥 K 直接映射为伪随机数发生器的种子。当 R 基于混沌系统时，密钥集由许多初始条件的适当变换而产生。这两种方法所产生的密钥集足够大并满足密钥唯一性条件，而且由 R 产生的水印是有效的水印。此外，R 是不可逆的。

算法 T 对原始水印进行修改以获得最后的依赖于产品的水印 W。T 应满足：

$$T(\tilde{W}, X_0) \cong T(\tilde{W}, X_w) \cong T(\tilde{W}, X'_w) \tag{1.3}$$

式中，X_0 为原始产品；X_w 为含水印的产品，并且 $X'_w = M(X_w)$，$X'_w \sim X_w$；M 为数据处理操作算法。这里需要指出的是，原始水印信号可以预先指定，而在嵌入水印前对该水印信号可以做适当的变换，密钥可以在水印嵌入过程中产生。

2. 水印嵌入

水印的嵌入过程如图 1.4 所示。

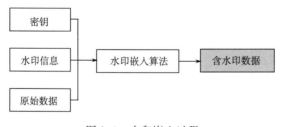

图 1.4　水印嵌入过程

水印嵌入就是把水印信号 $W = \{\omega(k)\}$ 嵌入到原始产品 $X_0 = \{x_0(k)\}$ 中，一般的水印嵌入规则可描述为：

$$x_W(k) = x_0(k) \bigoplus h(k)\omega(k) \tag{1.4}$$

式中，$\bigoplus$ 为某种叠加操作，也可能包括合适的截断操作或量化操作。$H = \{h(k)\}$ 称为 d 维的水印嵌入掩码。最常用的嵌入准则如下：

$$x_W(k) = x_0(k) + \alpha\omega(k) \quad （加法准则）$$

$$x_W(k) = x_0(k)(1 + \alpha\omega(k)) \quad （乘法准则）$$

这里，变量 x 既可以指掩体对象采样的幅值（时域），也可以是某种变换的系数值（变换域）；参数 α 可能随采样数据的不同而不同。早期许多水印嵌入算法都采用时域方法和加法准则，近年来，变换域算法得到了更多的研究。

3. 水印提取与检测

水印的提取与检测可用于任何产品，该过程原始数据可以参与也可以不参与。图 1.5、图 1.6 所示分别是水印提取过程与水印检测过程。图 1.5、图 1.6 中的虚框部分表示在提取或判断水印信号时原始数据不是必需的。

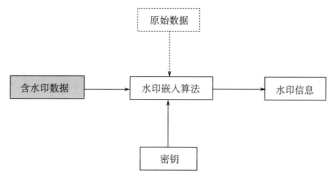

图 1.5　水印提取过程

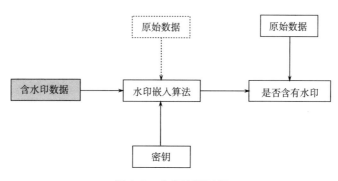

图 1.6　水印检测过程

1.2.3　数字水印技术的分类

数字水印技术的分类方法有很多种，分类的出发点不同导致分类的不同，它们之间既有联系又有区别。常见的分类方法有以下几种。

1. 按水印特性划分

按水印特性可将数字水印技术分为两大类：可见水印和不可见水印。更准确地说是可察觉水印和不可察觉水印。可见水印就像插入或覆盖在图像上的标识，它与可视的纸张中的水印相似。可见水印主要用于图像，如用来可视地标识那些可在图像数据库中得到或在互联网上得到的图像的预览来防止这些图像被用于商业用途；还有有线电视频道上所特有的半透明标识，其主要目的在于明确标识版权，防止非法使用。

可见水印的特性是水印是可见的；水印不太醒目；在保证载体图像质量的前提下，水印很难被去除。

而不可见水印将水印隐藏，视觉上不可见（严格说应是无法察觉），目的是为了将来起诉非法使用者。不可见水印往往用在商业用的高质量图像上，而且往往配合数据解密技术一同使用。不可见水印根据鲁棒性可再细分为鲁棒型不可见水印和脆弱型不可见水印。

鲁棒型水印是指加入的水印不仅能抵抗非恶意攻击，而且要求能抵抗一定失真内的恶意攻击，并且一般的数据处理不影响水印的检测。鲁棒型水印主要用于数字产品的版权保护，它必须保证对原始版权准确无误的标识，要保证在水印载体可能发生的各种失真变换下，以及各种恶意攻击下都具备很高的抵抗能力。与此同时，由于要求保证原数字产品的感知效果尽可能不被破坏，因此对鲁棒水印的不可见性也有很高的要求。

脆弱型水印是指当嵌入水印的载体数据被修改时，通过对水印的检测，可以对载体是否进行了修改或进行了何种修改进行判定。脆弱型水印主要用于数据的真伪辨别和完整性鉴定，又称为认证。与鲁棒型水印不同的是，脆弱型水印应随着水印载体的变动做出相应的改变，即体现脆弱性。未经授权者很难插入一个伪造的水印，而授权者可以很容易地提取出水印，但是，脆弱型水印的脆弱性并不是绝对的。对水印载体的某些必要性操作，如滤波或压缩，脆弱型水印也应体现出一定的鲁棒性，从而将这些不影响水印载体最终可信度的操作与那些蓄意破坏操作区分开来。对脆弱型水印的不可见性和所嵌入数据量的要求与鲁棒型水印是近似的。

2. 按水印所附载媒体数据划分

按水印所附载的媒体，可以将数字水印技术划分为图像水印、音频水印、视频水印、文本水印以及用于三维网格模型的网格水印等。随着数字技术的发展，会有更多种类的数字媒体出现，同时也会产生相应的水印技术，地理空间数据数字水印技术就是水印技术在地理空间数据上的一种新的应用，可以看作一种新的水印类型。

3. 按水印检测过程划分

按水印检测过程可以将数字水印技术划分为非盲水印和盲水印。非盲水印在检测过程中需要原始数据，而盲水印的检测只需要密钥，不需要原始数据。一般来说，非盲水印的鲁棒性比较强，但其应用受到存储成本的限制。目前学术界研究的数字水印技术大多数是盲水印。

4. 按内容划分

按数字水印技术的内容可以将水印划分为有意义水印和无意义水印。有意义水印是指水印本身也是某幅数字图像（如商标图像）或数字音频片段的编码；无意义水印则只对应于一个序列号。有意义的水印优势在于如果由于受到攻击或其他原因导致解码后的水印破损，人们仍然可以通过视觉观察确认是否含有水印。

5. 按水印用途划分

按水印的用途，可以将数字水印技术划分为票据防伪水印、版权保护水印、篡改提示水印和隐蔽标识水印。

票据防伪水印是一类比较特殊的水印，主要用于打印票据和电子票据的防伪。一般来说，伪币的制造者不可能对票据图像进行过多的修改，所以诸如尺度变换等信号编辑操作是不用考虑的。同时，人们还必须考虑票据破损、图案模糊等情形，而且考虑到快速检测的要求，用于票据防伪的数字水印技术算法不能太复杂。

版权保护水印是目前研究最多的一类数字水印技术。数字作品既是商品又是知识作品，这种双重性决定了版权标识水印主要强调隐蔽性和鲁棒性，而对数据量的要求相对较小。

篡改提示水印是一种脆弱性水印，其目的是标识宿主信号的完整性和真实性。

隐蔽标识水印的目的是将保密数据的重要标注隐藏起来，限制非法用户对保密数据的使用。

6. 按水印隐藏的位置划分

按数字水印隐藏的位置，可以将其划分为时/空域数字水印技术、频域数字水印技术、时/频域数字水印技术和时间/尺度域数字水印技术。时/空域数字水印技术是直接在信号空间上叠加水印信息，而频域数字水印技术、时/频域数字水印技术和时间/尺度域数字水印技术则分别是在余弦变换域、时/频变换域和小波变换域上隐藏水印。随着数字水印技术的发展，各种水印算法层出不穷，水印的隐藏位置也不再局限于上述四种。应该说，只要构成一种信号变换，就有可能在其变换空间上隐藏水印。

1.2.4　数字水印技术算法分类

近几年来，数字水印技术研究取得了很大的进步，见诸文献的水印算法很多。下面主要针对国内外一些典型的算法进行分析和研究。

1. 空间域算法

空间域算法是一种不对数据载体进行任何频域变换而直接修改载体数据的水印嵌入算法，它主要是建立在视觉基础上，直接对宿主信息做变换来嵌入水印信息，早期的数字水印技术算法以空域算法为主。空域算法多采用位替换法，最为典型的算法是最低有效位（Least Significant Bits，LSB）方法，这可以保证嵌入的水印是不可见的，在空域上嵌入水印的算法还可以通过伪随机置换、图像降质和秘密信道、隐秘区域和奇偶位、量化和抖动、失真技术等来实现。总体上来看，空间域算法对滤波、图像量化、几何变形等攻击的鲁棒性抵御能力较差，对于隐秘载体的压缩、噪声扰动等攻击方式也表现得不够鲁棒。

2. 变换域算法

变换域算法一般是将原始的载体数据做某种可逆的数学变换，再用某些规则根据水印技术要求对其系数进行水印的嵌入，最后通过逆变换到空间域得到加入水印的隐秘载体。目前变换域的水印算法主要有基于离散余弦变换（Discrete Cosine Transform，DCT）、离散小波变换（Discrete Wavelet Transform，DWT）、离散傅里叶变换（Discrete Fourier Transform，DFT）的水印算法等。

该类算法的隐藏和提取信息操作复杂，隐藏信息量不能很大，但抗攻击能力强，很适用于数字作品版权保护的数字水印技术。

变换域算法拥有许多空间域算法所不具有的优点：变换域方法对有损压缩具有较好的鲁棒性，因为它可以采用与常见的有损压缩相同的变换域，可以针对某一种特殊处理采用特定的优化；在变换域嵌入的水印信号能量反映到空间域则是分布在整个图像所有像素上，有利于保证水印的隐藏性；在变换域，人类视觉系统（Human Visual System，HVS）的某些特性（如频率掩蔽特性）可以更方便地结合到水印编码过程中。

3. 压缩域算法

压缩域算法是指充分考虑基于 JPEG、MPEG 和矢量量化（Vector Quantization，VQ）技术的结构与特性，将水印嵌入到压缩过程的各种变量值域中，以提高对相应压缩技术或压缩标准攻击的鲁棒性为目标的嵌入算法。为了节省资源，目前多媒体信息大多采用压缩算法进行存储和传输，如图像的 JPEG、视频 MPEG 等。因此针对这些压缩媒体的数字水印技术的研究有很大的实际价值和意义，对水印的检测与提取也可直接在数据压缩域中进行。

4. NEC 算法

NEC（Nippon Electric Company）算法由 NEC 实验室的 Cox 等提出，该算法在数字水印技术算法中占有重要地位，其实现方法是首先以密钥为种子来产生伪随机序列，该序列具有高斯 $N(0,1)$ 分布，密钥一般由作者的标识码和图像的哈希值组成，然后对图像做 DCT，最后用伪随机高斯序列来调制（叠加）该图像除直流（Direct Current，DC）分量外的 1000 个最大的 DCT 系数。

NEC 算法具有较强的鲁棒性、安全性和透明性等。由于采用特殊的密钥，因此可防止解释攻击，而且该算法还提出了增强水印鲁棒性和抗攻击算法的重要原则，即水印信号应该嵌入原数据中对人感觉最重要的部分，这种水印信号由独立同分布的随机实数序列构成，且该实数序列应该具有高斯分布 $N(0,1)$ 的特征。

5. 生理模型算法

生理模型算法是利用 HVS 和人类听觉系统（Human Auditory System，HAS）对信息变化的掩蔽效应，结合其他算法如空域、变换域来实现数字水印技术系统进行信息隐藏的数字水印技术算法。考虑生理模型的算法具有更好的透明性和鲁棒性。

1.2.5　数字水印技术的作用

1. 版权保护

利用数字水印技术进行数字产品的版权保护是数字水印技术的重要应用领域之一。为了保护数据产品的版权，可以把版权信息作为水印信息嵌入到数字产品中，当发现可疑数据产品流通时，通过水印提取和检测来提取载体数据中的版权信息，以验证数字产品的版权。用于版权保护的水印算法一般为鲁棒水印算法。

2. 使用追踪

数字水印技术的另一重要应用领域是数字产品的使用跟踪。在数字产品的使用过程中，每一次使用都把分发者和领取者的单位或者个人作为水印信息嵌入到数据产品中。当发现盗版侵权行为时，可以通过水印提取来跟踪数字产品的分发单位，并判定数据产品流失途径。分发和使用跟踪一般使用鲁棒水印，且多数情况下要求该鲁棒水印是一种多重水印。

3. 完整性验证

数字水印技术中的脆弱性水印的一个主要应用领域便是数字产品内容的完整性认证。在数据产品传播前，在数据产品中嵌入脆弱性水印；在使用该数据产品前，对数据产品中的脆弱性水印进行提取和检测，通过水印提取和检测结果的完整性来验证数据产品内容的完整性。

4. 内容篡改定位

除了用于数字产品的内容完整性认证外，脆弱性水印的另一个用途是数字产品内容篡改提示和定位。随着计算机技术的不断发展，篡改和伪造数字产品内容变得越来越便捷，如何对数字产品内容中的篡改部分进行定位是需要解决的问题。在数字产品中嵌入脆弱性水印，通过脆弱性水印的提取和检测可以确定内容是否被篡改，并最终定位出被伪造和篡改的数字产品内容。

5. 内容保护

内容保护指在产品中嵌入可见且难以去除的水印，使得产品可以公开自由地预览，但不能被他人用于商业目的。

6. 信息隐藏

信息隐藏指将产品的头文件、注释、标签、索引、机密信息等作为水印信息隐藏在数字化产品中。

7. 广播监控

广播监控指对播出的声音、视频等产品嵌入水印，识别非法播出产品，监控播出次数。

8. 拷贝控制

拷贝控制指在录制设备中安装水印检测器，在输入端检测到"禁止拷贝"水印时禁用拷贝操作，保护生产者的商业利益。

9. 票据防伪

票据防伪是为各种票据提供可见或不可见的认证标志，为商务交易中的票据防伪提供新的技术手段。

最有生命力的研究课题往往处在多学科交叉的位置上，数字水印就是这样一个涉及多个领域、涵盖多种技术的研究方向。将数字水印技术应用于地理空间数据是数字水印技术应用的一个新的领域和尝试，它的研究建立在认知科学、通信原理、密码学、地图学等相关学科基础上，涉及多领域，具有很高的技术含量和理论深度，存在不少具有较高理论难度和实际应用价值的问题值得深入探讨，是一项具有挑战意义的创新性研究，将会对地理空间数据的版权保护和国家信息安全提供强有力的技术保障与支持，不仅具有较高的理论意义，还具有重要的法律意义、经济价值和政治意义，必将对社会经济发展和国防安全产生深远影响。

参 考 文 献

李黎. 2004. 数字图像和三维几何模型水印技术研究. 杭州：浙江大学博士学位论文.

潘蓉. 2005. 数字图像的盲水印技术研究. 西安：西安电子科技大学博士学位论文.

孙圣和，陆哲明，牛夏牧. 2004. 数字水印技术及应用. 北京：科学出版社.

杨义先，钮心忻. 2006. 数字水印技术理论与技术. 北京：高等教育出版社.

姚俊. 2002. 图像数字水印技术研究. 西安：西北工业大学硕士学位论文.

Cox I J，Miller M L，Bloom J A. 2003. 数字水印. 王颖、黄志蓓等译. 北京：电子工业出版社.

Tirkel A Z，Rankin G A，Van Schyndel R G，et al. 1993. Electronic watermark. In：Proceeding of Digital Image Computing：Technology and Application：666～673.

Van Schyndel R G，Tirkel A Z，Osborne C F. 1994. A digital watermark. In：Proceeding of the First IEEE International Image Processing Conference，2：86～90.

第2章 地理空间数据

地理空间数据是指以地球表面空间位置为参照的自然、社会、人文、经济数据，可以是图形、图像、文字表格和数字等。它所表达的信息就是空间信息，反映空间实体的位置以及与该实体相关联的各种附加属性的性质、关系、变化趋势和传播特性等的总和。本章将阐述地理空间数据常见的两种表达模型，即矢量数据模型和栅格数据模型，从数据获取、适合的描述方式以及相应的计算机组织方式、各自的优缺点进行对比，为下一步研究适合其自身特点的水印算法奠定基础。

2.1 地理空间数据获取

地理空间数据的获取是多种多样的，但大部分的地理空间数据主要来源于八个方面（边馥苓，2006）。

2.1.1 地图数字化

由于以往地理空间信息的主要表达形式或载体是地图，所以数字化地图就成为地理空间数据的主要来源之一，由地图到地理空间数据的转化有两种重要途径，即直接数字化地图和地图扫描后提取。

2.1.2 实测数据

实测数据是通过野外实地测量获取的数据，如采用测量仪器进行实际勘察测量。

2.1.3 试验数据

试验数据是模拟地理真实世界中地物与过程特征产生的数据，它们表示在特定的条件下的实际情况。例如，农业试验站获取的各种数据，可以近似表达某区域中大气、土壤、植被系统的运作状况。

2.1.4 遥感与 GPS 数据

遥感与 GPS 数据是由航空、航天各种设施获取的数据，如卫星影像数据。GPS 可以准确获取地物的空间位置，它已逐渐成为其他地理空间数据源的订正和校准手段。

2.1.5　理论推测与估算数据

理论推测与估算数据是在不能通过其他方法直接获取数据的情况下，常用有科学依据的理论来推测获取数据。例如，地球演化、地貌演化、沙漠化进程等数据，是依据现代地理特征和过程规律去推测过去的各种数据。另外，对于一些短期内需要，但又不能直接测量获取的数据，如洪水淹没损失、地震影响区、风灾雪灾造成损失面积等常采用有依据的估算方法。

2.1.6　历史数据

历史数据指历史文献中记录下来的关于地理区域及地理事件的各种数据，这类信息在我国是十分丰富的，它对于建立序列地理空间数据是很宝贵的。经过基于地学知识关联的整理和完善，这些数据信息将成为可用的地理空间数据。

2.1.7　统计普查数据

统计普查数据是由空间位置概念的统计数据通过与空间位置关联或其他处理可以转化为地理空间数据。普查方法获取的数据比统计数据更准确、更全面，普查涉及经济、社会、自然环境各方面，如人口普查、工业普查、农业普查、自然资源调查等。这些信息往往以非空间数据格式存在，因此需要地学领域的人员向人们展示把普查数据按地理空间信息利用的优越性和效益，然后用适当的方法诱导普查数据地理空间数据化。例如，美国人口调查局已开始与 ESRI 公司（Environmental Systems Research Institute）合作，以实现人口调查数据在空间概念上的应用。

2.1.8　集成数据

集成数据主要是指由已有的地理空间数据经过合并、提取、布尔运算、过滤等操作得到新的数据。

2.2　地理空间数据特征

地理空间数据除具有一般信息的共性特征如可量度、可共享、广泛性、无限性、本质性和商品性外，从具体表达上看，地理空间数据描述的是所有呈现二维、三维甚至多维分布的关于区域的现象，不仅包含表示实体本身的空间位置及形态信息，还包括表示实体属性和空间关系的信息。其基本特征从空间性、时间性、非语义性三个方面进行描述（边馥苓，2006）。

2.2.1　空间性

空间性是空间数据最主要的特征，是区别于其他数据信息的一个显著标志。空间性表示空间实体的地理位置、几何特性以及实体间的拓扑关系，从而形成空间物体的位置、形态及由此产生的一系列特性。空间性不但令物体的位置和形态的分析成为可能，而且还是空间实体相互关系处理分析的基础。常规的数据管理中可以利用分类树对物体进行编码，并据此进行存储管理，但分类树无法反映空间物体之间的各种空间联系，这使得空间数据的组织比非空间数据组织要复杂、困难很多。如果不考虑地理物体的空间性，空间分析就失去了意义，而空间分析又是目前地理空间数据的最重要的功能。

2.2.2　时间性

空间和时间是客观事物存在的形式，两者是紧密联系的。空间数据的时间性是指空间数据的空间特性和属性随时间变化的动态特征，即时序性。空间数据的时间特性反映空间数据的动态性。

2.2.3　非语义性

语义是反映人类思维过程和客观实际的方面，是人们对客观事物的反映，但并不完全等同于客观事物。通俗地说，如果数据能够被人类所认识和理解，并能够与具体的事物相对应，就说明数据是语义的。但是，通常在应用中人们往往将实体位置信息的数据称为空间数据，将表示实体性质、特征等的属性数据独立出来，单独作为属性数据保存，从这个角度上讲，空间数据是非语义的，因为单独的坐标数据可以是任何东西。例如，一个封闭的多边形既可以是稻田，也可以是水塘，关键在于它与什么样的属性相关联。对于计算机来说，同样需要空间数据与属性数据的结合使用，才能表达现实世界中的空间实体，否则，它所存储的坐标数据也同样是没有意义的。

以上是仅从数据本身考虑的特征，此外从数据获取和应用方面考虑地理空间数据还有以下特征，如数据量大、数据获取成本较高、数据保密性要求较高、数据应用面非常广、空间自相关性大、空间的多样性、矢量数据层间的高相关性等。

2.3　地理空间数据的数据模型

地理空间数据的特点和获取方式为地理空间数据的组织和存储提出了特殊要求。目前，地理空间数据的表示模型主要有两种：矢量数据模型和栅格数据模型。

2.3.1　矢量数据模型

矢量数据描述地理要素的空间特点是通过离散的位置坐标来表示的，记录的是对象的几何形状、线条的粗细和色彩等。矢量图与分辨率无关，在任何分辨率下，对矢量图进行任意缩放，都不会影响它的清晰度和光滑度。

在矢量地理空间数据中，利用欧几里得几何学中的点、线、面及其组合体来表示地理实体的空间分布。例如，空间目标对象的空间特征信息连同属性特征一起存储，根据属性特征的不同，点可用不同的符号来表示，表示那些实体太小的地图上无法用按比例描绘的地理要素，如消防栓、井、测量控制点等。线可用不同的颜色、线型、粗细来描绘，表示那些线状或网络状的地理要素，如溪流、道路、管线等。多边形则可以充填不同的色彩，表示那些由一个封闭的多边形包围的区域状的地理要素，如水系、地块、房屋建筑、行政边界等。

点及其坐标是矢量数据模型的基本单元。线要素由点构成。线是由两个端点之间一系列标记线形态的点所构成，可能是平滑曲线或者折线（相连的直线线段）。平滑曲线一般可用数学方程拟合。直线线段可表示人文要素或曲线的近似值。线要素可以与其他线相交或相连，并形成网络。

同样的，面要素也能用矢量数据结构描述，将坐标对连成线段，线段连成弧段，第一条线段的起点坐标与最后一条线段的终点坐标重合，就构成一个面，或者说是多边形。面要素的边界把区域分成了内部区域和外部区域。面要素可以是单独的或连接的。一个单独的区域有一个特征点既作为边界起始点又作为边界的终点。面要素可以在其他面要素内形成岛，也可以彼此重叠并产生重叠区。

在二维研究，通过坐标值来精确地表示点、线、面等地理实体的方法如下：

点——由一对（x，y）坐标表示；

线——由一串有序的（x，y）坐标对表示；

面——由一串有序的、且首尾坐标相同的（x，y）坐标对表示。

矢量数据模型表现的产品有数字线划图（Digital Line Graphic，DLG）、用不规则三角网表示的数字高程模型（Triangle Irregular Network，Digital Elevation Model，TIN DEM）及一些三维建模产品，它们可精确表达地图上图形目标点、线和多边形位置，图形数据与属性数据紧密结合在一起，形成对地物的描述模型信息量大，信息可叠加，但拓扑关系的生成及矢量化过程很费时。

2.3.2　栅格数据模型

栅格数据模型是指将空间分割成有规则的网格，用网格来表示要素的空间变化，网格中每个单元格都有一个对应于该位置上空间要素特征的值，即属性值，来表示空间实体的一种数据组织形式；栅格数据适用于显示空间上连续的要素，如降水量和高程。对于空间数据而言，栅格数据包括各种遥感数据、航测数据、航空雷达数据、各种摄影的图像数据，以及通过网格化的地图图像数据，如地质图、地形图和其他专业图像数据。从类型上看，栅格数据又分为二值图、灰度图、256 色索引和分类图（单字节图）、64K 的高彩图（索引图、分类图和整数专业数据）（双字节图）、RGB 真彩色图（3 字节图）等。在栅格数据中，点是一个像素，线由彼此连接的像素构成，这些像素大小一致，像素位置由纵横坐标决定，每个像素的空间坐标并不一定要直接记录，因为像素记录的顺序已隐含了空间坐标，根据地图的某些特征，把它分成若干层，整张地图是所有层叠加的结果。栅格数据模型的一个优点是，不同类型的空间数据层不需要经过复杂的几何计算就可以进行叠加操作等。栅格数据表达形式非常适用于模型空间的连接。

栅格数据模型的产品有数字栅格地图（DRG）、数字正射影像图（DOM）、数字高程模型（DEM），主要表现为遥感影像、栅格影像和规则格网数字高程模型，它们与分辨率密切相关。图像分辨率越高表示单位面积内像素数越多，图像越清晰，颜色混合越平滑。图像拉伸放大或分辨率低图像质量就会降低。栅格图常用的数据格式有 TIFF、JPEG、BMP、PCX、GIF 等。

栅格数据模型就是像元阵列，用每个像元的行列号确定位置，用每个像元的值表示实体的类型、等级等的属性编码。

点实体——表示为一个像元；

线实体——表示为在一定方向上连接成串的相邻像元的集合；

面实体——表示为聚集在一起的相邻像元的集合。

2.3.3 两种数据模型对比

矢量模型是面向实体的表达方法，以具体的空间物体为独立描述对象，因此物体越复杂，描述越困难，数据量也随之增大，如线状要素越弯曲，抽样点必须越密。栅格数据模型是面向空间的表示方法，将地理空间作为整体进行描述，具体空间物体的复杂程度不影响数据量的大小，也不增加描述上的困难。一般来说，栅格数据模型会导致更大

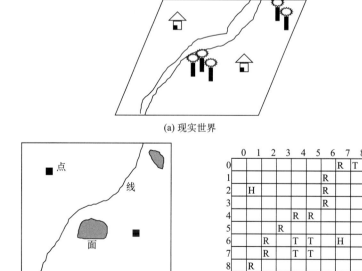

图 2.1 同样实体的栅格数据模型和矢量数据模型的表示

的数据量。矢量方法显式地描述空间物体之间的关系，关系一旦被描述，运用起来就比较方便；但是空间物体之间的关系极为复杂，要完备描述几乎不可能，为了描述空间物体之间的关系，矢量模型下的数据结构也极为复杂。栅格方法对投影空间的直接量化，隐式地描述空间物体之间的关系，空间物体的一切关系都照实复写了。在绝大多数情况下，栅格数据结构要比矢量数据结构简单得多（边馥苓，2006）。图 2.1 所示为对同一实体进行栅格数据模型和矢量数据模型的表达对比。

表 2.1 所示是矢量数据模型与栅格数据模型的比较。

表 2.1　矢量数据模型与栅格数据模型比较

	矢量数据模型	栅格数据模型
表示	用一系列 (x, y) 坐标表示空间实体的位置	空间实体的位置用像元的行列号表示
优点	• 数据精度高，冗余度低； • 数据信息量大存储空间小； • 适合各种比例尺； • 具有拓扑信息，有利于进行网络分析； • 容易定义和操作单个空间实体； • 精度高，图形输出精美	• 数据结构简单； • 多边形的叠置分析容易，有利于与遥感影像和 DEM 数据的匹配应用和分析； • 能进行影像增强等图像处理操作； • 数据共享容易实现； • 多边形的周长、面积计算简单
缺点	• 数据结构复杂； • 图形叠加复杂； • 绘图成本高、耗时	• 缺少空间实体的定量准确数据； • 缺少结构信息拓扑关系； • 输出图形质量不高； • 网络分析困难； • 数据存储量小，不适合小比例尺； • 不适合做不连续的数据处理

由表 2.1 所示数据对比可知，这两种数据模型各有优缺点，究竟采用何种数据模型，取决于数据应用的目的。有些地理现象用栅格数据表达合适，有些地理现象则用矢量数据表达更有利。

前面说明了地理空间数据的特征以及常见的数据攻击方法，在考虑数字水印模型时应要充分考虑这些数据的特征。

2.4　矢量地理空间数据组织

数据组织是矢量地理空间数据建设的关键问题之一，因认知方式、认知手段的不同，形成了两种不同的矢量地理空间数据的组织方式：基于分层的数据组织和基于特征的数据组织。分层与特征是人们对现实世界的地理现象，在不同的认知方式和认知手段下的认知结果，代表矢量地理空间数据的两种不同数据组织方式。目前基于分层的数据组织产品较多，而基于特征的数据组织的成熟商用产品还没出现。因此本书研究的数据组织方式也是基于分层的数据模型进行研究。

矢量地理空间数据的组织与存储结构主要有以下几方面的特征。

（1）数据中的点无序，音频、视频的数据是按时间顺序排列的，静止图像、视频的帧则以扫描线顺序排列，矢量地理空间数据在不改变实体拓扑关系的条件下，坐标存储的顺序是可以变的，如一条折线可以拆成几段，也可以倒过来存储，各个地理实体在文件中的出现顺序也是可以变的。这样可能会导致已经嵌入的水印的矢量数据在被检测前有可能经过平台转换，原来位置上的点有可能不在原有位置上，而不像栅格图像每一网格交叉点都有且只有一个像素。

（2）数据结构复杂，不但包含几何信息、属性信息，还有拓扑信息，因此对矢量地理空间数据的处理方式也与其他数据不相同，如放大、缩小、旋转、数据压缩等都具有自身的特点，这使得水印提取时的同步问题更加复杂。

（3）有多种复杂多样的变换，包括格式变换、坐标变换、投影变换等。和图像、音频与视频格式转换相比，在转换时引起的信息损失较大，这进一步增加了矢量地理空间数据水印检测与提取的困难。

（4）数据精度高、冗余少，水印嵌入量不能太大，太大时就有可能发生数据失真。该失真有两层含义：一是矢量数据中部分点丢失或增加了新的点；二是数据本身在精度上发生变化。但为了保证稳健性水印嵌入量也不能太小，大小则增加了嵌入水印时权衡稳健性、不可见性和容量之间关系的难度。

（5）分层组织特点，这使得在嵌入水印时有可能不在一个平面上，不同层数据有不同的特点，如河流、道路、居民地、等高线层、控制点等，不同图层的数据量是不一样的，而且不同层的数据在应用时有不同的应用特点，这些在嵌入水印时都要考虑。

2.5　栅格地理空间数据组织

栅格地理空间数据是地理空间数据的主要表现形式之一，相对应地，栅格地理空间数据结构以规则的像元阵列来表示空间地物或现象的分布的数据结构，其阵列中的每个数据表示地物或现象的属性特征。换句话说，栅格数据结构就是像元阵列，用每个像元的行列号确定位置，用每个像元的值表示实体的类型、等级等的属性编码（边馥苓，2006）。

对于栅格数据结构：

点实体——表示为一个像元；

线实体——表示为在一定方向上连接成串的相邻像元的集合；

面实体——表示为聚集在一起的相邻像元的集合。

图 2.2 所示为栅格数据结构表示的点、线、面。

```
00000000        00000000        00004440
00010000        03300000        00044440
00000000        00030000        00044000
00000200        00003000        00045500
00300000        00003300        00005550
00000000        00000300        00055500
  (a) 点            (b) 线            (c) 面
```

图 2.2　栅格数据结构表示点、线、面

栅格数据表示的是二维表面上的地理空间数据的离散化数值，在栅格数据中，地表被分割为相互邻接、规则排列的矩形方块，每个地方与一个像元相对应。因此，栅格数据的比例尺就是栅格（像元）的大小与地表相应单元的大小之比，当像元所表示的面积较大时，对长度、面积等的量测有较大影响。每个像元的属性是地表相应区域内地理空间数据的近似值，因而有可能产生属性方面的偏差。栅格数据记录的是属性数据本身，而位置数据可以由属性数据对应的行列号转换为相应坐标。图 2.3 所示是栅格数据的应用模型示意图；图 2.4 所示是栅格数据的组织方法示意图。

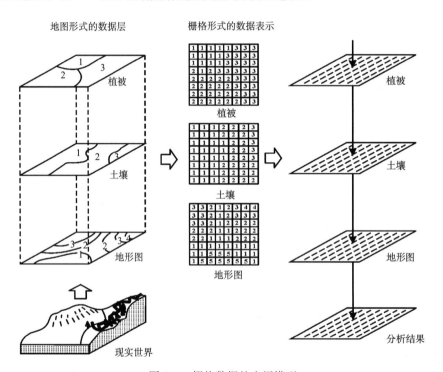

图 2.3　栅格数据的应用模型

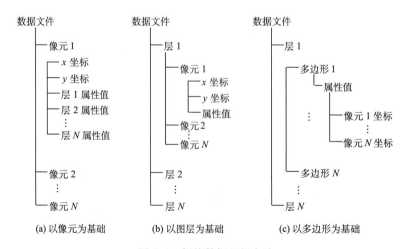

(a) 以像元为基础　　　(b) 以图层为基础　　　(c) 以多边形为基础

图 2.4　栅格数据组织方法

栅格数据的获取方式通常有以下手段:

(1) 来自于遥感数据;

(2) 来自于对图片的扫描;

(3) 由矢量数据转换而来;

(4) 由手工方法获取。

从以上对空间数据和栅格数据在计算机中的组织及应用分析可知,相比较而言,对矢量空间数据加入水印比对栅格数据加水印要更加困难。

2.6 DEM 数据组织

DEM 是一种对地球表面进行数字化描述和模拟的方法,是空间数据基础设施的重要组成部分。DEM 已被广泛应用于测绘、土木工程、地质、矿山工程、景观设计、战场仿真等领域。

2.6.1 数据模型与数据组织

在各类 DEM 数据中,最常用的数字地形模型主要是规则格网 (Regular Square Grids,RSG) DEM 和不规则三角网 DEM。这两种形式的地形模型,结构相对简单,易于建立拓扑关系,以及对模型进行可视化和分析。

1) 规则格网 DEM

规则格网 DEM 是在 X 方向上和在 Y 方向上按等距离方式记录断面上点的坐标,是利用一系列在 X、Y 方向上都是等间隔排列的地形点的高程 Z 表示地形,形成一个矩形格网 DEM,如图 2.5 所示。由于矩阵格网 DEM 数据结构简单,非常便于使用且容易管理,因而是目前运用最广泛的一种数据结构形式。但其缺点是不能准确地表示地形的结构,在格网大小一定的情况下,无法表示地形的细部。

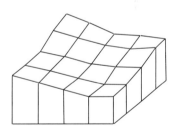

图 2.5 规则格网 DEM 表面模型

2) 不规则三角网 DEM

对于非规则离散分布的特征点数据,可以建立各种非规则的数字地面模型,其中最简单的是不规则三角网。不规则三角网是按一定的规则将离散点连接成覆盖整个区域且不重叠、结构最佳的三角形,如图 2.6 所示,实际上是建立离散点之间的空间关系。其目的是克服利用离散点计算地球表面上任意一点高程的困难。

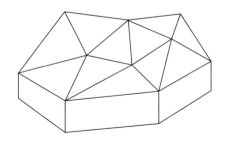

图 2.6 不规则三角网 DEM 表面模型

2.6.2　DEM 数据特点

与传统的地形图比较，DEM 作为地形表面的一种数字表达形式，具有如下特点。

（1）易以多种形式显示地形信息。地形数据经过计算机软件处理后，以数字化形式进行表达和存储，可产生多种比例尺的地形图、纵横断面图和立体图；而常规地形图一经制作完成后，比例尺不容易改变，如需改变或者要绘制其他形式的地形图，则需要人工处理。

（2）精度不会损失。常规地图随着时间的推移，图纸将会变形从而失掉原有的精度，DEM 因采用数字媒介能保持精度不变。另外，由常规的地图用人工的方法制作其他种类的地图，精度会受到损失。而由 DEM 直接输出，精度可得到控制。

（3）容易实现自动化、实时化。常规地图信息的增加和修改都必须重复相同的工序，劳动强度大且周期长，不利于地图的实时更新；而 DEM 由于是数字形式的，增加或改变地形信息只需将修改信息直接输入到计算机，经软件处理后即可产生实时的各种地形图。

（4）具有多比例尺特性。例如，1m 分辨率的 DEM 自动涵盖了更小分辨率如 10m 和 100m 的 DEM 内容。

2.6.3　DEM 数据的应用范畴

DEM 可以看作是地理空间定位的数据集合，因此凡涉及地理空间定位，在研究过程中有依靠计算机系统的课题，一般都要建立 DEM。从这个角度看，建立 DEM 是对地面特性进行空间描述的一种数字方法途径，DEM 的应用可遍及整个地学领域。

一般而言，可将 DEM 的主要应用归纳为：

（1）作为国家地理信息的基础数据：数字地形模型（Digital Terrain Model，DTM）是国家空间数据基础设施（NSDI）的框架数据。

（2）在军事上可用于导航（包括车辆、导弹及飞机的导航）、精确打击、作战任务的计划等。

（3）在测绘中可用于绘制等高线、坡度坡向图、立体透视图、立体景观图，制作正射影像图、立体匹配片、立体地形模型及地图的修测。

（4）在各种工程中可用于体积、面积的计算，各种剖面图的绘制及路线的设计。

（5）在遥感中可作为分类的辅助数据。

（6）在环境与规划中可用于土地现状的分析、各种规划及洪水险情的预报等。

（7）在虚拟地理环境中可进行三维现实的模拟。

（8）在 GIS 中，与诸多专题要素联合进行空间分析。

参　考　文　献

边馥苓 . 2006. 空间信息导论 . 北京：测绘出版社 .

第3章 地理空间数据数字水印技术

地理空间数据是描述人类赖以生存的地球的重要信息，是国家基础设施建设和地球科学研究的必要基础（孙圣和等，2004；Preda and Vizireanu，2010），是国民经济、国防建设中不可缺少的战略资源，其安全问题涉及国家安全、国防安全、科技协作交流、知识产权保护、数据共享等方面，是测绘等地理空间数据相关领域的研究和发展的热点。特别在目前网络化、数字化时代，地理空间数据在获取、访问、传播、复制等方面更为便捷，使得地理空间数据的安全性问题更加突出。随着数字水印技术的发展和应用领域的不断拓展，数字水印技术也应用到了对安全性有迫切要求的地理空间数据中。

由第2章对地理空间数据的特性、模型和数据组织形式的阐述可知，地理空间数据有与其他数据如文本、音频、视频等不同的特点，本章将根据地理空间数据的特点，结合数字水印技术，介绍地理空间数据数字水印技术的特征、应用领域、研究意义和研究现状。

3.1 地理空间数据数字水印技术特征

地理空间数据水印技术即是通过嵌入技术将水印信息隐藏到原始数据中，从而形成含有水印信息的载体数据。基于地理空间数据的定位特征、空间特征、时间特征等，对于嵌入水印的地理空间数据，应该达到以下基本要求。

3.1.1 不可感知性

不可感知性指水印嵌入后不会引起空间地理数据在各种平台上的可觉察性，不应该影响地理空间数据的视觉效果。

3.1.2 鲁棒性

地理空间数据可能经常会遇到各种操作，如数据增减、旋转、平移、缩放、变形、投影变换、坐标转换、格式转换等，因此，要求地理空间数据数字水印技术具有较强的抗攻击能力，即鲁棒性。鲁棒性是衡量数字水印技术算法优劣的一个重要标准。

3.1.3 精度

精度是地理空间数据数字水印技术特有的重要特征，水印数据不仅要有不可感知性，还要保证其精度在允许范围内。好的数字水印技术算法应该使水印数据保持好的精度，失去数据精度的水印算法没有意义。

3.1.4　数据一致性

数据一致性即保持嵌入水印的空间数据拓扑和坐标一致性，保持水印数据总量、数据结构不变化，保持水印数据要素图形化方式不变，水印数据要素平面坐标变化符合制图以及空间分析的要求，以使得数据具有可用性。

3.1.5　安全性

安全性即未经授权的客户将不能检测到产品中是否有水印存在，水印难以被篡改和伪造，误检测率较低。但对于授权的用户必须能正确地提取出水印，即使算法是公开的，在提取水印的时候也需要密钥。

3.1.6　不可抵赖性

不可抵赖性要求水印数据所携带的水印信息能够被唯一确定地鉴别，不能有歧义。

地理空间数据数字水印技术的研究必须依据其基本特征，从空间数据本质特点出发，特别要考虑对空间数据十分重要的精度特征、一致性特征和针对空间数据的各种攻击。地理空间数据数字水印技术研究的关键是围绕精度、抗攻击性和可用性去建立合适的水印算法，使得嵌入水印的地理空间数据精度高、鲁棒性强。

3.2　地理空间数据数字水印技术的应用领域

作为一个新兴的信息安全前沿技术，数字水印技术已经被应用于不同的领域。数字水印技术在地理空间数据的应用领域主要有以下几个。

3.2.1　版权保护

利用数字水印技术进行数字产品的版权保护是数字水印技术的重要应用领域之一。为了保护数据产品的版权，可以把版权信息作为水印信息嵌入到数字产品中，当发现可疑数据产品流通时，通过水印提取和检测来提取载体数据中的版权信息，以验证数字产品的版权。用于版权保护的水印算法一般为鲁棒水印算法。

3.2.2　分发跟踪

数字水印技术的另一个重要应用领域是用于数字产品的分发跟踪。在数字产品的分发过程中，每一次分发都把分发者和领取者的单位或者个人作为水印信息嵌入到数据产品中。当发现盗版侵权行为时，可以通过水印提取来跟踪数字产品的分发单位，并判定数据产品流失途径。分发和使用跟踪一般使用鲁棒水印，且多数情况下要求该鲁棒水印是一种多重水印。

3.2.3　内容完整性认证

数字水印技术中的脆弱性水印的一个主要应用领域便是数字产品内容的完整性认证。在数据产品传播前，在数据产品中嵌入脆弱性水印；使用该数据产品前，对数据产品中的脆弱性水印进行提取和检测，通过水印提取和检测结果的完整性来验证数据产品内容的完整性。

3.2.4　内容篡改定位

除了用于数字产品的内容完整性认证外，脆弱性水印的另一个用途是数字产品内容篡改提示和定位。随着计算机技术的不断发展，篡改和伪造数字产品内容变得越来越便捷，如何对数字产品内容中的篡改部分进行定位是需要解决的问题。在数字产品中嵌入脆弱性水印，通过脆弱性水印的提取和检测来确定内容是否被篡改，并最终定位出被伪造和篡改的数字产品内容。

3.3　地理空间数据数字水印技术研究意义

地理空间数据数字水印技术的研究能够为地理空间数据的安全，特别是版权保护、版权跟踪提供可靠的理论和技术，对国家和军队空间数据的安全、知识产权保护、水印前沿技术的发展、增强在水印领域的国际竞争力等都具有重要的理论意义和应用价值。

基于实际需求，数字水印技术应用于地理空间数据，建立水印保护规则、方法以及应用软件，已经成为加强地理空间数据版权保护和信息安全工作的一个重要手段和迫切要求。数字水印技术在地理空间数据具有重要作用。

（1）有效保护地理空间数据生产者、拥有者和使用者的合法权益；有效满足密级产品限制用户群体的保密要求；促进 GIS 矢量数据产品的共享与交换，从而保障 GIS、电子导航、数字城市、电子政务等地理信息相关产业的安全和健康发展。

（2）地理空间数据产品版权保护关键问题的解决，以及版权保护系统的开发，可有效解决地理信息及其信息系统的安全问题，从而可有效促进国家信息安全建设。

（3）可促进地理信息安全的基础理论和技术方法研究。

（4）促进网上地理空间数据产品的发布与更新，提高我国地理空间数据网络化发展。

（5）规范测绘行业市场，保障测绘信息相关法规的有效实施。

3.4 地理空间数据数字水印技术研究现状

目前，国内外数字水印技术的研究主要集中在图像、视频和声音等多媒体信息的版权保护上，而在地理信息数据中通过隐藏水印信息对其实现安全保护的研究较少。

表3.1列出了不同关键词在"CNKI 中国期刊全文数据库"、"万方-中国学位论文全文数据库"、"IEEE"、"PQDD 学位论文库"等检索的国内外研究成果。

表 3.1 国内外数字水印技术研究文献检索结果

文献类型		数字水印技术/篇	地理空间数据数字水印技术			
			矢量数据＋数字水印技术/篇	遥感图像＋数字水印技术/篇	栅格地图＋数字水印技术/篇	DEM＋数字水印技术/篇
国内 （1991～ 2012 年）	期刊文献	5355	38	11	4	11
	学位论文	1697	9	12	8	8
国外 （1991～ 2012 年）	期刊文献	759	48	12	3	2
	会议文献	5896	287	67	4	4
	学位论文	121	2	3	2	1

从表3.1可以看出，地理空间数据数字水印技术研究在整个数字水印技术研究中所占比例很小，主要有两方面的原因：一方面是因为地理空间数据数字水印技术的研究需要较深的专业知识；另一方面是地理空间数据的安全保护意识尚未得到人们的足够重视。

3.5 矢量地理空间数据水印技术研究现状

矢量地理空间数据的数字水印技术，已引起了国内外的广泛重视。国内外许多科研机构和学者都在进行这方面的研究，国际上如日本山梨（Yamanashi）大学和北海道（Hokkaido）大学、美国马里兰（Marland）大学、意大利锡耶纳（Siena）大学和佛罗伦萨（Florence）大学、韩国明知（Myong Ji）大学、德国达姆施塔特工业大学（Damstadt）学院和慕尼黑国防（The Federal Armed Forces Munich）大学、希腊亚里士多德（Aristotle）大学、乌拉圭国家地理信息交换所等；国内如南京师范大学、解放军信息工程大学、海军大连舰艇学院、武汉大学、哈尔滨工程大学、北京邮电大学、西安电子科技大学等。下面从空域算法和变换域算法两个方面对矢量地理空间数据水印算法的研究现状进行总结和阐述。

3.5.1 空域水印算法

矢量地理空间数据空域水印算法是指在水印嵌入时，不对矢量地理空间数据进行任何时频数学变换，但是可以对数据进行一些划分，将水印直接嵌入到矢量地理空间数据的数据点上，或者选取一些数据的特征作为水印的嵌入位置进行嵌入，但最终都是直接改变数据点的值。早期学者对数字水印技术的研究基本上是基于空域的，算法相对简单，并且实时性较强，取得了很多的成果。其中，Cox 和 Jager（1993）最早公开发表关于矢量数据水印算法的论文，提出把水印信息直接编码在矢量数据各顶点坐标上，属于空域水印算法，由于嵌入过程是按比特独立进行的，因此不能抵抗各类简单的攻击。虽然该算法有不少缺陷，但是它开启了矢量地理空间数据水印算法研究的先河。近几年来，针对矢量地理空间数据水印理论和应用中的问题，学者们给出了更多的解决方案。

张佐理（2010）、李强等（2011）、陈晓光和李岩（2011）都是利用道格拉斯-普克（Douglas-Peucker）算法来实现抗矢量地理空间数据压缩的水印算法，张佐理（2010）对道格拉斯-普克算法进行改进，然后对冗余顶点进行压缩，利用压缩后的顶点数据嵌入水印，具有更好的抗数据压缩效果。李强等（2011）对道格拉斯-普克算法压缩后的数据点根据数据的奇偶性特征嵌入水印信息，取得较好的抗压缩效果的同时，实现了水印信息的盲检测。陈晓光和李岩（2011）对压缩后的数据由特征点的位置信息以及容差值确定嵌入策略，实现水印信息的盲检测，同时对其他类型的攻击具有一定的鲁棒性。

张鸿生等（2009）、阚映红等（2010）和朱俊丰等（2011）都是利用在矢量地理空间数据中插入冗余点，通过在冗余点上嵌入水印信息达到水印嵌入的目的。张鸿生等（2009）将一幅矢量图形视为曲线的集合，按设定阈值进行曲线分割；再在容差范围内，使每条曲线对应一个水印位。阚映红等（2010）通过冗余点在其相邻两个数据节点间的移动来嵌入水印信息，从而保证水印信息的嵌入不会引起矢量地理空间数据中线状和面状地理空间数据的几何变形。朱俊丰等（2011）提出一种融合的水印算法，进行两次水印嵌入：一次是改变数据点的值，另一次是冗余数据点作为水印嵌入数据点。

邵承永等（2007）、周璐等（2009）、武丹和汪国昭（2009）、钟尚平等（2009）、丁璐等（2010）、曹刘娟等（2010）和陈钢等（2010）都是基于差值扩展和差值平移的思想，实现矢量地理空间数据可逆水印算法，但是对数据攻击考虑较少，一般只是能够抵抗少量的数据简化攻击。其中，钟尚平等（2009）的算法可以抵抗平移和顺序变换攻击，陈钢等（2010）的算法将水印嵌入在数据精度位之后的数据上，因为精度位之后的数据对使用没有影响，因此舍弃精度位后的数据水印也就没有了。

MQUAD 方法是矢量地理空间数据一种较好的数据划分方法，任石等（2007）、闫连权等（2009）都对其进行了介绍。MQUAD 算法是基于四叉树算法的一种改进，可以更好地根据数据密度将数据划分到不同的范围中，从而进一步进行水印操作。在这之后，王勋等（2004）、马桃林等（2006）、王超等（2009）进一步对 MQUAD 算法进行研究，在不同程度上对其进行了改进。虽然基于 MQUAD 的水印算法有一些优势，但也具有明显的缺陷，在数据遭受攻击之后，数据的 MQUAD 划分结果是否还能一致很难保证，水印检测也就难以有较好的结果。

车森和邓术军（2008）通过分析数字水印技术和矢量地图的结合方式，提出了一种基于双重网格的数字水印技术算法，但是该算法需要依赖数据图幅网格划分的确定。王忠军等（2008）通过分析矢量数据的特征，根据数据自身的奇异性，将水印嵌入到间隔的特征点中。该算法的不足是对于数据特征点被删除或者数据遭到攻击后数据特征点发生改变，无法检测出水印信息。

张丽娟等（2008）、林冰仙等（2009）提出了数字水印技术与GIS应用相结合的方案，搭建了GIS应用数字水印技术对数据进行保护的系统框架，但是并没有过多关注水印算法的鲁棒性，算法只是针对GIS应用中常见的一些攻击具有一定的鲁棒性。Bird等（2009）提出了一种基于"形状"的水印嵌入方法。该算法主要能够抵抗随机噪声攻击、增删点攻击、增删特征攻击等。

焦艳华等（2009）、孙建国等（2010）都是使用聚类的方法对矢量地理空间数据进行分类，从而得到水印可嵌入数据集合，进行水印嵌入。焦艳华等（2009）根据矢量地图的数据结构，将标记水印策略和聚类方法结合起来，研究并设计了一种基于 K-Means 的矢量数据的水印算法。孙建国等（2010）根据矢量地图所含结点、线路和区域三种图层的拓扑特点，定义不同的度量规则并引入模糊聚类分析方法，选择水印嵌入的数据集合，然后选用比特位复合的方式，将水印信息嵌入地图属性文件描述目标对象的坐标块中。

闵连权（2008）、杨成松等（2010）都是利用坐标映射的思想进行数据分类实现水印嵌入，这种分类方法使嵌入的水印信息更加离散均匀地分布于整个数据中，能够有效地抵抗数据压缩、增点、删点、编辑、裁剪等攻击。杨成松和朱长青（2011）利用矢量地理空间数据线段比值在几何变换中的不变性实现了一种抗几何攻击的空域水印算法，并且能够抵抗一定程度的复合攻击，但可嵌入的水印信息量较少。

3.5.2 变换域水印算法

变换域水印算法就是将水印信息嵌入到数据载体的变换域系数中，为此，变换域水印算法的研究主要针对数学变换函数的选择、函数性质的利用，以及应用中涉及的问题展开。

闵连权和喻其宏（2007）利用DCT具有良好的能量压缩能力和去相关能力，设计针对矢量地理空间数据的变换域水印算法，提出了一种基于DCT的数字地图水印算法，水印提取时需要原始数据的参与，属于非盲水印算法。

李媛媛和许录平（2004）、张琴等（2005）、许丽娜和袁卫华（2007）、杨成松和朱长青（2007）、王丹玫（2008）、张艳群和王潜平（2010）、邓利平和肖何（2010）、苏鹏（2011）利用离散小波变换多尺度分析的能力和能适应人眼的视觉特性，设计针对矢量地理空间数据的水印算法。李媛媛和许录平（2004）通过修改小波系数的特征，嵌入水印，属于盲水印算法，但是不能抵抗基于位置的攻击，如数据删除、裁剪等。许丽娜和袁卫华（2007）、杨成松和朱长青（2007）、张艳群和王潜平（2010）都是基于离散小波变换的非盲水印算法，张艳群和王潜平（2010）对离散小波变换的低频和高频系数都进行水印嵌入，利用低频部分抵抗缩放、平移、删点等攻击，利用高频部分抵抗噪声攻击。苏鹏（2011）使用混沌映射生成水印信息，使用二维离散小波变换嵌入水印，嵌入时根据水印修改数据特征，由于使用的是有意义的水印信息，所以算法可以抵抗裁剪攻击。

　　Doncel 等（2007）、周慧明等（2007）、李天荣（2007）、许德合等（2008，2010，2011）、赵林等（2009）、王奇胜等（2011）利用了 DFT 的几何不变性，设计针对矢量地理空间数据的水印算法。Doncel 等（2007）首先分析了一种基于傅里叶描述子的针对折线的数字水印技术算法，然后通过对傅里叶描述子的微小改变实现算法的改进，这种数字水印技术经过旋转攻击、平移攻击、放缩攻击、反射变换攻击等攻击后仍然可以通过相关检测算子提取出来。周慧明等（2007）、李天荣（2007）、许德合等（2008）都是针对数据傅里叶变换后系数的模进行水印嵌入，从而抵抗数据平移和缩放攻击，该算法是非盲水印算法。赵林等（2009）提出了一种自适应矢量地理空间数据水印算法，能抵抗几何攻击的同时还能抵抗轻微裁剪攻击，但算法也是非盲水印算法。王奇胜等（2011）将水印信息嵌入到矢量地理空间数据傅里叶变换系数的相位上，利用 DFT 相位不变性，可以抵抗数据旋转攻击。许德合等（2011）将 DFT 幅度和相位的不变性结合起来，在幅度和相位上同时嵌入水印信息，达到抵抗平移、旋转、缩放等平移攻击的作用。

　　王炎等（2006）通过计算仿射不变描述子生成与之正交的水印，并将水印加性嵌入到不变描述子中，利用仿射变换不变性，算法对于各种常用的几何攻击和仿射变换都具有很好的鲁棒性，但是不能抵抗数据删点、裁剪、增点等类型攻击。刘雪等（2007）利用归一化的 U 描述子的平移、缩放、旋转不变性，将水印信息嵌入到描述子上，从而实现水印算法对平移、缩放、旋转攻击的鲁棒性，但该算法也不能抵抗数据删点、裁剪、增点等类型攻击。范铁生等（2007）利用 B-spline 方法能够很好地持续逼近曲线的形状，根据矢量地理空间数据生成 B-spline 的控制点集，作为水印嵌入的载体，利用 B-spline 控制点的特性。

　　由于矢量地理空间数据鲁棒水印研究成果已经比较多，因此很多学者也对矢量地理空间数据水印的研究成果进行了总结和分析（任石等，2007；闵连权等，2009；许德合等，2007；孙建国等，2009；彭雅莉，2010），描述了鲁棒水印技术研究中的关键问题和下一步研究的方向。结合鲁棒水印技术在矢量地理空间数据中的广泛应用，也有一些学者对矢量地理空间数据水印系统的设计和应用进行了研究（张海涛等，2004a，2004b；胡云等，2004；朱长青等，2010）。

3.6　影像数据水印技术研究现状

　　遥感影像数据与图像数据在存储、数据格式等方面具有许多相似性，因此图像水印技术对遥感影像数字水印技术有重要的借鉴作用。目前，在图像数字水印技术理论和方法方面，国内外科研机构和学者已经取得了许多研究成果。

3.6.1　数字图像数字水印技术研究现状

　　数字图像水印算法主要分为两大类：空间域算法和变换域算法。

　　数字水印技术空间域算法的主要思想是：通过各种方法直接修改图像的像素以实现

水印嵌入的目的。

　　在空间域的图像水印技术中，最基本的算法是 LSB 方法，该方法利用人眼的视觉系统对图像的微小改动不敏感和图像的 LSB 平面的类噪声特性，通过信息比特去替换载体图像流的最低二进制位实现信息的嵌入，具有对载体数据改动小、嵌入量大、简单易行、实用性强等特点，得到了较多的应用。这种技术简单快速，但鲁棒性差。为提高空域水印的鲁棒性，许多学者提出了一些改进的方法。

　　Niu 等（2010）根据 LSB 方法设计并实现水印系统，将水印信息嵌入到图像的最不重要位，算法简单、实时性强。朱从旭和陈志刚（2005）提出了基于广义 Arnold 变换和 Logistic 混沌映射的图像空域水印算法，嵌入位置被随机置乱，增加了水印提取的安全性。嵌入位置在整个像素空间是随机分布的，使得算法具有很强的抵抗剪切攻击、LSB 攻击、多低位破坏攻击和椒盐噪声攻击的鲁棒性。邵利平等（2007）结合 Arnold 变换，提出了一种基于图像置乱变换的空域水印算法，对置乱变换参数进行选择，可抵抗裁剪攻击和噪声攻击。Lee 等（2008）利用随机映射坐标覆盖全幅影像，比 LSB 方法具有更强的鲁棒性。Low 等（2009）将 LSB 与小波变换相融合，总结出的算法能够有效抵抗压缩攻击、滤波攻击和几何攻击等。

　　Jayant 等（1993）利用 HVS 特性可以在一定程度上提高水印信号的掩蔽性，因此根据 HVS 的特征，将水印信息隐藏在图像复杂纹理区域的视觉掩蔽性比简单纹理区域好；其次，水印在高亮度背景下，视觉掩蔽性要比低亮度的好。因此，选取图像的适当区域嵌入水印信息成为研究的关键。利用基于小波域的 HVS 的特点，很多专家学者也将人类视觉特性引入图像的小波变换中（王向阳等，2004；Kim，2003；周熠，2004；Shinohara et al.，2007；Zhang，2009；赵辉等，2008），得到了较好的实验效果。

　　此外，空域水印还可以通过修改图像的几何特征或利用分形图像编码等来实现。为了抵制几何失真如平移、旋转、缩放等产生的异步问题，李雷达等（2008）提出了一种基于特征与量化的空域抗几何攻击图像水印算法，将特征区域分解为具有旋转不变性的扇形区域，并在空域利用奇偶量化嵌入水印。

　　空域算法相对简单、实时性较强，精度易于控制，但水印信息不能太多，鲁棒性稍差。为了弥补空间域算法的不足，许多学者研究了变换域算法。

　　数字水印技术变换域算法是对数据进行某种变换，将水印嵌入到它们的变换系数中。变换域算法由于应用的变换函数具有好的特征性，通常鲁棒性较好，是数字水印技术算法研究的重点。图像数据变换域数字水印技术算法主要的变换函数有 DFT、DWT、哈达玛变换、DCT 等。

　　叶绿等（2006）提出了一种基于频域的三维运动盲水印算法。对 DFT 域中频系数进行适当扰动来嵌入水印信息，对待检测信号进行光滑，对含有水印信息的噪声进行放大，从而将较弱的水印信号变成了较强的信号，有利于水印的提取。

　　基于 DCT 的数字水印技术是目前被研究得最多的一种数字水印技术方法，它具有鲁棒性强、隐蔽性好的特点。Koch 等（1994）、Koch 和 Zhao（1995）较早地提出在图像的 DCT 域嵌入水印算法，但该方法嵌入水印后图像质量下降明显，而且容易受到合谋攻击。为此，Cox 等（1996，1997）指出，为了提高水印系统的抗攻击能力，应该将水印信息嵌入到图像的感知较重的中低频系数中。Cox 和 Miller（1997）首先提出将水印嵌入到图像中感知重要的区域中，其思想是要破坏水印必然要破坏图像的重要内容。这一思想被许多文献中所采用。为了得到水印的鲁棒性和不可感知性的最佳折中，人们逐渐认识到利用视觉生理模型的重要性（孙中伟和冯登国，2005；Kuribayashi and Tanaka，2000；张伟等，2009）。DCT 后图像的主要能量集中于低频系数中。将水印嵌入到高频系数中，若是受到低通滤波的攻击，很容易造成水印丢失，且对图像质量影响不大。黄继武等（2000）提出，在 DCT 域中的直流分量比任何交流分量更适合嵌入水印，并且直流分量的鲁棒性比交流分量的鲁棒性好。刘传才和傅晓菲（2001）对该结论做了进一步验证，指出 DCT 的直流分量的感觉容量比交流容量大，在直流分量上嵌入水印的策略是有效的，并且通过实验表明具有很好的稳健性。梁杰和李吉星（2004）提出在图像分块 DCT 后的系数矩阵的中频段嵌入水印，利用人眼的视觉特征改变中频段的系数，较好地协调了不可见性和鲁棒性二者之间的矛盾。李诺和闫德勤（2007）提出将灰度图像水印信号自适应嵌入亮度分量 Y 的 DCT 系数中的算法，采用 Arnold 变换将水印图像进行置乱并消除像素的空间相关性。冯茂岩等（2008）研究了基于分块 DCT 和 Arnold 置乱的自适应图像水印算法。

基于 DWT 的数字水印技术也有许多研究结果。利用小波变换优良的时频特性，嵌入的水印在不同分辨层上具有不同的鲁棒性和视觉特性。较之 DCT，小波变换具有更好的能量集中特性，可以根据不同的嵌入规则嵌入小波的不同频段中，从而提高水印的鲁棒性。向德生和熊岳山（2005）提出将原始图像和水印分别进行三级小波变换，并将水印变换域各子图分别进行置乱或加密处理的一种算法。水印经处理后的各级变换系数重复嵌入到原始图像各级变换系数的不同位置。张秋余和李凯（2010）提出一种基于混沌和 SVD-DWT 的稳健图像水印算法。基于小波变换，还有大量学者提出针对图像的鲁棒水印算法（苏庆堂，2009；荣星和高承实，2010；赵玉霞和康宝生，2010）。近年来，也有不少专家学者将几种变换域算法有机结合提出了一些好的水印算法（Taherinia and Jamzad，2009；Bin et al.，2010；Zou et al.，2010）。

除了基于空间域和变换域水印算法外，目前对基于特征的水印算法也有一些研究。基于不变点的第二代水印方法抵抗几何攻击能力较强，水印嵌入是基于稳定的图像局部特征点，对旋转和裁剪攻击具有较好的稳定性。Bas 等（2002）利用 Harris 角检测器从原图像和受攻击图像中检测特征点，再进行三角剖分，生成三角形集合，在三角形中进行水印的嵌入和提取。利用该方法提取的特征点过多，稳定性不够好，且 Harris 特征点对图像的尺度变化敏感。Tang 和 Hang（2003）利用墨西哥帽小波尺度交互特征提取图像的特征点，据此生成圆形的局部区域，并进行归一化，在 DFT 域嵌入水印。圆形区域的半径是固定的，当图像存在缩放的时候，局部区域包含的内容不同，因此缩放很小的尺度变化就会导致水印检测失败。Weinheimer 等（2006）利用 Harris 兴趣点对 Tang 和 Hang（2003）的算法进行了改进。在此基础上，李雷达等提出一种基于特征与量化的水印算法，利用图像中的局部最稳定 Harris 特征点，结合尺度归一化提取具有几何不变性的圆形区域，利用奇偶量化嵌入和提取水印。尺度不变特征变换（SIFT）图像特征点具有旋转、缩放、平移、亮度改变和投影变换不变性，Lee 等（2006）利用

SIFT 进行水印的同步，并将原始水印变换为相应的形状后在空域直接叠加到原始图像中，实现水印嵌入。李传目等（2009）利用尺度不变特征变换提取载体图像中稳定的特征点，利用特征点确定特征区域大小和方向，将水印信息嵌入到每个特征区域中。邓成和高新波（2009）提取特征点，将水印信息重复嵌入到多个不重叠的局部特征区域的DFT 中频系数中。

3.6.2　遥感影像数据数字水印技术研究现状

在遥感影像数字水印技术方面，也有一些研究，主要是借助目前较为成熟的图像数字水印技术。由于遥感影像与数字图像的相似性，使得两者在数字水印技术研究方面具有很多的共同点和相通之处。

Barni 等（2002）首次将近无损数字水印技术应用于遥感影像的版权保护，该算法在 DFT 和 DWT 域进行水印信息的调制嵌入，然后在空域修剪水印，有效控制数据误差，减少水印引起的图像降质。

Ziegeler 等（2003）指出，普通的水印算法不能直接应用于遥感影像的水印中，需要分析遥感数据的本质特征，而不仅仅是停留在可视效果上；提出了一种基于小波变换的遥感影像数字水印技术算法，并研究了其嵌入水印后的分类效果。王向阳等（2005）通过数字水印技术置乱、嵌入位置自适应选取、嵌入深度智能调节等措施，将二值水印图像信息安全地嵌入到遥感图像（纹理区）的 DCT 域中高频系数内。该算法透明性较好，且对常规攻击鲁棒性好。Kbaier 和 Belhadj（2006）提出一种适用于多光谱的基于DWT 的数字水印技术算法，水印检测效果较好，对剪切与滤波等具有较好的鲁棒性。耿迅等（2007）结合 HVS 与整数小波变换，提出一种用于遥感图像版权保护的数字水印技术算法。任娜等（2011）分析了遥感影像的特征，提出基于映射机制的遥感影像盲水印算法能够有效抵抗几何攻击。

3.7　三维几何模型数据水印技术研究现状

1997 年，Ohbuchi 等在 ACM Multimedia 97 国际会议上发表了一篇关于三维网格数字水印技术的文章。该文章为三维网格模型和数字水印技术的研究提供了新的思路和方法。随后，日本、韩国、德国、美国、中国等国家的研究人员对网格水印进行了一系列的研究，取得了许多成果。三维网格数字水印技术算法通常分为空间域算法和变换域算法。

三维网格空间域水印算法大多是直接通过修改顶点坐标来完成水印嵌入的。例如，Praun 等（1999）将扩频技术应用到三角形网格上，提出一种强壮的任意三角形网格水印算法，其水印嵌入的基本思想是沿着表面法矢方向对网格顶点坐标用基函数进行加权轻微扰动；Harte 和 Bors（2002）利用相连顶点确定加性嵌入规则的掩蔽因子，提出一种新的空间域三维模型水印算法；Yu 等（2003a，2003b）、喻志强等（2002a，2002b）提出一类修改中心到顶点距离的鲁棒三维网格水印算法，该类算法的特征是以全局几何特征作为嵌入对象，将水印信息分布到模型各处，并且水印嵌入强度自适应于模型的局部几何特征；朱晓冬等（2004）提出一种利用改变三维数据中三角面片所依据点的坐标来嵌入水印图像三维模型数据的数字水印技术算法。此外，还有利用网格密度、多边形模板、三角形相似四元组、三角形条带符号序列等因子进行三维网格水印的研究（Oh-buchi et al.，1997，1998a，1998b；Cayre and Mack，2003）。

与图像变换域水印算法类似，三维网格变换域水印算法首先对三维网格数据进行针对性的频域变换，然后将水印信息嵌入到合适的频域系数上。例如，刘旺和孙圣和（2005，2007）基于 DCT 技术和扩频通信技术，利用主成分分析方法，将原始模型变换到仿射不变空间中，选取模型顶点到其中心距离作为水印嵌入单元，基于双极性量化嵌入单元 DCT 系数的方法嵌入水印并实现水印的盲提取；刘旺和孙圣和（2006）提出一种基于 DFT 的鲁棒三维网格水印算法，将模型中心到顶点的长度进行 DFT 变换，通过修改 DFT 幅值系数来嵌入水印信息；张小梅和刘泉（2007）利用三维网格模型顶点到模型中心的距离构成体现模型全局几何特征的顶点模值矩阵作为水印载体，用奇异值分解的方法将水印嵌入到顶点模矩阵；胡敏等（2008）提出一种基于几何特征的自适应三维模型数字水印技术算法，该算法首先将三维三角网格模型进行仿射变换，以获得模型的旋转不变性和缩放不变性，然后将各顶点领域内顶点位置的平均差值作为掩蔽因子确定水印嵌入的强度，使得水印具有不可见性。

3.8　DEM 数字水印技术研究现状

在 DEM 方面，数字水印技术的研究刚刚起步，本节将简述其研究成果。

罗永等（2005）、Liu 等（2009）等利用整数小波理论对 DEM 数字水印技术进行了研究，扩展了基于 HVS 小波域量化噪声的视觉权重（JND）分析方法，使其适用于 DEM 数据，并能够自适应地确定水印嵌入强度，但缺乏对嵌入水印后 DEM 数据精度和应用影响的评估。

何密等（2007a）、刘水强等（2008）提出一种基于经验模式分解的 DEM 数据伪装技术，该技术首先利用 SHA-256 单向 Hash 函数产生由种子控制的伪随机序列，扩充序列后再用经验模态分解生成用于伪装的 DEM 数据，同时，针对 DEM 数据提出直方图的概念，通过修改直方图，在伪装的 DEM 数据中可逆地嵌入水印。

何密等（2007b）针对 DEM 数据提出广义直方图的概念，以 DEM 数据作为信息承载对象，采用修改广义直方图的方法嵌入水印信息，提取水印时不需要原始数据，水印提取后可完全恢复 DEM 数据，是一种无损盲水印算法，但缺乏对嵌入水印后 DEM 数据精度和应用影响的分析和评估。

闾国年和刘爱利（2008）探讨了 DEM 数字水印技术的要求，提出"近无损"性是 DEM 区别与普通图像数字水印技术的主要特征，即含水印 DEM 除与普通数字图像一样须满足水印的不可见性外，还应当满足 DEM 精度"近无损"和应用"近无损"要求，并通过实验考察视觉模型的 DCT 分块数字水印技术算法、DWT 数字水印技术算法对 DEM 的适用性问题。

刘爱利和闫国年（2008）利用 DCT 对 DEM 近无损自适应数字水印技术算法进行了研究，将水印嵌入在 DEM 地性线附近位置，以增强水印鲁棒性，实现水印嵌入位置的自适应。该算法还从理论上研究了在 DCT 域内，采用加性水印嵌入规则时，如何根据给定的 DEM 精度，结合 Watson 视觉模型确定水印嵌入强度的问题，避免了以往研究中或者通过反复实验确定嵌入强度，或者由视觉模型确定而不满足 DEM 精度要求的缺点，同时实现了水印嵌入强度对地貌类型的自适应。

He 和 Liu（2009）运用小波变换理论，结合 DEM 地形特征，对 DEM 地形坡度进行分析，选择合适的 DEM 数据块进行水印信息的嵌入。其中，水印嵌入强度采用蚁群算法进行了优化控制。

3.9　栅格数字地图数据水印研究现状

目前，在栅格数字地图的版权保护方面已有一些研究，研究方法主要集中在基于 DWT、DCT 和 DFT 等变换域方法上（梅薿薿，2002；朱静静等，2008；符浩军等，2009；王志伟等，2011）。王勋等（2006）针对栅格数字地图的亮度特性，提出了一种基于 DCT 的互补栅格数字地图水印算法。朱长青等（2009）提出了基于整数小波的栅格地图水印方法，算法效率高、鲁棒性好。符浩军等（2011）提出了一种复合式水印算法，既具有鲁棒水印抗攻击性优点，又具有脆弱性水印防修改的优点。

3.10　栅格数字地图可见水印研究现状

尽管可见水印标识数据版权的需要是明显的，然而对可见水印技术的研究相对于不可见水印要少得多，在目前的研究中，对可见水印技术的报道并不多，下面对已有研究分空间域和变换域进行简要的介绍。

龚声蓉和杨善超（2006）介绍了基于统计方法的可见水印技术，该算法将一个灰度级水印嵌入到一幅载体图像中，先将载体图像分为大小相等的块，并计算每一块的像素灰度值的标准差，该标准差将决定嵌入到对应载体图像块中的水印量。Braudaway 等（1996）提出一种鲁棒的空间域可见水印技术，并用这种技术实际处理梵蒂冈档案馆珍贵的历史手稿，这种方法用一个相同的阈值修改原始图像像素的亮度值来嵌入可见水印。Kankanhalli 等（1999）提出一种基于 DCT 的自适应可见水印算法，该算法利用编码图像中的冗余来嵌入信息。赵友军和邸兰振（2007）基于图像具体内容提出一种感兴趣区域的自适应可见水印技术，但其可见水印嵌入区域须用户选定；郭捷和施鹏飞（2003）设计了一种 DCT 域的可见水印算法，利用图像的局部亮度和纹理特征来确定水印嵌入因子，这样在满足可见水印特性的前提下，增强水印嵌入强度，提高水印鲁棒性；杨善超和龚声蓉（2006）给出一种基于视觉掩蔽特性的可见水印方案，该算法按照载体图像视觉掩蔽性进行水印嵌入，同时又结合水印图像纹理特性对高频系数水印嵌入强度进行重新调制；黄标兵和唐少先（2006）根据主图像和水印图像的局部和全局特征，建立拉伸系数数学模型，提出了一种基于小波变换的可见水印算法，该算法实验结果较好。

　　以上这些研究取得了一些成果，但目前来说可见水印算法较少。而可见水印作为一种特殊的水印技术，今后将会在网络广告、图像和视频数据库、艺术品展览中得到广泛应用。

　　数字水印技术目前正处于一个快速发展和持续深入的阶段，应用领域也在快速扩展。从最初的图像水印、音频水印发展到软件水印、视频水印、文本水印乃至地理空间数据水印；从最初的算法研究扩展到行业领域的应用，如数字图书的版权保护、证件防伪、多媒体数据的检索、电子公文防篡改，到如今应用到地理信息产业中。数字水印技术作为一种新兴的信息安全技术只是近二十年才出现，但已经被许多应用领域特别是地理空间数据领域所采用，其应用前景和应用领域将十分广阔。

参 考 文 献

曹刘娟，门朝光，孙建国. 2010. 基于空间特征的二维矢量地图可逆水印算法原理. 测绘学报，39 (4)：422～427，434.

车森，邓术军. 2008. 基于双重网格的矢量地图数字水印技术算法. 海洋测绘，28 (1)：13～17.

陈钢，张茹，钮心忻，等. 2010. 大容量矢量地图可逆水印算法. 计算机工程，36 (21)：129～131.

陈晓光，李岩. 2011. 针对二维矢量图形数据的盲水印算法. 计算机应用，31 (8)：2174～2177.

邓成，高新波. 2009. 基于 SIFT 特征区域的抗几何攻击图像水印算法. 光子学报，38 (4)：1005～1010.

邓利平，肖何. 2010. 基于小波变换的矢量图形无损水印算法. 电脑知识与技术，6 (4)：889～891，898.

丁璐，裘正定，章春娥. 2010. SVG 矢量图的大容量可逆水印算法. 计算机安全，(5)：24～26.

范铁生，孟瑶，房肖冰. 2007. 基于 B-spline 矢量图形数字水印技术方法. 计算机工程与应用，43 (17)：69～70，93.

冯茂岩，冯波，沈春林. 2008. 基于分块 DCT 变换和 Arnold 置乱的自适应图像水印算法. 计算机应用，28 (1)：171～173.

符浩军，朱长青，缪剑，等. 2011. 基于小波变换的数字栅格地图复合式水印算法. 测绘学报，40 (3)：397～400.

符浩军，朱长青，徐惠宁. 2009. 基于小波变换的数字栅格地图水印算法. 测绘科学，34 (3)：107～108.

耿迅，龚志辉，张春美. 2007. 基于 HVS 和整数小波变换的遥感图像水印算法. 测绘通报，(8)：20～22.

龚声蓉，杨善超. 2006. 具有图像内容保持特性的小波域可见水印. 武汉大学学报（信息科学版），31 (9)：757～760.

郭捷，施鹏飞. 2003. 基于亮度和纹理特征的可见水印技术. 红外与激光工程，32 (1)：92～95.

何密，罗永，成礼智，等. 2007a. 基于 EMD 的 DEM 数据信息伪装技术. 计算机应用，27 (6)：1345～1348.

何密，罗永，成礼智. 2007b. 数字高程模型数据的无损数字水印技术. 计算机工程与应用，43 (30)：40～43.

胡敏，谢颖，许良凤，等. 2008. 基于几何特征的自适应三维模型数字水印技术算法. 计算机辅助设计与图形学学报，20 (3)：390～394.

胡云，伍宏涛，张涵钰，等. 2004. 矢量数据中水印系统的设计与实现. 计算机工程与应用，40（21）：28～30.

黄标兵，唐少先. 2006. 具有人类视觉系统特性的可见水印算法. 计算机工程与应用，42（13）：63～66.

黄继武，Shi Y Q，程卫东. 2000. DCT 域图像水印：嵌入对策和算法. 电子学报，28（4）：57～60.

焦艳华，张雪萍，林楠. 2009. 基于聚类的矢量地图数字水印技术研究. 科技信息，（21）：446～447.

阚映红，杨成松，崔翰川，等. 2010. 一种保持矢量数据几何形状的数字水印技术算法. 测绘科学技术学报，27（2）：135～138.

李传目，洪联系，万春. 2009. 基于 SIFT 特征点的抗几何攻击水印算法. 光电子激光，20（6）：802～806.

李雷达，郭宝龙，武晓钥. 2008. 一种新的空域抗几何攻击图像水印算法. 自动化学报，34（10）：1235～1242.

李诺，闫德勤. 2007. 一种二维 DCT 彩色图像数字水印技术的新算法. 计算机工程与应用，43（2）：43～45.

李强，闵连权，王峰，等. 2011. 抗道格拉斯压缩的矢量地图数据数字水印技术算法. 测绘科学，34（3）：130～131.

李天荣. 2007. 一种适用于 GIS 中矢量数据的数字水印技术算法. 电子科技，20（11）：26～29，34.

李媛媛，许录平. 2004. 矢量图形中基于小波变换的盲水印算法. 光子学报，33（1）：97～100.

梁杰，李吉星. 2004. 一种基于 DCT 变换的盲水印检测算法. 武汉大学学报（信息科学版），29（7）：632～634.

林冰仙，闾国年，李安波. 2009. GIS 矢量数据多功能版权保护研究. 测绘通报，（7）：31～33.

刘爱利，闾国年. 2008. 基于 DCT 域数字水印技术的 DEM 版权保护研究. 地球信息科学，10（2）：214～223.

刘传才，傅晓菲. 2001. DCT 域中 DC 分量上嵌入水印的稳健性检验. 计算机工程与应用，37（21）：13～15.

刘水强，陈继业，朱鸿鹏. 2008. 基于经验模式分解的数字高程模型数据伪装方法. 武汉大学学报（信息科学版），33（6）：652～655.

刘旺，孙圣和. 2005. 基于三维 DCT 变换的 NURBS 模型鲁棒数字水印技术嵌入算法. 电子测量与仪器学报，19（6）：1～5.

刘旺，孙圣和. 2006. 基于 DFT 的鲁棒三维网格模型数字水印技术算法. 计算机工程与应用，42（14）：192～196.

刘旺，孙圣和. 2007. 基于 DCT 的三维网格模型数字水印技术算法. 测试技术学报，21（4）：329～335.

刘雪，钟文琦，邹建成. 2007. 基于 U 描述子的多边形水印技术. 北方工业大学学报，19（1）：6～11.

闾国年，刘爱利. 2008. 数字水印技术的 DEM 版权保护适用性研究. 遥感学报，（5）：810～818.

罗永，成礼智，陈波，等. 2005. 数字高程模型数据整数小波水印算法. 软件学报，16（6）：1096～1103.

马桃林，顾种，张良培. 2006. 基于二维矢量数字地图的水印算法研究. 武汉大学学报（信息科学版），31（9）：792～794.

梅蕤蕤. 2002. 数字地图版权保护. 西安：西安电子科技大学硕士学位论文.

闵连权. 2008. 一种鲁棒的矢量地图数据的数字水印. 测绘学报，37（2）：262～267.

闵连权，喻其宏. 2007. 基于离散余弦变换的数字地图水印算法. 计算机应用与软件，24（1）：146～148.

闵连权，李强，杨玉彬，等. 2009. 矢量地图数据的水印技术综述. 测绘科学技术学报，26（2）：96～102.

彭雅莉. 2010. 矢量地图数据数字水印技术. 湘南学院学报，31（2）：73～76.

任娜，朱长青，王志伟. 2011. 基于映射机制的遥感影像盲水印算法. 测绘学报，40（5）：623～627.

任石，秦茂玲，刘弘. 2007. 矢量图数字水印技术. 计算机应用研究，24（8）：22～24.

荣星，高承实. 2010. 一种基于复合混沌序列的扩频水印算法. 计算机应用研究，27（2）：704～706.

邵承永，王孝通，徐晓刚，等. 2007. 矢量地图的无损数据隐藏算法研究. 中国图象图形学报，12（2）：206～211.

邵利平，覃征，衡星辰. 2007. 一种基于图像置乱变换的空域图像水印算法. 计算机工程，33（2）：122～124.

苏鹏. 2011. 基于混沌映射和离散变换的盲水印算法. 电脑知识与技术，7（5）：1110～1113.

苏庆堂. 2009. 基于整型小波变换的彩色图像盲水印算法. 计算机应用研究，26（6）：2168～2172.

孙建国，门朝光，曹刘娟，等. 2010. 基于结构特征的矢量地图数字水印技术算法研究. 中南大学学报（自然科学版），41（4）：1467～1472.

孙建国，门朝光，俞兰芳，等. 2009. 矢量地图数字水印技术研究综述. 计算机科学，36（9）：11～16.

孙圣和，陆哲明，牛夏牧. 2004. 数字水印技术及应用. 北京：科学出版社.

孙中伟，冯登国. 2005. DCT 变换域乘嵌入图像水印的检测算法. 软件学报，16（10）：1798～1804.

王超，王伟，王泉，等. 2009. 一种空间域矢量地图数据盲水印算法. 武汉大学学报（信息科学版），34（2）：63～69.

王丹玫. 2008. 数字水印技术在工程图纸版权保护中的应用. 中国制造业信息化，37（17）：63～66.

王奇胜，朱长青，许德合. 2011. 利用 DFT 相位的矢量地理空间数据水印方法. 武汉大学学报（信息科学版），36（5）：523～526.

王向阳，杨红颖，邬俊. 2005. 基于内容的离散余弦变换域自适应遥感图像数字水印技术算法. 测绘学报，4（4）：324～330.

王向阳，杨红颖，赵岩. 2004. 基于人眼视觉特性的自适应空域彩色图像数字水印技术算法. 辽宁师范大学学报（自然科学版），27（2）：161～165.

王勋，林海，鲍虎军. 2004. 一种鲁棒的矢量地图数字水印技术算法. 计算机辅助设计与图形学学报，16（10）：1377～1381.

王勋，朱夏君，鲍虎军. 2006. 一种互补的栅格数字地图水印算法. 浙江大学学报，40（6）：1056～1059.

王炎，王建军，黄旭明. 2006. 一种基于 ICA 的多边形曲线水印算法. 计算机辅助设计与图形学学报，18（7）：1054～1059.

王志伟，朱长青，王奇胜. 2011. 一种基于 HVS 和 DFT 的栅格地图自适应数字水印技术算法. 武汉大学学报（信息科学版），36（3）：351～354.

王忠军，王玉海，王豪. 2008. 一种鲁棒的矢量地图数字水印技术算法. 测绘科学，33（4）：148～150.

武丹，汪国昭. 2009. 基于差分扩张和平移的 2D 矢量地图的可逆水印. 光电子·激光，20（7）：934～937.

向德生，熊岳山. 2005. 基于 DWT 的图像水印算法研究. 计算机工程与设计，26（3）：611～613.

许德合，王奇胜，朱长青. 2008. 基于 DFT 幅度的矢量地理空间数据数字水印技术算法. 测绘科学，33（5）：129～131.

许德合，朱长青，王奇胜. 2007. 矢量地图数字水印技术的研究现状和展望. 地理信息世界，5（6）：42～48.

许德合，朱长青，王奇胜. 2010. 利用 QIM 的 DFT 矢量空间数据盲水印模型. 武汉大学学报（信息科学版），35（9）：1100～1103.

许德合，朱长青，王奇胜. 2011. 利用 DFT 幅度和相位构建矢量空间数据水印模型. 北京邮电大学学报，34（5）：25～28.

许丽娜，袁卫华. 2007. 一种基于复数小波变换的矢量图形数字水印技术算法. 信息技术与信息化，（5）：64～66.

杨成松，朱长青. 2007. 基于小波变换的矢量地理空间数据数字水印技术算法. 测绘科学技术学报，24（1）：37～39.

杨成松，朱长青. 2011. 基于常函数的抗几何变换的矢量地理空间数据水印算法. 测绘学报，40（2）：257～261.

杨成松，朱长青，陶大欣. 2010. 基于坐标映射的矢量地理空间数据全盲水印算法. 中国图象图形学报，15（4）：684～688.

杨善超，龚声蓉. 2006. 基于视觉掩蔽特性的可见水印的设计与实现. 计算机工程与应用，42（31）：164～167.

叶绿，王玉娟，李黎，等. 2006. 基于 DFT 的三维运动盲水印算法. 计算机工程与应用 42（3）：46～49.

喻志强，叶豪盛，赵荣椿，等. 2002a. 稳健的三角形网格数字水印技术. 计算机应用，2（9）：94～96.

喻志强，赵荣椿，叶豪盛，等. 2002b. 自适应于局部几何特征的三维模型水印算法. 计算机工程与应用，38（22）：23～27.

张海涛，李兆平，孙乐兵. 2004a. 地理信息水印系统的开发. 测绘通报，（5）：42～44，55.

张海涛，李兆平，孙乐兵. 2004b. 地理信息水印系统的开发. 测绘科学，29（7）：146～148.

张鸿生，李岩，曹阳. 2009. 一种采用曲线分割的矢量图水印算法. 中国图象图形学报，14（8）：1516～1522.

张丽娟，李安波，间国年，等. 2008. GIS 矢量数据的自适应水印研究. 地球信息科学，10（6）：24～29.

张琴，向辉，孟祥旭. 2005. 基于复数小波域的图形水印方法. 中国图象图形学报，10（4）：494～498.

张秋余，李凯. 2010. 基于混沌和 SVD-DWT 的稳健数字图像水印算法. 计算机应用研究，27（2）：718～720.

张伟，陈新龙，詹斌. 2009. 基于 DCT 的图像水印算法研究与实现. 计算机技术与发展，19（9）：157～159.

张小梅，刘泉. 2007. 基于全局几何特征的三维模型数字水印技术算法. 武汉理工大学学报，29（12）：123～126.

张艳群，王潜平. 2010. 基于离散小波变换的互补矢量地图数字水印技术算法. 计算机应用，30（2）：110～111，115.

张佐理. 2010. 一种抗压缩的矢量地图水印算法. 计算机工程，36（20）：137～139.

赵辉，余波，陈建勋. 2008. 基于小波变换和人类视觉系统的盲数字水印技术算法. 计算机技术与发展，18（9）：141～144.

赵林，门朝光，曹刘娟. 2009. 基于 DFT 的自适应矢量地图水印算法. 应用科技，36（7）：47～50.

赵友军，邸兰振. 2007. 感兴趣区域的自适应可见水印技术. 计算机工程，33（9）：180～181.

赵玉霞，康宝生. 2010. 基于混沌系统与提升小波的彩色图像盲水印算法. 计算机应用研究，27（1）：247～250.

钟尚平，刘志峰，陈群杰. 2009. 采用复合整数变换差值扩大法的矢量地图可逆水印算法. 计算机辅助设计与图形学学报，21（12）：1839～1849.

周慧明，何春红，翟学明. 2007. SVG 在数字水印技术中的应用. 计算机工程与设计，28（9）：2081，2082，2095.

周璐，胡永健，曾华飞. 2009. 用于矢量数字地图的可逆数据隐藏算法. 计算机应用，29（4）：990～993.

周熠. 2004. 基于小波变换和视觉掩蔽的自适应水印方案. 红外与激光工程，33（5）：524～527.

朱长青，符浩军，杨成松. 2009. 基于整数小波变换的栅格数字地图数字水印技术算法. 武汉大学学报（信息科学版），34（5）：619～621.

朱长青，杨成松，任娜. 2010. 论数字水印技术在地理空间数据安全中的应用. 测绘通报，（10）：1～3.

朱从旭，陈志刚. 2005. 一种基于混沌映射的空域数字水印技术新算法. 中南大学学报（自然科学版）. 36（2）：272～276.

朱静静，曾平，谢琨. 2008. 针对栅格地图的快速鲁棒盲水印算法. 计算机工程，4（1）：167～169.

朱俊丰，邓仕虎，徐文卓. 2011. 多种算法融合的高鲁棒性矢量地图数据水印技术研究. 测绘科学，36（2）：130，131，168.

朱晓冬，周明全，耿国华，等. 2004. 一种三维模型数字水印技术算法的设计与实现. 计算机应用与软件，21（9）：98～100.

Barni M，Bartolini F，Cappellini V，et al. 2002. Near-lossless digital watermarking for copyright protection of remote sensing image. In：Proceeding of IEEE International Conference on Geoscience and Remote Sensing Symposium，IGARSS 02：1447～1449.

Bas P，Chassery J M，Macq B. 2002. Geometrically invariant watermarking using feature points. IEEE Transactions on Image Processing，11（9）：1014～1028.

Bin W H，Liang Y H，Dong W C，et al. 2010. A new watermarking algorithm based on DCT and DWT fusion. In：Proceeding of International Conference on Electrical and Control Engineering：2614～2617.

Bird S，Bellman C，Van Schyndel R G. 2009. A shape-based vector watermark for digital mapping. In：Proceeding of DICTA 2009，Digital Image Computing：Techniques and Applications：454～461.

Braudaway G W，Magerlein K A，Minter F C. 1996. Protecting public-available images with a visible image watermark. In：Proceeding of Conference on Optical Security and Counterfeit Deterrence Techniques，SPIE，1：568～573

Cayre F，Macq B. 2003. Data hiding on 3D triangle meshes. IEEE Transactions and Signal Processing，51（4）：939～949.

Cox I J. Miller M L. 1997. A review of watermarking and the importance of perceptual modeling. In：Rogowita B E，Pappas T N. Proceeding of SPIE on Human vision and Electronic Imaging II，3016：92～99.

Cox I J，Joe K，LeightonF T，et al. 1997. Secure spread spectrum watermarking for multimedia. IEEE on Image Processing，6（12）：1673～1687.

Cox G S，De Jager G. 1993. A survey of point pattern matching techniques and a new approach to point pattern recognition. In：Proceedings of Symposium on Communication and Signal Processing. Lesotho：243～248.

Cox I J，Kilian J，Leighton F T，et al. 1996. Secure spread spectrum watermarking for images，audio and video. In：Proceeding of Image Processing：243～246.

Doncel V R，Nikolaidis N，Pitas I. 2007. An optimal detector structure for the Fourier descriptors domain watermarking of 2D vector graphics. IEEE Transactions on Visualization and Computer Graphics，13（5）：851～863.

Harte T，Bors A G. 2002. Watermarking 3D models. In：Proceeding of International Conference on Image Processing：661～664.

He X，Liu J J. 2009. A digital watermarking algorithm for DEM image based on stationary wavelet transform. In: Proceeding of the Fifth International Conference on Information Assurance and Security, 1: 221~224.

Jayant N, Johnston J, Safranek R. 1993. Signal compression based on models of human perception. In: Proceedings of the IEEE, 81 (10): 1385~1422.

Kankanhalli M S, Rajmohan, Ramakrishnan K R. 1999. Adaptive visible watermarking of images. In: Proceeding of IEEE International Conference on Multimedia Computing and Systems, 1: 568~573.

Kbaier I, Belhadj Z. 2006. A novel content preserving watermarking scheme for multipectral images. In: Proceedings of ICTTA'06: 322~327.

Kim C. 2003. Content-based image copy detection. Signal Processing, 18 (3): 169~184.

Koch E, Zhao J. 1995. Toward robust and hidden image copyright labeling. In: Proceedings of 1995 IEEE Workshop on Nonlinear Signal and Image Processing: 452~455.

Koch E, Rindfrey J, Zhao J. 1994. Copyright protection for multimedia data. In: Proceedings of the International Conference on Digital media and Electronic publishing: 203~213.

Kuribayashi M, Tanaka H. 2000. A watermarking scheme based on the characteristic of addition among DCT coefficients. In: Pieptzyk J, Okamoto E, Seberry J. Proceeding of Information Security: Third International Workshop, ISW 2000, Wollongong, Australia: Springer: 1~14.

Lee Gil-Je, Yoon Eun-jun, Yoo Kee-Young. 2008. A new LSB based digital watermarking scheme with random mapping function. In: Proceeding of 2008 International Symposium on Ubiquitous Multimedia Computing: 30~134.

Lee Hae-Yeoun, Hyungshin K, Lee Heung-Kyu. 2006. Robust image watermarking using local invariant features. Optical Engineering, 45 (3): 1~10.

Liu X C, Wang J X, Luo Y. 2009. Lossless DEM watermark signature based on directional wavelet. In: Proceeding of the 2nd International Congress on Image and Signal Processing: 1~5.

Low C Y, Teoh A B J, Tee C. 2009. Fusion of LSB and DWT Biometric Watermarking Using Offline Handwritten Signature for Copyright Protection. In: Proceeding of Advances in Biometrics, Third International Conference: 786~795.

Niu Y, Du J Y, Li L. 2010. Digital watermarking system design and implementation based on Lsb algorithm. Advanced Measurement and Test, Parts 1 and 2, 439: 652~657.

Ohbuchi R, Masuda H, Aono M. 1997. Embedding data in 3D models. In: Seinmetz R, Wolf L C. Proceedings of European Workshop on Interactive Distributed Multimedia Systems and Telecommunication Service, 1309: 1~10

Ohbuchi R, Masuda H, Aono M. 1998a. Watermarking three-dimensional polygonal models through geometric and topogical modifications. IEEE Journal on Selected Areas in Communications, 16 (4): 551~560.

Ohbuchi R, Masuda H, Aono M. 1998b. Watermarking multiple object types in three-dimensional models. In: Proceeding of multimedia and Security Workshop at ACM Multimedia' 98: 83~91.

Praun E, Hoppe H, Finkelstein A. 1999. Robust mesh watermarking. In: Proceeding of Annual Conference Series Computer Graphics Processing: 49~56.

Preda R O, Vizireanu D N. 2010. A robust digital watermarking scheme for video copyright protection in the wavelet domain. Measurement, 43 (10): 1720~1726.

Shinohara M, Motoyoshi F, Uchida O, et al. 2007. Wavelet-based robust digital watermarking considering human visual system. In: Proceeding of the 2007 WSEAS International Conference on Computer Engineering and Applications. 177～180.

Taherinia A H，Jamzad M. 2009. A robust image watermarking using two level DCT and wavelet packets denoising. In：Proceeding of 2009 International Conference on Availability Reliability and Security：50～157.

Tang Chih-Wei，Hang Hsueh-Ming. 2003. A feature-based robust digital image watermarking scheme. IEEE Transactions On Signal Processing, 51 (4)：950～959.

Weinheimer J，Qi X J，Qi J. 2006. Towards a robust feature-based watermarking scheme. In：Proceeding of 2006 IEEE International Conference on Image Procedding：1401～1404.

Yu Z Q，Ip H S，Kowk L F. 2003a. A robust watermarking scheme for 3D triangular mesh models. Pattern Recognition, 36 (11)：2603～2614.

Yu Z Q，Ip H S，Kowk LF. 2003b. Robust watermarking of 3D polygonal models bansed on vertex scrambling. In：Proceeding of Computer Graphics International：254～257.

ZhangY H. 2009. Blind watermark algorithm based on HVS and RBF neural network in DWT domain. WSEAS Transactions on Computers，8 (1)：174～183.

Ziegeler S B，Tamhankar H，Fowler J E，et al. 2003. Wavelet-based watermarking of remotely sensed imagery tailored to classification performance. In：Proceeding of the IEEE Workshop on Advances in Techniques for Analysis of Remotely Sensed Data：259～262.

Zou J C，Yang X，Niu S Z. 2010. A novel robust watermarking method for certificates based on DFT and hough transforms. In：Proceeding of 2010 Sixth International Conference on Intelligent Information Hiding and Multimedia Signal Processing：438～441.

第4章 数学基础

在地理空间数据数字水印技术研究中，变换域方法是一种主要的研究方法，其原理是将原始的载体数据做某种可逆的数学变换，再用某些规则根据水印技术要求对其系数进行水印的嵌入，最后通过逆变换得到加入水印的隐秘载体。本章将对数字水印技术中的主要数学基础如 DCT、DFT、DWT 的定义和性质以及混沌系统进行阐述，这些基础理论知识为进一步理解数字水印技术的原理奠定了基础。

4.1 DCT

DCT 由 Ahmed 和 Rao 于 1974 年首次提出，随后在信号处理的很多方面都得到了广泛的应用，在许多领域中被认为是一种最佳的变换方式。DCT 阵的基向量近似于 Toeplitz 矩阵的特征向量，很好地体现了人类语言及图像信号的相关特性。下面从一维 DCT 正变换和逆变换的定义开始介绍 DCT 变换相关的理论基础（威佛，1991；冷建华，2004；樊映川等，1977；南京工学院数学教研组，1979）。

4.1.1 DCT 定义及性质

一维 DCT 的变换核定义为

$$g(x,u) = C(\mu)\sqrt{\frac{2}{N}}\cos\left[\frac{(2x+1)\mu\pi}{2N}\right] \tag{4.1}$$

式中，x，$\mu = 0, 1, 2, \cdots, N-1$；$C(\mu) = \begin{cases} \dfrac{1}{\sqrt{2}}, & \mu = 0 \\ 1, & \mu \neq 0 \end{cases}$

如果 $f(x)(x=0,1,2,\cdots,N-1)$ 为 N 点离散序列，则一维 DCT 的定义如下：

$$F(\mu) = C(\mu)\sqrt{\frac{2}{N}}\sum_{\mu=0}^{N-1} f(x)\cos\left[\frac{(2x+1)\mu\pi}{2N}\right] \tag{4.2}$$

式中，μ 为广义频率变量 $\mu = 0, 1, 2, \cdots, N-1$；$F(\mu)$ 是第 μ 个余弦变换系数。

一维 DCT 逆变换的定义如下：

$$f(x) = \sqrt{\frac{2}{N}}\sum_{\mu=0}^{N-1} C(\mu)F(\mu)\cos\left[\frac{(2x+1)\mu\pi}{2N}\right] \tag{4.3}$$

式中，$x = 0, 1, 2, \cdots, N-1$。

从 DCT 的正变换和逆变换公式可以看出，一维 DCT 正变换和逆变换的核相同。可以采用如下的矩阵形式表示：

$$\boldsymbol{F}=\boldsymbol{G}\boldsymbol{f} \tag{4.4}$$

式中，$\boldsymbol{F}=[F(0),F(1),F(2),\cdots,F(N-1)]^{\mathrm{T}}$。

$$\boldsymbol{G}=\frac{1}{\sqrt{N}}\begin{bmatrix} \sqrt{\dfrac{1}{N}}\begin{bmatrix}1 & 1 & \cdots & 1\end{bmatrix} \\[2mm] \sqrt{\dfrac{2}{N}}\begin{bmatrix}\cos\left(\dfrac{\pi}{2N}\right) & \cos\left(\dfrac{3\pi}{2N}\right) & \cdots & \cos\left(\dfrac{(2N-1)\pi}{2N}\right)\end{bmatrix} \\[2mm] \sqrt{\dfrac{2}{N}}\begin{bmatrix}\cos\left(\dfrac{2\pi}{2N}\right) & \cos\left(\dfrac{6\pi}{2N}\right) & \cdots & \cos\left(\dfrac{(2N-1)2\pi}{2N}\right)\end{bmatrix} \\[2mm] \vdots \qquad \vdots \qquad \vdots \qquad \vdots \\[2mm] \sqrt{\dfrac{2}{N}}\begin{bmatrix}\cos\left(\dfrac{(N-1)\pi}{2N}\right) & \cos\left(\dfrac{(N-1)3\pi}{2N}\right) & \cdots & \cos\left(\dfrac{(N-1)(2N-1)\pi}{2N}\right)\end{bmatrix} \end{bmatrix}$$

$$\boldsymbol{f}=[f(0),\ f(1),\ f(2),\ \cdots f(N-1)]^{\mathrm{T}}$$

一维 DCT 变换可以很方便地推广到二维 DCT 变换，设二维离散序列为

$$\{f(x,\ y)(x=0,\ 1,\ 2,\ \cdots,\ M-1;\ y=0,\ 1,\ 2,\ \cdots,\ N-1)\} \tag{4.5}$$

由此，二维 DCT 正变换核为

$$g(x,y,\mu,\nu)=\sqrt{\frac{2}{MN}}C(\mu)C(\nu)\cos\left[\frac{(2x+1)\mu\pi}{2M}\right]\cos\left[\frac{(2x+1)\nu\pi}{2N}\right] \tag{4.6}$$

式中，$x,\ \mu=0,\ 1,\ 2\cdots,\ M-1$；$y,\ \nu=0,\ 1,\ 2,\ \cdots,\ N-1$。

二维 DCT 变换中的 $C(\mu)$ 和 $C(v)$ 的定义与一维 DCT 的 $C(\mu)$ 的定义相同，此处不再详述。

二维 DCT 正变换定义为

$$F(\mu,\ \nu)=\sqrt{\frac{2}{MN}}\sum_{x=0}^{M-1}\sum_{y=0}^{N-1}f(x,y)C(\mu)C(\nu)\cos\left[\frac{(2x+1)\mu\pi}{2M}\right]\cos\left[\frac{(2x+1)\nu\pi}{2N}\right] \tag{4.7}$$

式中，$\mu=0,\ 1,\ 2,\ \cdots,\ M-1$；$\nu=0,\ 1,\ 2,\ \cdots,\ N-1$。

二维 DCT 逆变换定义为

$$f(x,\ y)=\sqrt{\frac{2}{MN}}\sum_{x=0}^{M-1}\sum_{y=0}^{N-1}F(\mu,\ \nu)C(\mu)C(\nu)\cos\left[\frac{(2x+1)\mu\pi}{2M}\right]\cos\left[\frac{(2x+1)\nu\pi}{2N}\right] \tag{4.8}$$

式中，$x=0,\ 1,\ 2,\ \cdots,\ M-1$；$y=0,\ 1,\ 2,\ \cdots,\ N-1$。

与一维 DCT 变换一样，二维 DCT 变换可以写成如下的矩阵形式：

$$\boldsymbol{F}=\boldsymbol{G}\boldsymbol{f}\boldsymbol{G}^{\mathrm{T}} \tag{4.9}$$

根据二维 DCT 正变换和逆变换可知，二者的核也相同，而且是可分离的，即可进行分离后再运算：

$$g(x,y,\mu,\nu)=\sqrt{\frac{2}{MN}}C(\mu)C(\nu)\cos\left[\frac{(2x+1)\mu\pi}{2M}\right]\cos\left[\frac{(2x+1)\nu\pi}{2N}\right]$$

$$=\left\{\sqrt{\frac{2}{M}}C(\mu)\cos\left[\frac{(2x+1)\mu\pi}{2M}\right]\right\}\left\{\sqrt{\frac{2}{N}}C(\nu)\cos\left[\frac{(2x+1)\nu\pi}{2M}\right]\right\}$$

$$=g_1(x,\mu)g_2(y,\nu)$$

式中，x，$\mu=0$，1，2，$\cdots$，$M-1$；y，$\nu=0$，1，2，$\cdots$，$N-1$。

根据可分离原理，一次二维 DCT 变换，可以通过两次一维 DCT 正变换完成，即首先对一个二维的离散序列按行进行一维 DCT 变换，得到变换后的二维矩阵，然后将获得的二维矩阵进行转置运算，对转置后的矩阵按列进行一维 DCT 变换，得到变换后的二维矩阵，将该矩阵进行转置便得到了二维 DCT 变换后的矩阵。

4.1.2 快速离散余弦变换

根据 DCT 变换的定义进行计算可知，计算量非常大，将其直接应用于实际工程中很不方便。目前，较为常见的是采用快速算法，具体步骤如下所述。

（1）将离散序列 $f(x)$ 延拓为如下形式的 $2N$ 点序列：

$$f_1(x)=\begin{cases}f(x), & x=0,1,2,\cdots,N-1 \\ 0, & x=N,N+1,N+2,\cdots,2N-1\end{cases} \tag{4.10}$$

（2）根据一维 DCT 的定义，将延拓序列 $f_1(x)$ 进行 DCT 运算。

当 $\mu=0$ 时有

$$F(0)=\sqrt{\frac{1}{N}}\sum_{x=0}^{N-1}f(x)\cos\left[\frac{(2x+1)\mu\pi}{2N}\right] \tag{4.11}$$

当 $\mu=0$，1，2，$\cdots$，$N-1$ 时有

$$F(\mu)=C(\mu)\sqrt{\frac{2}{N}}\sum_{x=0}^{N-1}f(x)\cos\left[\frac{(2x+1)\mu\pi}{2N}\right]$$

$$=\sqrt{\frac{2}{N}}\sum_{x=0}^{N-1}f(x)\cos\left[\frac{(2x+1)\mu\pi}{2N}\right]+\sqrt{\frac{2}{N}}\sum_{x=N}^{2N-1}0\cdot\cos\left[\frac{(2x+1)\mu\pi}{2N}\right]$$

$$=\sqrt{\frac{2}{N}}\sum_{x=0}^{2N-1}f_1(x)\cos\left[\frac{(2x+1)\mu\pi}{2N}\right]$$

$$=\sqrt{\frac{2}{N}}\text{Re}\left\{\sum_{x=0}^{2N-1}f_1(x)\cos\left[\frac{(2x+1)\mu\pi}{2N}\right]\right\}$$

$$=\sqrt{\frac{2}{N}}\text{Re}\left\{e^{-j\pi\frac{\mu}{2N}}\sum_{x=0}^{2N-1}f_1(x)\left[e^{-j2\pi\frac{\mu x}{2N}}\right]\right\}$$

$$=\sqrt{\frac{2}{N}}\,\mathrm{Re}\{e^{-j\pi\frac{\mu}{2N}}\mathrm{FFT}(f_1(x))\}$$

由此，快速离散余弦变换（FDCT）算法可以通过对延拓序列 $f_1(x)$ 进行快速傅里叶变换（FFT）运算完成，即将 N 点的序列 $f_1(x)$ 延拓为 $2N$ 点的序列 $f_1(x)$ 后，对序列 $f_1(x)$ 进行 FFT 运算，再将结果乘以 $e^{-j\pi\frac{\mu}{2N}}$ 并取其实部，然后乘以 $\sqrt{\frac{2}{N}}$ 就是 DCT 运算的最后结果。

FDCT 的逆变换步骤为：

（1）将离散序列 $F(\mu)$ 延拓为如下形式的 $2N$ 点的序列：

$$F_1(\mu)=\begin{cases}F(\mu), & \mu=0,\ 1,\ 2,\ \cdots,\ N-1 \\ 0, & \mu=N,\ N+1,\ N+2,\ \cdots,\ 2N-1\end{cases} \tag{4.12}$$

（2）根据一维逆 DCT 的定义，对延拓序列 $F_1(\mu)$ 进行逆 DCT 运算，公式如下：

$$f(x)=\left(\sqrt{\frac{1}{N}}-\sqrt{\frac{2}{N}}\right)F_1(0)+\sqrt{\frac{2}{N}}\,\mathrm{Re}\{\mathrm{IFFT}[F_1(\mu)]\,e^{j2\pi\frac{\mu x}{2N}}\} \tag{4.13}$$

4.2　DFT

连续傅里叶变换是连续波形分析的有力工具，在数字信号处理技术中占有重要的地位，具有很重要的理论价值，而 DFT 使得这种数学方法与计算机技术建立了联系，它不仅有理论价值，而且还有更重要的实用价值。由于 DFT 是正交变换，计算时可以采用快速算法，特别地，信号的 DFT 系数有明确的物理意义，因此它在通信、雷达、声呐、遥感、医学、图像处理、语音合成与分析等许多领域得到了广泛的应用。数字水印技术本质上是一种信号处理过程，因而 DFT 在数字水印技术中具有重要的作用。

4.2.1　DFT 定义

设 $\{x(n)\}$ 长为 M 的有界序列，则 $x(n)$ 的 N 点的 DFT 定义为

$$X(k)=\frac{1}{N}\sum_{k=0}^{N-1}x(n)\,e^{-i2\pi nk/N}, \quad k\in[0,\ N-1] \tag{4.14}$$

逆变换定义为

$$x(n)=\sum_{k=0}^{N-1}X(k)\,e^{i2\pi nk/N}, \quad n\in[0,\ N-1] \tag{4.15}$$

式中，$i^2=-1$。

在通常情况下，记 $W_N=e^{-i2\pi/N}$，则式（4-14）和式（4-15）变成为

$$X(k)=\sum_{n=0}^{N-1}x(n)\,W_N^{nk}, \quad k\in[0,\ N-1] \tag{4.16}$$

$$x(n) = \frac{1}{N} \sum_{k=0}^{N-1} X(k) W_N^{-nk}, \quad n \in [0, N-1] \tag{4.17}$$

式中，W_N^{-nk} 称为周期单位复指数序列。

从上面各式可以看到，DFT 是把 N 阶序列 $\{x(n)\}$ 映射为另一个 N 阶序列 $\{X(k)\}$ 的一种运算。

4.2.2　DFT 的性质

有限序列的 DFT 是信号处理领域中最重要的概念之一，它在各方面有着广泛的应用。下面主要介绍它与数字水印技术相关的一些重要的性质。

1. 线性性质

设 $x_1(n)$ 和 $x_2(n)$ 均为 N 点有限序列，对任意给定的常数 a 和 b，下述等式成立：

$$\mathrm{DFT}[ax_1(n)] + [bx_2(n)] = a\mathrm{DFT}[x_1(n)] + b\mathrm{DFT}[x_2(n)] \tag{4.18}$$

这一性质表明，有限序列线性组合的 DFT 等于各序列 DFT 的线性组合。

2. 时域循环移位性质

对任意给定的整数 l，下式成立：

$$\mathrm{DFT}[\overline{x(n-l)}] = W_N^{lk} \mathrm{DFT}[x(n)] \tag{4.19}$$

式中，$\overline{x(n-l)}$ 表示典型有限序列 $x(n)$ 做 l 点循环移位。

DFT 的时域循环移位性质表明，有限序列在时域的循环移位，相应的在频域和 W_N^{lk} 相乘。

3. 频域循环移位性质

对任意给定的整数 m，若 $\mathrm{DFT}[x(n)] = X(k)$，则

$$\mathrm{DFT}[W_N^{-mn} x(n)] = X\overline{(k-m)} \tag{4.20}$$

式中，$X\overline{(k-m)}$ 表示典型有限序列 $X(k)$ 做 m 点循环移位。

这一性质表明，有限序列和周期单位复指数序列相乘，相应于其 DFT 的循环移位。

4. 条件折卷性质

设 $X(k) = \mathrm{DFT}[x(n)]$，则

$$\mathrm{DFT}[x\overline{(-n)}] = X\overline{(-k)} \tag{4.21}$$

式中，

$$x\overline{(-n)} = x((-n)_N) r_N(n)$$

$$r_N(n) = \begin{cases} 1, & n = 0, 1, 2, \cdots, N-1 \\ 0, & \text{其他整数} \end{cases}$$

上述由 $x(n)$ 得到 $\overline{x(-n)}$ 的运算称为条件折卷运算。

这一性质表明，若对典型有限序列条件折卷做 DFT，其结果等于原序列 DFT 的条件折卷。

5. 共轭性质

设 $X(k) = \mathrm{DFT}[x(n)]$，则

$$\mathrm{DFT}[x^*(n)] = X^* \overline{(-k)}$$

式中，$x^*(n)$ 为将 $X^*(n)$ 的每一个元素取共轭所得到的序列。

这一性质表明，典型有限序列共轭的 DFT 等于原序列 DFT 的共轭和条件折卷。

6. 对偶性质

设 $X(K) = \mathrm{DFT}[x(n)]$，则

$$\mathrm{DFT}[X(n)] = Nx \overline{(-k)} \tag{4.22}$$

这一性质表明，若对典型有限序列的 DFT 再做 DFT，其结果等于原序列条件折卷后乘以 N。

7. 条件奇偶对称性

设 $X(k) = \mathrm{DFT}[x(n)]$，则 $x(n)$ 和 $X(k)$ 具有相同的条件奇偶对称性。

8. 条件共轭对称性

设 $X(k) = \mathrm{DFT}[x(n)]$，$x(n) = x_r(n) + \mathrm{j}x_i(n)$，其中，$x_r(n) = \mathrm{Re}[x(n)]$，$x_i(n) = \mathrm{Im}[x(n)]$，$X_e(k)$ 和 $X_o(k)$ 分别是 $X(k)$ 的条件共轭偶部和奇部，即

$$X_e(k) = \begin{cases} \mathrm{Re}[X(k)], & k = 0, N \\ \dfrac{1}{2}[X(k) + X^*(N-k)], & \text{其他整数} \end{cases} \tag{4.23}$$

$$X_o(k) = \begin{cases} \mathrm{jIm}[X(k)], & k = 0, N \\ \dfrac{1}{2}[X(k) - X^*(N-k)], & \text{其他整数} \end{cases} \tag{4.24}$$

则

$$\begin{cases} X_e(k) = \mathrm{DFT}[x_r(n)] \\ X_o(k) = \mathrm{DFT}[\mathrm{j}x_i(n)] \end{cases}$$

上述性质表明，有限序列 $x(n)$ 的实部和虚部（包括 j）与其 DFT 序列 $X(k)$ 的条件共轭偶部和奇部分别是一对 DFT。同样可以证明，$x(n)$ 的条件共轭偶部和奇部与 $X(k)$ 的实部和虚部（包括 j）也分别是一对 DFT。

9. 循环卷积性质

设 $t(n) = x(n) \otimes y(n)$，则

$$\mathrm{DFT}[t(n)] = \mathrm{DFT}[x(n)] \cdot \mathrm{DFT}[y(n)] \tag{4.25}$$

该性质表明，循环卷积序列的 DFT 等于各序列 DFT 的乘积。这一性质是非常重要的，它说明，可以通过 DFT 来计算有限序列的循环卷积。由于存在着 DFT 的快速计算方法，即 FFT，因此，利用上述性质，也可以得到循环卷积的快速计算。

10. 序列和

设 $X(k) = \mathrm{DFT}[x(n)]$，则有

$$\sum_{n=0}^{N-1} x(k) = NX(0) \tag{4.26}$$

11. 首值

上述定理的逆定理为

$$x(0) = \sum_{k=0}^{N-1} X(k) \tag{4.27}$$

序列的平均值等于其 DFT 的首值，而相反地，序列的首值等于其 DFT 的和。

4.2.3　DFT 的重要几何性质

设 $x(n)$ 为 N 点有限序列，且 $X(k) = \mathrm{DFT}[x(n)]$，令

$$\delta(k) = \begin{cases} 0, & k \neq 0 \\ 1, & k = 0 \end{cases} \tag{4.28}$$

根据上述 DFT 性质，可以得到 DFT 具有以下几何性质。

1. 平移

如果原序列为

$$x_1(n) = x(n) + x_0 \tag{4.29}$$

则

$$X_1(k) = X(k) + Nx_0\delta(k) \tag{4.30}$$

2. 旋转

如果

$$x_1(n) = x(n)\, \mathrm{e}^{i\theta_0} \tag{4.31}$$

则

$$X_1(k) = X(k)\, \mathrm{e}^{i\theta_0} \tag{4.32}$$

3. 缩放

如果

$$x_1(n) = \alpha x(n) \tag{4.33}$$

则

$$X_1(k) = \alpha X(k) \tag{4.34}$$

从以上公式可以看出，原序列的平移变换只改变 DFT 序列的第一个元素，而旋转变换只改变 DFT 序列的相位，因此在原序列 DFT 变换系数的第一个点不做水印嵌入的情况下，DFT 变换的幅度针对几何变换具有平移和旋转不变性；而原序列的缩小、放大变换只改变 DFT 序列的幅度值，因此相应地 DFT 变换的相位针对几何变换具有平移、缩小、放大不变性。

4.2.4　FFT

FFT 是 DFT 的快速算法，它是根据 DFT 的奇、偶、虚、实等特性，对 DFT 的算法进行改进获得的。它对傅里叶变换的理论并没有新的发现，但是对于在计算机系统或者说数字系统中应用 DFT，可以说是前进了一大步。

设 $x(n)$ 为 N 项的复数序列，由 DFT 变换，任一 $X(m)$ 的计算都需要 N^2 次复数乘法和 $N(N+1)$ 次复数加法，而一次复数乘法等于四次实数乘法和两次实数加法，一次复数加法等于两次实数加法，即使把一次复数乘法和一次复数加法定义成一次"运算"（四次实数乘法和四次实数加法），那么求出 N 项复数序列的 $X(m)$，即 N 点 DFT 大约需要 N^2 次运算。当 $N=1024$ 点甚至更多的时候，需要 $N=1048576$ 次运算，在 FFT 中，利用 W_N^{nk} 的周期性和对称性，把一个 N 项序列（设 $N=2k$，k 为正整数），分为两个 $\dfrac{N}{2}$ 项的子序列，每个 $\dfrac{N}{2}$ 点 DFT 需要 $\left(\dfrac{N}{2}\right)^2$ 次运算，再用 N 次运算把两个 $\dfrac{N}{2}$ 点的 DFT 组合成一个 N 点的 DFT。

这样变换以后，总的运算次数就变成 $N+2\left(\dfrac{N}{2}\right)^2=N+\dfrac{N^2}{2}$。同样用上面的例子，$N=1024$ 时，总的运算次数就变成了 525312 次，节省了大约 50% 的运算量。而如果将这种"一分为二"的思想不断进行下去，直到分成两两一组的 DFT 运算单元，那么 N 点的 DFT 就只需要 $\dfrac{N}{2}\log_2 N$ 次的运算，$N=1024$ 点时，运算量仅有 10240 次，是先前的直接算法的 1%，点数越多，运算量的节约就越多，这就是 FFT 的优越性。

4.3　DWT

小波分析是 20 世纪 80 年代中期发展起来的新兴数学分支，由于具有多尺度分析、时频分析、金字塔算法等良好特征，已经成为空间数据处理和分析的重要工具，得到了广泛的应用。自小波分析创建以来，其理论、方法与应用的研究就一直方兴未艾（朱长青和史文中，2006）。

在测绘地理信息领域，小波分析得到了广泛的应用。例如，在非稳定拟合推估逼近、大地测量卷积算子的计算、GPS 周跳计算、GPS 信号处理、动态大地测量降噪声及分析中的应用、卫星测高数据、VLBI钟跳探测、影像边缘检测、影像纹理分析与分类、遥感影像镶嵌、数据压缩、多光谱遥感影像数据融合、影像匹配、影像滤波、道路检测等方面，小波分析得到了重要的应用。在地理空间数据数字水印技术方面，小波分析也得到了广泛的应用。

4.3.1　连续小波变换

小波分析是为了克服傅里叶分析的不足而引进的，它是传统的傅里叶分析的新发展。传统的傅里叶分析通过变换将原来函数的研究转化为在频域内对其傅里叶变换的研究。但是，传统的傅里叶变换有其自身的不足，即它不能反映信号在时间的局部域上的频率特性，而在许多问题中所关心的恰恰是信号在局部时间范围中的特征。小波分析作为傅里叶分析的新发展，既保留了傅里叶分析的优点，又弥补了傅里叶分析的不足。

小波的定义：若函数 $\psi(x) \in L^2(R)$，若其傅里叶变换 $\hat{\psi}(\omega)$ 满足允许条件：

$$C_\psi = 2\pi \int_R \frac{|\psi(\omega)|^2}{\omega} \mathrm{d}\omega < \infty \tag{4.35}$$

则称 $\psi(x)$ 为基本小波函数。

通过对基本小波函数 $\psi(x)$ 进行平移和伸缩，就得到一组小波函数：

$$\psi_{a,b} = \frac{1}{\sqrt{a}} \psi\left(\frac{x-b}{a}\right) \tag{4.36}$$

式中，a 和 b 均为实数，且 $a > 0$。a 反映一个小波函数的尺度，而 b 为在 t 轴上的平移位置。

设 $f(x) \in L^2(R)$，ψ 是基本小波函数，定义其连续小波变换为

$$W_f(a,b) = <f, \psi_{a,b}> = \frac{1}{\sqrt{a}} \int_R f(x) \overline{\psi\left(\frac{x-b}{a}\right)} \mathrm{d}x \tag{4.37}$$

且在 f 的连续点处，有如下重构公式（逆变换）：

$$f(x) = \frac{1}{C_\psi} \iint_{RR} W_f(a,b) \psi_{a,b}(x) \frac{\mathrm{d}a\,\mathrm{d}b}{a^2} \tag{4.38}$$

从小波变换公式中可见，小波变换提供的局部化是变化的，表现在高频处的变焦能力，窗口随高频变窄，低频变宽。这正是其被誉为"数学显微镜"的原因，这一特征，正是时频分析所希望的，从而决定了小波分析在众多领域的重要地位。

类似地，可以定义二维及多维连续小波变换。连续小波变换在理论分析中尤其有用，但在解决应用问题时计算较为复杂。

4.3.2　正交小波基和多尺度分析

1. 离散小波变换定义

为了适合计算机处理，连续小波变换必须离散化，即对连续小波函数式（4.37）中

参数 a、b 进行离散化。

为了使离散化后的函数族能覆盖整个 a、b 所表示的平面，取 $a_0 > 1$，$b_0 > 1$，使得

$$a = a_0^{-m}, \qquad a = n b_0 a_0^{-m}, \qquad m, n \in \mathbf{Z}$$

且将 $\psi_{a,b}$ 改记为 $\psi_{m,n}$，即

$$\psi_{m,n} = a_0^{m/2} \psi\left(\frac{x - n b_0 a_0^{-m}}{a_0^{-m}}\right) = a_0^{m/2} \psi(a_0^m x - n b_0) \tag{4.39}$$

相应的离散小波变换为

$$C_f(a, b) = \int_R f(x)\, \overline{\psi_{m,n}(x)}\, \mathrm{d}x \tag{4.40}$$

特别地，取 $a_0 = 2$，$b_0 = 1$，则有

$$\psi_{m,n}(x) = 2^{m/2} \psi(2^m x - n) \tag{4.41}$$

通过适当的构造，$\psi_{m,n}(x)$ 能成为正交小波基，而构造正交小波基的方法就是多尺度分析。

2. 多尺度分析

离散情况下，某些特殊小波函数构成 $L^2(R)$ 空间的正交基。S. Mallat 在此基础上提出了小波多尺度分析方法，由于其计算机处理具有递归性而得到广泛应用，尤其适用于图像分析编码。多尺度分析的概念，在空间上说明了小波具有多分辨率特性，它是小波正交分解的基础。

多尺度分析定义：空间 $L^2(R)$ 中的一列闭子空间 $\{V_j\}_{j \in \mathbf{Z}}$，称为 $L^2(R)$ 的多尺度分析，若满足下列条件：

单调性：$V_j \subset V_{j+1}$，对任意 $j \in \mathbf{Z}$。

逼近性：$\bigcap V_j = \{0\}$，$\bigcup V_j = L^2(R)$，$j \in \mathbf{Z}$。

伸缩性：$u(x) \in V_j \Rightarrow u(2x) \in V_{j-1}$。

平移不变性：$u(x) \in V_0 \propto u(x-k) \in V_0$，对任意 $k \in \mathbf{Z}$。

Riesz 基；即存在 $g \in V_0$，使 $\{g(x-k) \mid k \in \mathbf{Z}\}$ 构成 V_0 的 Riesz 基。

$g(x)$ 称为多尺度分析的生成元。利用 $g(x)$，可以构造尺度函数 $\varphi(x)$，使得 $\{\varphi(x-k) \mid x \in \mathbf{Z}\}$ 成为 V_0 的规范正交基。

多尺度分析是在 $L^2(R)$ 函数空间内，将函数 f 描述为一系列近似函数的极限。也就是说，函数 f 可以表示成在空间 V_j 里的近似表示 f_j 的极限，即 $f = \lim_{j \to \infty} f_j$，每一个近似都是原函数 f 的平滑版本，而且具有越来越精细的近似函数，这些近似都是在不同尺度上得到的。

在二维及多维情形，相应地也有多尺度分析。

4.3.3　小波正交分解

1. 一维小波正交分解

设 $\{V_j\}$ 是一给定的多尺度分析，ϕ 和 ψ 分别为相应的尺度函数和小波函数，W_{i+1}

是 V_{j+1} 在 V_j 中的正交补子空间，即有 $V_j = V_{j+1} + W_{j+1}$。$f(x)$ 可以用 V_{j+1} 中的一组规范正交基 $\{\varphi_{j+1k}, k \in \mathbf{Z}\}$ 和 W_{j+1} 中的一组规范正交基 $\{\psi_{j+1}, k \in \mathbf{Z}\}$ 表示，即

$$f(x) = \sum_n c_n^{j+1} \varphi_{j+1, n} + \sum_n d_n^{j+1} \psi_{j+1, n} \qquad (4.42)$$

且有

$$c_k^{j+1} = \sum_n h_{n-2k} c_n^j \qquad (4.43)$$

$$d_k^{j+1} = \sum_n g_{n-2k} c_n^j \qquad (4.44)$$

式中，$\{c_k^{j+1}\}$ 为低频成分；$\{d_k^{j+1}\}$ 为高频成分。

式（4.43）和式（4.44）即为离散信号的有限正交小波分解公式。由此可见，正交小波分解将 f 分解成不同的频率成分，并且每一频率通道成分又按相位进行了分解——频率越高者，相位划分越细，反之则越粗。

利用分解后的小波信号 $\{c_k^{j+1}\}$ 和 $\{d_k^{j+1}\}$ 重构原来的信号，重构公式为

$$c_k^j = \sum_n h_{k-2n} c_n^{j+1} + \sum_n g_{k-2n} d_n^{j+1} \qquad (4.45)$$

2. 二维小波正交分解

利用张量积，可以得到二维正交小波分解。对于二维图像 $\{c_{m,n}^0\}$（$m, n \in \mathbf{Z}$），二维正交小波分解公式为

$$c_{k, l}^{j+1} = \sum_m \sum_n \bar{h}_{m-2k} \bar{h}_{n-2l} c_{m, n}^j$$

$$d_{k, l}^{1; j+1} = \sum_m \sum_n \bar{h}_{m-2k} \bar{g}_{n-2l} c_{m, n}^j$$

$$d_{k, l}^{2; j+1} = \sum_m \sum_n \bar{g}_{m-2k} \bar{h}_{n-2l} c_{m, n}^j$$

$$d_{k, l}^{3; j+1} = \sum_m \sum_n \bar{g}_{m-2k} \bar{g}_{n-2l} c_{m, n}^j$$

式中，$\{c_{k,l}^{j+1}\}$ 为低频成分；$d_{k,l}^{1; j+1}$、$d_{k,l}^{2; j+1}$、$d_{k,l}^{3; j+1}$ 为水平、垂直、斜方向的高频成分。

二维正交小波重构公式为

$$c_{k, l}^j = \sum_{m, n} (h_{k-2m} h_{l-2n} c_{k, l}^{j+1} + h_{k-2m} g_{l-2n} d_{k, l}^{1; j+1} + g_{k-2m} h_{l-2n} d_{k, l}^{2; j+1} + g_{k-2m} g_{l-2n} d_{k, l}^{3; j+1})$$

$$(4.46)$$

图 4.1 所示为一幅原始影像，图 4.2 所示为其正交小波分解影像。从小波分解图可见，左上角是低频部分，其余部分分别是水平、垂直、斜方向的高频部分。低频部分是原始影像的一个很好的近似。

对正交小波变换后的低频成分或其他成分再进行正交小波分解，可以得到更多层次的正交小波分解。

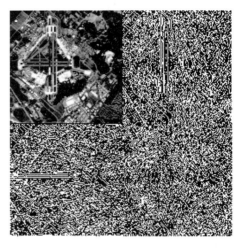

图 4.1　原始影像　　　　　　　　图 4.2　图 4.1 影像的正交小波分解影像

3. 紧支集正交小波基

从小波分解和重构公式中可见，变换结果取决于系数 $\{h_{k-2n}\}$、$\{g_{k-2n}\}$。实际计算中，为了简化计算，希望 $\{h_{k-2n}\}$、$\{g_{k-2n}\}$ 中非零项越少越好，即支集长度越小越好，这样的小波基称为紧支集正交小波基。

实际中常用的是 Daubechies 正交小波系数，如 Daubechies 四系数正交小波基为

$$h_0 = 0.482962, \quad h_1 = 0.836516, \quad h_2 = 0.224143, \quad h_3 = -0.129409,$$

$$h_i = 0; \quad \text{当 } i < 0 \text{ 或 } i > 3 \text{ 时且 } g_k = (-1)^k \bar{h}_{1-k}$$

Daubechies 六系数正交小波基为

$$h_0 = 0.332670, \quad h_1 = 0.806891, \quad h_2 = 0.459877, \quad h_3 = -0.135011,$$

$$h_4 = -0.085441, \quad h_5 = 0.035226, \quad h_i = 0; \text{当 } i < 0 \text{ 或 } i > 5 \text{ 时}$$

紧支集正交小波基在解决实际问题中具有重要作用。利用这些系数，通过正交小波分解和重构公式，可以得到信号或图像的正交小波表示。

4.3.4　整数小波变换

1. 整数小波变换基本理论

20 世纪 90 年代末，Daubechies 和 Sweldens（1998）对小波的构造提出了一种新的观点，即所谓的上升型方案（Lifting Scheme）。这种上升型方案的基本思想是提出具有相同的低通或高通滤波器的多分辨率分析之间的一个简单关系。这种上升型方案具有很多优点，主要包括：

（1）上升型方案使得快速小波变换可以像 FFT 那样通过本址操作来实现。

（2）用上升型方案使得构造非线性小波变换变得非常容易。

（3）上升型方案使得在小波的构造中不用傅里叶变换，这就意味着不必用膨胀和平移来构造小波，即所谓的第二代小波。

同时，任一小波或具有有限滤波器的子带变换都可以通过有限步的上升型方案来获得。

2. 上升型快速算法

上升型小波变换包括三个步骤，即分裂（Split）、预测（Predict）和更新（Update）。

1）分裂

如果设原始离散数字信号为 $C^0 = (c_0^0,\ c_1^0,\ c_2^0,\ \cdots,\ c_{M-1}^0)$，$M$ 为偶数。一级分解后的低频系数为 $C^1 = (c_0^1,\ c_1^1,\ c_2^1,\ \cdots,\ c_{M/2-1}^1)$，高频系数为 $D^1 = (d_0^1,\ d_1^1,\ d_2^1,\ \cdots,\ d_{M/2-1}^1)$。分裂即是将原始的离散信号样本 c_k^j 分裂成为偶数样本 c_{2k}^j 与奇数样本 c_{2k+1}^j，也就是

$$c_k^{j-1} = c_{2k}^j$$
$$d_k^{j-1} = c_{2k+1}^j$$

2）预测

在预测阶段，先保持偶数样本不变，然后在偶数样本的基础上采用不同方法对奇数样本进行预测，最后取奇数样本值与预测值之差作为下一级的高频系数，即小波系数：

$$d_k^{j-1} = c_{2k+1}^j - P(c_k^{j-1}) \tag{4.47}$$

式中，P 为预测算子。预测算子的构造需要考虑原始信号本身的特点，反映数据的相关关系。在现实上，不可能由 $\{c_{k-1}\}$ 完全精确预测 $\{d_k^{j-1}\}$ 的值，但要保证 $P(c_k^{j-1})$ 尽可能接近 $\{d_k^{j-1}\}$。

3）更新

在更新阶段，为了保证能量守恒，小波分解的平滑分量需要利用小波系数值更新，更新算子 U 的作用主要是用来对偶数样本进行更新：

$$c_k^{j-1} = c_{2k}^j + U(d_k^{j-1}) \tag{4.48}$$

分裂、预测和更新三个运算可以用本址操作来实现：

$$(d_k^{j-1},\ c_k^{j-1}) = S(c_k^j)$$
$$d_k^{j-1} -= P(c_k^{j-1})$$
$$c_k^{j-1} += U(d_k^{j-1})$$

上升型正向变换流程如图 4.3 所示。

其中，O_{j-1} 表示奇数样本，E_{j-1} 表示偶数样本。上升型反向变换是上述过程的逆过程，也包括三个步骤：恢复更新、恢复预测和合并。它们的本址操作可以如下表示：

$$c_k^{j-1} -= U(d_k^{j-1})$$
$$d_k^{j-1} += P(d_k^{j-1})$$
$$c_k^j = M(d_k^{j-1},\ c_k^{j-1})$$

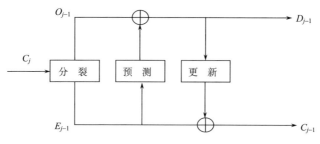

图 4.3 上升型正向变换流程图

上升型反向变换流程如图 4.4 所示。

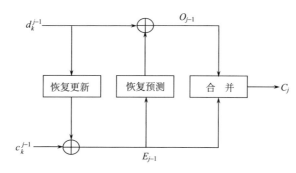

图 4.4 上升型反向变换流程图

3. 整数小波变换优点

整数小波变换具有真正意义上的可逆性,可以不用考虑边界效应,整数小波变换虽然基于传统小波变换的思想,但是效率更高。与传统小波变换相比,整数小波变换有以下几个优点:

(1) 完全是基于空域的构造方法,运算速度快,节省存储空间。

(2) 不依赖于平移、伸缩的概念,也不需要傅里叶变换进行频谱分析。

(3) 可以直接将整数映射成为整数,不需要进行量化。

(4) 在边界处无需数据延拓,重构时可无失真地恢复数据。

4.4 混 沌 系 统

一个确定性系统是这样一种动力学系统,它由确定的常微分方程、偏微分方程、差分方程或一些迭代方程描述,方程中的系数都是确定的。这样,给定初值,系统以后的运动应该是完全确定的,即未来包含于过去。当初值有微小变化时,系统的变化应该不会太大。但是,在 20 世纪 60 年代人们发现有一些系统,虽然描述它们的方程是确定的,但系统对初值有极强的敏感性,即初值有微小的变化,就会引起系统后来不可预测的改变，从物理上看运动似乎是随机的，这种对初值的敏感性，或者说确定性系统内的随机性就是混沌（Chaos）（邹理和，1985；冷建华，2002）。

4.4.1　混沌的概念

混沌是一种貌似无规则的运动，指在确定性系统中出现的类似随机的复杂过程。混沌是由美国气象学家 E. N. Loren 于 1963 年首次提出来的，他发现在一非线性动态系统的相空间中，在一定的参数范围内，轨迹线在一个范围内做无规则运动中，存在着一定的规律性。混沌是动力系统的不规则的、非周期的、异常复杂的运动形式；但它并不是完全无规则的，表面上看起来杂乱无章，实际上有规律可循。混沌不是简单的无序或混乱，而是一种没有明显周期性和对称性的有序状态，是具有一定的层次性的有序性，在无序状态中存在着一定的规律性。

混沌现象是在非线性动力系统中出现的类似随机的过程，这种过程既非周期又不收敛。系统在某个参数和给定的初始条件下，其运动是确定性的，但是该运动的长期状态对初始条件极为敏感。混沌系统具有伸大拉长和折回重叠的性质，所以具有不可预测性。

混沌序列 $\{x_k\}$ 是一个伪随机序列，$\{x_k\}$ 对初值非常敏感。初始条件的任意小的变换如 10^{-6}，都会引起完全不同的行为，其迭代轨迹就会大相径庭，加上迭代方程本身的特点，初始值成为得到迭代序列的最关键因素。

对于一维映射：

$$x_{n+1} = f(x_n, \mu_i) \tag{4.49}$$

称状态 $f: V \to V$ 是一个映射，它将当前状态 x_k 映射到下一个状态 x_{k+1}。如果从一个初值开始，根据式（4.48）反复迭代就可得到一个随机序列 $\{x_k, k=0, 1, 2, 3, \cdots\}$，这一序列称为该离散动力系统的一条轨迹。

如果 $f: V \to V$ 满足以下三个条件：

（1）具有对初始条件的敏感依赖性。存在 $\delta > 0$，对于任意的 $\varepsilon > 0$ 和 x 属于 V，在 x 的 ε 邻域内存在 y 和自然数 n，使得 $d(f^n(x), f^n(y)) > \delta$。

（2）拓扑传递性。对于 V 上的任意一对开集 X、Y，存在 $k > 0$，使 $f^n(X) \bigcap Y \neq \varphi$。

（3）周期点在 V 中稠密。

则说对应的动力系统在 V 上是混沌的。

对于初值的敏感依赖性，意味着无论 x、y 离得多么近，在 f 的作用下两者的轨道都可能分开较大的距离，而且在每个点 x 附近都可以找到离它很近，而在 f 的作用下终于分道扬镳的点 y。对这样的 f，如果用计算机计算它的轨道，任何微小的初值误差，经过若干次迭代后都将导致计算结果的失败。

拓扑传递性意味着任一点的邻域在 f 的作用下将"撒遍"整个度量空间 V，这说明 f 不能细分或不能分解为两个在 f 下相互影响的子系统。

条件（1）、条件（2）一般说来是随机系统的特征，但条件（3）关于周期点的稠密性，却又表明系统具有很强的确定性和规律性，绝非一片混乱。

由初始条件敏感性可知，当初始条件 x_0 稍微出现一些偏差 δx_0，则经过 n 次迭代后，结果就会呈指数分离，故 n 次迭代后的误差为

$$\delta x_n = |f^n(x_0 + \delta x_0) - f^n(x_0)| = \frac{\mathrm{d}f^n(x_0)}{\mathrm{d}x}\delta x_0 = \mathrm{e}^{\mathrm{LE}\times n}\delta x_0 \tag{4.50}$$

式中，$\mathrm{LE} = \dfrac{1}{n}\ln\dfrac{\delta x_n}{\delta x_0} = \dfrac{1}{n}\ln\left|\dfrac{\mathrm{d}f^n(x_0)}{\mathrm{d}x}\right|$，即是所谓的 Lyapunov 特征指数，表征相邻两点之间的平均指数发散率。混沌区是一个特殊的区域，当 μ 在混沌区取值时，迭代轨迹将以指数级发散。将这些特点应用到加密算法中可以提高算法的安全性。

4.4.2　几种典型的混沌映射

1. Logistic 映射

Logistic 映射是一类非常简单但却被广泛研究的动力系统，它的定义如下：

$$x_{k+1} = \mu x_k(1 - x_k) \tag{4.51}$$

式中，$0 \leqslant \mu \leqslant 4$，称为系统控制参数。当 $x_k \in (0, 1)$ 且 $3.5699456 < \mu \leqslant 4$ 时，Logistic映射工作于混沌状态。即由两个不同初始状态 x_0，由式（4.51）生成的两个序列是非周期、不收敛、不相关的。

2. Chebyshev 映射

Chebyshev 映射是以阶数为参数的。N 阶 Chebyshev 映射定义如下：

$$x_{k+1} = \cos(n(\arccos(x_k))) \tag{4.52}$$

式中，$x_k \in (-1, 1)$。

通过简单的变换，Logistic 映射同样可以在 $(-1, 1)$ 定义，形式如下：

$$x_{k+1} = 1 - \lambda x_k^2 \tag{4.53}$$

式中，$\lambda \in [0, 2]$。在 $\lambda = 2$ 的满射条件下，Logistic 映射和 Chebyshev 映射是拓扑共轭的，即它们可被视为动力状态相同的系统，其生成序列的概率密度函数（Probability Density Function，PDF）相同：

$$\rho(x) = \begin{cases} \dfrac{1}{\pi\sqrt{1 - x^2}}, & x \in (-1, 1) \\ 0, & \text{其他} \end{cases} \tag{4.54}$$

对于公式（4.53）形式的 Logistic 映射，如果 $\mu = 4$，则 PDF 可以改写为

$$\rho(x) = \begin{cases} \dfrac{1}{\pi\sqrt{x(1 - x)}}, & x \in (0, 1) \\ 0, & \text{其他} \end{cases} \tag{4.55}$$

通过 $\rho(x)$，可以很容易地得到 Logistic 映射产生的混沌序列的一些很有意义的统计特性。如对于任意初值产生的混沌序列，其均值为

$$\bar{x} = \lim_{N \to \infty} \frac{1}{N} \sum_{i=0}^{N-1} x_i = \int_{-1}^{1} x \rho(x) \, \mathrm{d}x = 0 \tag{4.56}$$

独立选取两个初始值 x_0 和 y_0，则产生序列的互相关函数为

$$\mathrm{cor}(x_0, y_0) = \lim_{N \to \infty} \left(\sum_{i=0}^{N-1} (x_i - \bar{x})(y_i - \bar{y}) \right) / N$$

$$= \int_{-1}^{1} \int_{-1}^{1} \rho(x) \rho(y)(x - \bar{x})(y - \bar{y}) \mathrm{d}x \mathrm{d}y$$

$$= \delta(x_0 - y_0) \tag{4.57}$$

3. Reny 映射

Reny 映射的定义如下：

$$s_{i+1} = \mu s_i \bmod 2\pi, \quad s_i \in Q, \, (i = 0, 1, 2\cdots) \tag{4.58}$$

式中，Q 为值域空间；μ 为实际控制参数。对于某个特定的 μ 值，有限空间 Q 可分为两个子空间 Q_{reg} 和 Q_{ch}。如果初值 $s_0 \in Q_{\mathrm{reg}}$，则产生的序列是周期的或准周期的，即规则的；否则，若 $s_0 \in Q_{\mathrm{ch}}$，则产生的序列是混沌的。在这种系统中，轨迹一般在一个由 μ 决定的子区域 $[Z_{\min}, Z_{\max}] \subset Q$ 内振动。

4. 基于混合光学双稳模型的映射

利用混合光学双稳模型也可生成混沌源，它是能生成奇妙吸引子的函数，该模型可用一个一维非线性迭代方程来描述：

$$x_{R+1} = A \times \sin^2(x_R - x_B) \tag{4.59}$$

随着参数 A 和 x_B 的变化，系统将从固定点失稳，经倍周期分叉进入混沌。在混沌区，除去其窗口，系统输出序列 $\{x_k\}$ 是一个很好的随机序列。

4.4.3　混沌系统的特性

混沌系统具有以下几个特征：

（1）不可预测性，混沌系统的行为长期不可预测。

（2）伪随机性，它是不可预测性的具体体现。

（3）初值敏感性，相同的混沌系统在具有微小差异的初值条件下，系统的长期行为会发生巨大的变化。

（4）确定性，混沌系统是一个确定的非线性系统，它的行为是由非线性系统本身的特性确定的。

（5）遍历性，混沌系统的状态在理论上可达到混沌状态闭包中的任何一点。

由于混沌动力系统有确定性，其统计特性等同于白噪声，因而被应用于数字通信和

多媒体数据安全等领域的噪声调制。

混沌之所以适合于加密，这是与它自身的有些动力学特点密切相关的：

（1）长期运动对初值的极端敏感依赖性，即长期运动的不可预测性（通常称为"蝴蝶效应"）。

（2）运动轨迹的无规则性。相空间中的轨迹具有复杂、扭曲、缠绕的结合结构。

（3）混沌是一种有限范围的运动，即在某种意义下（以相空间的有限区域作为整体来看）不随时间而变化，即具有吸引域。

（4）混沌是具有宽的傅里叶功率谱，其功率谱与白噪声功率谱具有相似之处。

（5）混沌是具有分数维的奇怪点集，对耗散系统有分数维的奇怪吸引子出现，对于保守系统也具有奇怪的混沌区。

由以上混沌及混沌的特点分析可以看出：混沌信号具有非周期、连续宽带频谱、类似噪声的特性，使它具有天然的隐蔽性；对初值条件和微小扰动的高度敏感性，又使混沌信号具有长期不可预见性。混沌信号的隐蔽性和不可预见性使得混沌适用于保密通信。混沌系统本身是非线性确定性系统，因而方便于保密通信系统的构造与研究。另外，由于近年来基本的电路理论和集成技术的发展，很多混沌动力学系统都可以用相应的电路来进行模拟研究，同时也可以很方便地对理论分析的结果进行实验验证。

混沌密码是在混沌系统对系统的参数变化及初值条件非常敏感这一事实基础之上设计的，通常将加密系统的密钥设置为混沌系统的参数，将明文设置为混沌系统的初始条件，或不改变混沌系统的参数，而将加密系统的密钥设置为混沌系统的部分初始条件，将明文之后设置为混沌系统的另一部分初始条件，再经过多次迭代就可实现明文和密钥的充分混合和扩散，从而实现信息的加密。

参 考 文 献

樊映川，等. 1977. 高等数学讲义（下册）. 北京：人民教育出版社：238～260.

冷建华. 2002. 数字信号处理. 北京：国防工业出版社：232～257.

冷建华. 2004. 傅里叶变换. 北京：清华大学出版社：134～148.

南京工学院数学教研组. 1979. 工程数学——积分变换. 北京：人民教育出版社：47～55.

威佛 H J. 1991. 离散和连续傅里叶分析理论. 王中德，张辉译. 北京：北京邮电学院出版社：256～257.

朱长青，史文中. 2006. 空间分析建模与原理. 北京：科学出版社.

邹理和. 1985. 数字信号处理. 北京：国防工业出版社：168～176.

Daubechies I，Sweldens W. 1998. Factoring wavelet transforms into lifting steps. The Journal of Fourier Analysis and Applications，4（3）：247～269.

第5章 地理空间数据数字水印技术攻击与评价

嵌入的水印相对于载体数据而言，是一个具有一定噪声特性的弱信号。因此，在水印应用中，嵌入水印的载体数据在到达接收端时总要经受一些处理，这些处理可以是压缩、格式转换等，任何对载体数据的处理都有可能破坏水印，也就是水印技术中常说的"攻击"。所谓"攻击"是指对嵌入的水印进行的任何一种可能削弱、破坏或移除水印的操作。人们对新技术的好奇、盗版带来的巨额利润都会成为攻击的动机，这类攻击称为恶意攻击；而数字作品在存储、编辑、分发、打印等过程中引入的各种失真，称为无意攻击。攻击的目的在于使相应的水印检测工具无法正确恢复水印信息或不能检测到水印信息的存在。

数字水印技术的评价主要是对水印抵抗各种攻击的能力的评价，任何水印算法的一个重要方面是它对攻击的鲁棒性。如果在受到攻击的数据不会变得无法使用的前提下，水印不会受到削弱，那么它就是鲁棒的。水印的削弱程度可以由数据丢失概率、误码率或信息容量来衡量，也就是对攻击后载体数据鲁棒性的评价。

针对地理空间数据的分类，数据数字水印技术的攻击和评价也有所不同，本章首先根据地理空间数据自身的特性，总结一些地理空间数据水印的常用攻击方法，提出对攻击方法的分类以及层次划分，并对空间域和小波变换域的地理空间数据水印嵌入算法进行实验，得到不同攻击方法对水印信息的影响效果，然后从含水印数据的质量评价和水印鲁棒性评估两个方面说明水印评估的相关因素，最后提出一种以用户为中心的具有实用价值的水印算法评估模型，并通过具体实验描述整个评估过程。

5.1 图像数据数字水印技术攻击

针对图像数据的数据组织特征以及常见的处理方法，在设计图像数据数字水印技术时需要考虑图像数据数字水印技术的攻击方式。

5.1.1 图像数字水印技术常用攻击方法

数字水印技术在实际应用中必然会遭到各种各样的攻击。图像水印攻击方法可以分为四类：鲁棒性攻击、表达攻击、协议攻击和合法攻击。其中，前三类可归类为技术攻击，而合法攻击则完全不同，它是在水印方案所提供的技术特点或科学证据的范围之外进行的。在此，简要介绍一下这四大类攻击方法。

1. 鲁棒性攻击

鲁棒性攻击以减少或消除数字水印技术的存在为目的，包括像素值失真攻击、敏感性分析攻击和梯度下降攻击等（刘春庆等，2004）。这些方法并不能将水印完全除去，但可能充分损坏水印信息。为抵抗这类攻击，总体要求水印算法是公开的，算法的安全性应依赖于与图像内容有关或无关的密钥及算法本身的特性。

像素值失真攻击是指对图像像素值的修改，可分为信号处理攻击和分析攻击两种方法。造成像素值失真的四种基本攻击操作是：外加噪声、幅值变化、线性滤波和量化，其他的攻击操作可看作这四种基本方式的有机组合（杨义先和钮心忻，2006）。

敏感性分析攻击的基本思想是使用相关水印检测器寻找从水印检测区域到区域边缘的捷径，而该捷径可由检测区域表面的法线近似表示，并且该法线在检测区域的绝大部分是相对恒定的（邢轻等，2005）。

梯度下降攻击的基本思想在于检测统计量下降最快的方向是越出检测区域的捷径。给定一个水印图像，可采用搜索策略确定检测统计量下降最快的局部梯度，图像沿该梯度方向可被某个量所改变。这种处理过程可以逐步迭代下去，直到在改变的图像中检测不到水印为止（张震，2004）。

2. 表达攻击

表达攻击也称为欺骗检测器法，是让图像水印变形而使水印存在性检测失败（刘春庆等，2004）。与鲁棒性攻击相反，表达攻击实际上并不除去嵌入的水印，而是试图使水印检测器与嵌入的信息不同步。当二者完全同步时，检测器能恢复嵌入的水印信息，但对同步处理的复杂性要求太高因而不便于实用。为了战胜表达攻击，水印的检测算法应有与人交互的功能，或设计更复杂更智能的包含所有表达攻击模式的检测器（邢轻等，2005）。表达攻击采用的技术主要有几何攻击、马赛克攻击、抖动攻击和 Oracle攻击。

几何攻击是通过破坏水印检测器和内嵌水印之间的同步，来达到攻击的目的（季智和戴旭初，2005），主要的方法有缩放、空间方向的平移、时间方向的平移（视频数据）、旋转、剪切、剪块、像素置换、二次抽样化、像素或者像素簇的减少或者增加等。

马赛克攻击的基本原理是图像越大越容易在其中嵌入一定量的比特信息，反过来说，图像越小能嵌入的信息越少，小到一定程度，就不能再往其中嵌入信息了，从而无法隐藏一个有意义的标记。防止马赛克攻击的最有效的措施就是保证水印能嵌入到足够小的图像中（伍凯宁等，2004）。

抖动攻击是在含有水印的数据信号上附加一个抖动信号，抖动攻击的目标是破坏定位隐藏的水印信息所必需的同步，被广泛应用到水印方案中的扩频信号就易受同步错误的影响（季智和戴旭初，2005）。

Oracle 攻击分两步进行：第一步，攻击者构造一个图像，使得检测结果和检测器的门限值非常接近，对这个图像作轻微的修改，使检测器以接近 0.5 的概率从"水印存在"转换到"水印不存在"的状态；第二步，分析检测器对每个像素改变的敏感性，增加或减少每个像素的亮度，直到检测器的结果发生变化，对每个像素都重复这个过程（季智和戴旭初，2005）。

3. 协议攻击

协议攻击是指使水印检测的结果错误或不明确，从而不能唯一地确定版权所有，引起所有权的纠纷。协议攻击的目的是使水印在认证过程中无法判定真伪。潜在的解决方法是构建与图像内容相关的数字水印技术（王志雄等，2002）。协议攻击主要有解释攻击、拷贝攻击、可逆攻击和合谋攻击。

解释攻击又称为 IBM 攻击，基本思路是设原始图像为 I，加入水印 W 的图案为 $I^* = I + W$；攻击时，攻击首先生成自己的水印 W'；然后创建一个伪造的原图 $I' = I^* - W'$，也就是 $I^* = I' + W'$；因为攻击者可利用其伪造原图 I' 从图 I^* 中检测出其水印 W'，也就能利用原图从水印图像 I^* 中检测出其水印 W。这样就产生了无法分辨与解释的情况（陈更力等，2004）。

拷贝攻击是从嵌入水印的图像中估计出水印并拷贝到目标图像的其他图像中。拷贝的水印要自适应于目标图像，以保证其不可察觉性。拷贝攻击分为三步进行：①找出图像中水印的估计值；②处理该估计值，使水印能量最大化并满足不可感知性要求；③将处理后的水印估计值嵌入目标图像得到伪造的水印图像。

可逆攻击基于大多数水印方案的嵌入算法是可逆的和多数水印嵌入是鲁棒的这一事实，将水印嵌入过程逆过来使用（胡启明，2006）。可逆攻击对盲水印系统同样适用，可通过建立一个类似噪声但与发布的图像具有很高相关性的伪造水印实施攻击，这样的水印可通过提取和改变发布图像的某些特征来构造。

合谋攻击的基本思想是：为了有效地保护版权，影视作品的发行商可能会为每个发行的拷贝嵌入不同的水印，以跟踪盗版者（胡启明，2006）。在这种水印方案中，原始图像相同而水印不同。攻击者可以通过对多个含有水印的作品的分析和处理，构造出一个合法的水印。当水印比特位数足够大时，可以有效地对抗合谋攻击。

4. 合法攻击

合法攻击可能包括现有及将来有关版权和有关数字信息所有权的法案，因为在不同的司法权中，这些法律有可能有不同的解释。理解和研究合法攻击要比理解和研究技术上的攻击困难得多。我们首先应致力于建立一个综合全面的法律基础设施，以确保正当的使用水印和利用水印技术提供的保护，同时，避免合法攻击导致降低水印应有的保护作用。

5.1.2　鲁棒性、不可感知性和水印嵌入量之间的相互关系

由于鲁棒水印的广泛使用，鲁棒性、不可感知性和水印嵌入量三者之间的相互关系成为一个需要解决的问题（孙圣和等，2004）。嵌入水印信息后的原始图像与水印图像应该具有同一个级别的不可感知性。如果要求嵌入信息量少，则经过图像处理或变换后，提取和检测容易出现错误。若增加水印嵌入量，鲁棒性将加强，但是可能带来水印图像不可感知性恶化。在保证不可感知性的情况下，增强鲁棒性是可能的，但是必然带

来水印嵌入量的减少。图 5.1 所示为鲁棒性、不可感知性和水印嵌入量之间的关系和它们存在的一个折中。

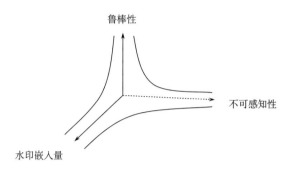

图 5.1　水印三个要求之间的关系

除了这三个冲突的参数外，另一个起重要作用但表现不明显的是水印系统的安全性。基于上述相互冲突的三个参数，同时满足最强鲁棒性、最好不可感知性和最大嵌入量是不可能实现的。在实际应用中，可以根据不同要求进行取舍。

5.1.3　典型图像数字水印技术攻击工具软件

在大量的研究中，人们关注于数字水印技术方法的设计，而忽略了一个重要的问题，这就是对水印系统合理的性能评估。在对水印系统进行性能评估的过程中，需要对水印系统进行一些攻击，以测试其性能。这些攻击是一个水印系统在实际使用过程中可能会遭受到的，此处"攻击"的含义包括有意的攻击和无意的攻击。有意的攻击是指为了去除水印而采取的各种处理方法；无意的攻击是指加有水印的图像在使用过程中不可避免地受到的诸如有损压缩、噪声影响等处理（王道顺等，2003）。

与水印嵌入技术的发展相似，水印攻击技术的发展也经历了一个快速发展进程（吴志强，2004）。第一代水印技术促进了第一代攻击方法的诞生，反过来第一代攻击方法又加速了水印技术的发展。因此要研究水印的发展趋势，不能不研究水印攻击软件的发展状况。目前有许多水印攻击软件，如 StirMark（英国）、Unzign、Richard Barnet's Attack Software、CheckMark（瑞士）、OptiMark（希腊）等。其中，比较有代表性的是 StirMark、CheckMark 和 OptiMark。它们已经成为水印攻击软件的典范，对它们进行功能上的分析和比较，对水印嵌入系统的研究，具有重要的实际意义。

1. StirMark

StirMark 是 Petitcolas 等在英国剑桥大学攻读博士期间开发的首个用于数字图像水印算法鲁棒性测试的软件（吴志强，2004）。它从 1997 年 11 月开始推出，先后有 1.0、2.2 、2.3、3.0、3.1、4.0 等多个版本的软件，此软件支持多个平台：Linux、Windows 9x/NT、Macintosh 等。StirMark 在水印界获得了极大的关注，它已成为目前最为广泛使用的用于水印攻击的基准测试工具。StirMark 对给定的一幅加了水印的图像进行测试，就能生成许多修改后的图像，以此用来验证嵌入的水印是否仍能被检测到。StirMark 还提出了一个过程，它结合了不同的检测结果并计算出一个在 0～1 之间的综合分数。StirMark 提供了对图像进行高斯滤波、中值滤波、锐化、拉普拉斯攻击、JPEG 压缩、比例伸缩、挤压、旋转、去除行或列、水印翻转等各种图像处理操作，同时还采用模拟重采样仿真扫描/打印过程。

2. CheckMark

CheckMark 是由来自瑞士日内瓦大学的 T. Pun 教授领导下的计算机视觉研究组的 Pereira 开发的（王炳锡等，2003）。CheckMark 是一种基准测试工具，是在 UNIX 或 Windows 平台下运行于 MATLAB 上的用于数字水印技术的一组基准套件。CheckMark 最初的 1.0 版是在 2001 年 6 月 10 日发布的，后来又发布了 1.0.2、1.0.4、1.0.5 版，2001 年 12 月 14 日发布的 CheckMark 1.2 版，已支持彩色图像，在线 FAQ（常见问题解答），并更新了在线结果。CheckMark 根据 StirMark 改写了全部的攻击类，还包含一些未在 StirMark 中提出的攻击。CheckMark 还考虑了水印应用，这意味着从单个攻击得出的分数将根据它们对于一个给定的水印用途的重要性进行加权。因此，它提供了一种更好地评估水印技术的有效工具。与 StirMark 相比，它添加了新的质量测量方法——加权 PSNR 和 Watson 测量方法，以灵活的 XML 格式输出和生成 HTML 结果表格；应用驱动评估，特别是用于算法的快速测试的非几何应用，其算法不包括同步机制；容易将 MATLAB 的单个攻击用于测试。

3. OptiMark

OptiMark 是用于静止图像水印算法的一个基准测试工具，它由希腊 Thessaloniki 的亚里士多德大学信息学系的人工智能和信息分析实验室开发（杨义先和钮心忻，2006）。2002 年 1 月 29 日 OptiMark 更新版本为 1.0 版。与 StirMark 和 CheckMark 不同的是，OptiMark 具有图形界面，它能利用不同的水印密钥和信息，使用多重测试进行检测/解码性能评估。OptiMark 针对水印检测器给出的不同结果（浮点结果或二值结果），相应给出不同的性能测量方法的评估。此外，OptiMark 还提供对解码性能的测量方法、平均嵌入和检测时间、算法有效载荷以及某一攻击和某一性能标准的算法崩溃极限的评估。用户在选定的攻击和图像上定义的权后，OptiMark 能给出多重等级的结果，并且用户还可以选择自定义和事先设置基准部分。

5.2　矢量地理空间数据的攻击方法

评价矢量地理空间数据水印算法的优劣主要通过对含水印数据进行各种攻击来实现。目前，对图像数字水印技术攻击方法和对策的研究比较多，已比较系统的总结出一些常用的图像攻击方法（见 5.1 节），且设计出多种功能强大的图像水印攻击工具软件，而针对矢量地理空间数据水印攻击方法的研究还很少，需要不断进行补充和完善。图像数字水印技术中的一些攻击方法在矢量地理空间数据水印的攻击中仍然适用。例如，在图像水印攻击方法中，鲁棒性攻击里的外加噪声和幅值变化攻击，表达攻击里的几何攻击，都可以较好地拿来运用于矢量地理空间数据水印攻击方法；图像水印的其他攻击方法，在矢量地理空间数据水印中的应用比较少，有待进一步的学习和研究。同时矢量地理空间数据水印也有一些适应矢量地理空间数据自身特点的攻击方法。

在现有的一些相关文献中，已经提到了一些矢量地理空间数据水印的攻击方法，如邵承永等（2005）用到了地图简化、加性噪声、几何变换等攻击方法；杨成松和朱长青（2007）用到了数据平移、数据删除、数据修改等攻击方法；李媛媛和许录平（2004a）用到了地图平移、旋转、缩放和加入噪声四种攻击方法；马桃林和张良培（2006）用到了缩放和剪切两种攻击方法；钟尚平和高庆狮（2006）用到了简化处理、平移变换、缩放、旋转变换等攻击方法；胡云等（2004）用到了随机增加点、随机删除点和随机修改点三种攻击方法；Ryutarou（2002）用到了平移、放大、剪切、扭曲变形、叠加随机噪声等攻击方法；李媛媛和许录平（2004b）用到了平移、缩放、旋转、增加和减少顶点、叠加噪声、剪切六种攻击方法。综合以上文献中提到的攻击方法，归纳矢量地理空间数据水印的一些常用攻击方法如下。

5.2.1　常用攻击方法

1. 压缩攻击

数据压缩攻击是指先对含水印数据进行压缩，再检测压缩后的含水印数据中是否还存在水印的一种攻击方法。压缩方法主要有道格拉斯-普克压缩法和依斜率压缩法两种。

1）道格拉斯-普克压缩攻击

道格拉斯-普克压缩法是最常用的压缩方法。它的基本思想是先对每一条曲线的起点和终点虚连一条直线，再求所有曲线上的点与直线的距离，并找出最大距离 d_{max}，用 d_{max} 与限差 D 相比，若 $d_{max}<D$，这条曲线上的中间点全部舍去；若 $d_{max}\geqslant D$，保留 d_{max} 对应的坐标点，并以该点为界，把曲线分为两部分，对这两部分重复使用该方法（华一新等，2001）。在道格拉斯-普克压缩攻击中，各段曲线的起点和终点均被作为特征点保留下来，因此，可能产生数据冗余。

2）依斜率压缩攻击

依斜率压缩法的基本思路是从曲线的一端开始顺次考察两个点之间相邻线段的斜率，若后一线段斜率与前一线段斜率之差的绝对值小于某给定值，两线段合为一线段，从而两线段连接点处的点作为冗余点被压缩，继续用压缩冗余点后所形成的线段考察下一相邻线段；若后一线段斜率与前一线段斜率之差的绝对值大于某给定值，保留后一线段，并以该线段用同法继续考察下一线段（刘可晶，2005）。依斜率压缩攻击是一种复杂程度较小，较精确的矢量地理空间数据压缩攻击算法。

2. 噪声攻击

噪声攻击是指把在 $[-a,a]$ 上服从均匀分布的随机噪声序列 Rand 叠加到含水印信息的矢量地理空间数据中的一种攻击方法。其中，a 为噪声的强度，当强度 a 大于矢量地图的精度时，地图会出现失真现象，其使用价值大大降低。因此，噪声攻击的强度应控制在矢量地图精度的有效范围之内。

3. 数据删点攻击

数据删点攻击是指先将随机删除的一定比率的矢量地理空间数据点用原始的数据点代替，再对提取出的水印信息进行随机取值的一种攻击方法。实验证明，随机删除的点的数量如果超过了一定的阈值，一些重要的特征点会被替换，水印的提取效果会很不理想。

4. 数据改点攻击

数据改点攻击是指在不改变原始矢量地理空间数据点数的条件下，随机修改其中一定比率的数据点［在原始数据点 $(x，y)$ 坐标值上增加或减少一定量］，再对提取出的水印信息进行随机取值的一种攻击方法。经过实验可得出结论：数据修改比率与修改量成反比关系，数据修改比率增大，则修改量减小，反之亦然。

5. 地图裁剪攻击

地图裁剪攻击是指对矢量地图作任意大小和位置的裁剪，并得到所裁剪的那部分矢量地图的坐标的一种攻击方法。由于矢量地理空间数据的水印是嵌入到数据的坐标点 $(x，y)$ 上的，在裁剪时应注意不要选择坐标点过于稀疏的地方，以免影响水印的提取效果。实验证明，当裁剪矢量地图坐标比较密集的区域时，水印能较完整地提取出来。

6. 地图旋转攻击

地图旋转攻击是指先选定一个参考点，再将矢量地图相对于这个参考点旋转一定的角度，得到旋转后的矢量地图坐标的一种攻击方法。地图旋转保持了矢量地图各部分间的线性关系和角度关系，旋转后直线的长度不变。旋转变换公式如下（孙家广和杨长贵，1994）：

$$[x^* \quad y^* \quad 1] = [x \quad y \quad 1] \cdot \begin{bmatrix} \cos\theta & \sin\theta & 0 \\ -\sin\theta & \cos\theta & 0 \\ 0 & 0 & 1 \end{bmatrix} \tag{5.1}$$

式中，x、y 为原始坐标；x^*、y^* 为旋转后的坐标；θ 为绕原点的旋转角度。

7. 地图平移攻击

地图平移攻击是指将整个矢量地图相应的坐标点沿 x 轴或 y 轴移动一定的偏移量，得到移动后的矢量地图坐标的一种攻击方法。地图平移只改变矢量地图的坐标位置，不改变矢量地图的大小和形状。平移变换公式如下（孙家广和杨长贵，1994）：

$$[x^* \quad y^* \quad 1] = [x \quad y \quad 1] \cdot \begin{bmatrix} 1 & 0 & 0 \\ 0 & 1 & 0 \\ T_x & T_y & 1 \end{bmatrix} \qquad (5.2)$$

式中，x、y 为原始坐标；x^*、y^* 为平移后的坐标；T_x 为沿 x 轴移动的偏移量；T_y 为沿 y 轴移动的偏移量。

8. 地图缩放攻击

地图缩放攻击是指通过调整矢量地图的视图屏幕，使当前视图屏幕中的一部分区域缩小或放大显示到整个视图屏幕中的一种攻击方法。地图缩放改变了矢量地图的大小和形状。缩放变换公式如下（孙家广和杨长贵，1994）：

$$[x^* \quad y^* \quad 1] = [x \quad y \quad 1] \cdot \begin{bmatrix} S_x & 0 & 0 \\ 0 & S_y & 0 \\ 0 & 0 & 1 \end{bmatrix} \qquad (5.3)$$

式中，x、y 为原始坐标；x^*、y^* 为缩小或放大后的坐标；S_x、S_y 为缩放的比例因子。当 $S_x = S_y = 1$ 时，地图大小不变；当 $S_x = S_y > 1$ 时，矢量地图放大；当 $S_x = S_y < 1$ 时，矢量地图缩小。

9. 地图扭曲变形攻击

地图扭曲变形攻击是指将矢量地图沿 x 轴或 y 轴做错切变形，或同时沿 x 轴和 y 轴做错切变形，得到变形后的矢量地图坐标的一种攻击方法。地图扭曲变形使矢量地图的角度关系发生了改变，甚至导致矢量地图发生了畸变。扭曲变形变换公式如下（孙家广和杨长贵，1994）：

$$[x^* \quad y^* \quad 1] = [x \quad y \quad 1] \cdot \begin{bmatrix} 1 & a & 0 \\ b & 1 & 0 \\ 0 & 0 & 1 \end{bmatrix} \qquad (5.4)$$

式中，x、y 为原始坐标；x^*、y^* 为扭曲变形后的坐标。当 $a=0$，$b \neq 0$ 时，矢量地图沿 x 轴方向扭曲变形；当 $a \neq 0$，$b=0$ 时，矢量地图沿 y 轴方向扭曲变形；当 $a \neq 0$，$b \neq 0$ 时，矢量地图沿 x 轴和 y 轴两个方向扭曲变形。

10. 数据格式转换攻击

数据格式转换攻击是指先将含有水印信息的矢量地理空间数据从现有的数据格式转换为另一种数据格式，再将其转换回原有的数据格式，把两种数据格式之间转换所产生的误差作为一种攻击手段的攻击方法。例如，先将某种数据格式转换成 MIF 数据格式，再把生成的 MIF 数据格式转换回这种数据格式，最后进行水印信息的检测。这种数据和 MIF 数据来自不同的地图投影，前者主要采用的是地理坐标，后者主要采用的是平面直角坐标。数据格式的转换实质上是两种坐标系之间的变换。

5.2.2　矢量地理空间数据水印攻击方法分类

5.2.1 小节中提到的矢量地理空间数据水印攻击方法按性质可以分为以下几类：

（1）几何变形攻击，主要包括地图旋转攻击、地图平移攻击、地图缩放攻击、地图扭曲变形攻击、地图投影攻击等。

（2）数据处理攻击，根据矢量地理空间数据特性以数据处理的方式进行攻击，主要包括数据压缩攻击、地图裁剪（裁减）攻击、数据融合攻击、制图综合攻击、数据删（增）点攻击和数据改点攻击。

（3）噪声攻击，指借鉴图像水印噪声攻击的方法，对矢量地理空间数据进行噪声攻击。

（4）格式攻击，是指把在数据格式转换中产生的误差作为一种攻击手段的攻击方法。

对攻击方法的归类是为了更好地研究水印算法的抗攻击能力，评价一个算法的好坏应该从多角度全面的对其进行分析，如果一个水印算法能够经受多种不同方法的攻击，那么这个算法就具有了较高的实用价值。

5.2.3　矢量地理空间数据水印攻击方法层次划分

1. 攻击方法层次划分

在水印的实际应用中，不同用户对攻击方法的需求有所不同，一些攻击方法是最常用且必需的，而另一些攻击方法则在某些场合才会被用到，这样就产生了攻击方法的层次划分问题。根据相关文献和本节对矢量地理空间数据水印攻击方法的研究，本节提出以攻击方法对矢量地理空间数据水印的重要性为依据将矢量地理空间数据水印攻击方法划分为以下三个层次。

第 1 层次的攻击方法是对矢量地理空间数据水印算法进行评估的基础依据。这些攻击是矢量地理空间数据使用中经常遇到且比较好解决的，非常具有实用意义。有了这些攻击方法，水印算法的好坏才能被较好地评估出来。

第 2 层次的攻击方法可根据用户的实际需要进行选择，它们比较常见但不太好解决。

第 3 层次的攻击方法在矢量地理空间数据使用中不太常见但也可能遇到。

表 5.1 所示为矢量地理空间数据水印攻击方法具体的层次划分。

表 5.1　攻击方法层次划分

层次	矢量地理空间数据水印攻击方法
1	数据压缩、噪声、数据删（增）点、数据改点、地图裁剪（裁减）
2	数据格式转换、地图投影变换、数据融合、制图综合
3	地图旋转、地图平移、地图缩放、地图扭曲变形

2. 攻击方法在不同算法中的比较以及实验分析

1）攻击效果在不同水印算法中的比较

数字水印技术的一个最重要的特征就是鲁棒性，即数字水印技术算法在经过攻击后仍能够检测到水印的能力。所谓攻击是指对嵌入的水印进行各种操作来削弱、破坏或移除水印，并通过检验其鲁棒性与安全性，分析其弱点所在及其易受攻击的原因，从而对水印嵌入算法的设计加以改进。对于不同的攻击方法，不同的水印嵌入算法所能承受的抗攻击能力是不一样的。表 5.2 所示是对矢量地理空间数据水印嵌入算法分别在空间域和变换域中抗攻击能力的比较，根据受攻击后提取出的水印信息视觉效果的好坏，可以将水印算法的抗攻击能力划分成不同的级别，"＊"号越多表明抗此种攻击的能力越强。此处，仅仅通过视觉效果主观粗略地判定水印抗攻击能力的强弱是不够的，在 6.2 节和 6.3 中将给出一些相关的参数和详细的介绍。

表 5.2　水印算法抗攻击能力视觉效果比较

攻击类型 ＼ 嵌入方式	空间域	变换域	
		小波变换	傅里叶变换
道格拉斯压缩	＊＊＊	＊＊	＊
斜率压缩	＊＊	＊＊＊	＊
噪声	＊＊＊	＊＊＊	＊＊
数据删点	＊＊	＊＊＊	＊
数据改点	＊＊＊	＊＊＊	＊
地图裁剪	＊＊	＊＊	＊
地图旋转	＊	＊	＊＊＊
地图平移	＊	＊＊	＊＊＊
地图缩放	＊	＊	＊＊＊
地图扭曲变形	＊	＊	＊
数据格式转换	＊＊＊	＊＊＊	＊＊＊

2）空间域和小波域水印算法的攻击实验及分析

下面以对空间域和小波域的矢量地理空间数据水印进行攻击为例，显示各种攻击方法对水印信息的影响效果，如表 5.3 所示，选用的水印信息为"矢量地图"，字体高度为 32，水印强度为 3，最大误差为 3。

由表 5.3 中遭受过各种不同攻击后提取出的水印信息可以看出：在空间域和小波变换域中，矢量地理空间数据水印嵌入算法针对数据压缩、均匀噪声、数据删点、数据改点、地图裁剪和数据格式转换这些攻击有比较强的抵抗能力，水印信息提取效果较好；在 3 个单位内小波域比空间域的抗地图平移攻击能力要强些；由于矢量地理空间数据自身的一些特性，对地图进行大幅度的旋转、缩放和扭曲变形攻击将提不出有效的水印信息，只有在对矢量地理空间数据做微小修改的情况下，才能提出水印信息。

表5.3　水印算法抗攻击能力视觉效果比较

攻击类型 ＼ 嵌入方式	空间域	小波变换域
原始水印信息	矢量地图	矢量地图
道格拉斯压缩（限差为3）	矢量地图	矢量地图
斜率压缩（斜率为0.2）	矢量地图	矢量地图
噪声（强度为3，攻击百分比为20%）	矢量地图	矢量地图
数据删点（随机删点5%）	矢量地图	矢量地图
数据改点（随机改点50%，增加量100）	矢量地图	矢量地图
地图裁剪（裁掉右半部分）	矢量地图	矢量地图
地图旋转（绕原点旋转0.02°）	矢量地图	矢量地图
地图平移（平移3个单位）	矢量地图	矢量地图
地图缩放（放大1.0003倍）	矢量地图	矢量地图
地图扭曲变形（$a = 0.0003$，$b = 0.0001$）	矢量地图	矢量地图
数据格式转换	矢量地图	矢量地图

注：表中 a、b 分别为扭曲变形系数

5.3   矢量地理空间数据水印的性能评估

对矢量地理空间数据水印的性能进行合理评估是矢量地理空间数据水印研究的一个重要内容，矢量地理空间数据水印的评估主要包括两个方面：嵌入水印对矢量数据影响的主观评估和客观评估；水印鲁棒性评估。一般而言，水印的性能评估需要在水印鲁棒性和不可感知性之间进行折中。因此，为了保证性能评估的公正合理性，我们将在可比较的条件下对矢量地理空间数据水印算法进行测试。

5.3.1   含水印数据的质量评价

只有少数水印算法（如零水印）能够产生完全不可感知的水印，若想进行正确的评估和比较，就必须考虑到水印的不可感知性。本节中将讨论两种量测水印不可感知性的方法，从而可对矢量地理空间数据水印算法进行客观评估。

1. 主观评估法

视觉质量是判断矢量地理空间数据失真度的一个重要标准。对视觉质量的评价可以采用主观评估方法。主观评估需要遵循一定的规则，通常分为两步：第一步，比较不同含水印数据的视觉感知性；第二步，将含水印数据按照由好到坏的顺序分成几个数据质量等级。这种方法从本质上来说是属于统计性的，不同评估者对待矢量地图的表现会有所不同。主观评估法对最终的数据质量评价是十分有用的，但是，在研究和开发中，用处却并不大，实际的评估往往采用客观定量评估法（杨义先和钮心忻，2006）。表 5.4 所示为主观评估数据等级划分表。

表 5.4   主观评估数据等级划分

等级	数据误差比较	数据质量
4	不可感知	优
3	轻微感知	良
2	部分感知	中
1	完全感知	差

2. 客观评估法

目前常用的图像质量评测方法是基于图像像素值量度的。矢量地理空间数据同样可以借鉴图像定量量测的方法客观评测数据的坐标失真度。客观评估得到的结果不依赖于主观评价，且允许在不同的算法之间进行公平的比较。数据版权拥有者可先获得矢量地理空间数据的总坐标点数，再将原始数据和含水印数据的坐标点逐一进行比较，最后统计存在误差的那些点占原始数据的比例。水印信息的嵌入给数据带来的误差越小，数据的精度就越高，质量也就越好。由高到低误差比例可以分为不同的等级，数据用户可以根据对数据精度的要求选择经过客观评估后符合标准的矢量地理空间数据水印算法。

5.3.2 水印鲁棒性评估

评价水印算法性能的优劣是通过水印算法之间的性能对比来完成的，但是这个过程实现起来比较困难。目前并没有一致的水印评估标准，许多水印研究者声明的鲁棒性都是针对各自的水印算法提出的，用来证明算法鲁棒性的准则也不同。建立一个统一的水印评估标准将成为数字水印技术研究与应用的一个重点（杨义先和钮心忻，2006）。

1. 影响鲁棒性的因素

水印算法最重要的性能之一就是鲁棒性，而鲁棒性与不可感知性之间存在着矛盾，因此，必须在含水印矢量地理空间数据视觉误差不可感知的情况下来研究矢量地理空间数据水印系统的鲁棒性。同时，鲁棒性还与水印嵌入量、水印嵌入强度等因素有关。矢量地理空间数据水印的鲁棒性主要依赖于以下三个方面。

1）嵌入信息量

嵌入信息量是水印算法的一个重要参数，它直接影响水印的鲁棒性。水印信息可以是文本信息、二值图像、灰度图像、彩色图像或无特定含义的序列等。水印的嵌入量有一个极限值，对同一种水印算法而言，嵌入的信息越多，水印的鲁棒性越差。因此，为了得到最佳含水印数据，根据不同的算法选择合适的水印信息至关重要。

2）嵌入强度

水印嵌入强度与水印的鲁棒性成正比关系，而鲁棒性和不可感知性之间又存在着一个折中。增加鲁棒性就要增加水印嵌入强度，相应地也会增加水印的可感知性。一般应该在水印不可感知的条件下，适当地增加嵌入强度，以保证水印的鲁棒性。

3）矢量地理空间数据的特性

矢量地理空间数据的特性对水印的鲁棒性有重要影响。根据矢量地理空间数据的特性，将水印信息嵌入到矢量地理空间数据的特征点上后提出的水印具有较高的鲁棒性，还可根据数据的密度在不同密度区域自适应的调整水印的嵌入量以达到增强鲁棒性的目的。

2. 攻击方法在性能评估中的作用

在对水印算法进行性能评估的过程中，需要对含水印数据进行一些攻击，以测试其性能。在5.1节着重介绍了一些矢量地理空间数据水印算法常用的攻击方法。对水印算法的评估不能只依靠一两种攻击就得出结论，而应该是在适合矢量地理空间数据的前提下用尽可能多的攻击方法对水印算法从不同角度进行攻击。一个性能优良的水印算法理论上应该具有较强的抗攻击能力，但是这种算法比较难实现，特别是当攻击方法的种类较多时水印算法很难承受所有的攻击。

3. 性能评估描述

在介绍了含水印矢量地理空间数据的质量评价和水印鲁棒性评估之后，现在可以对矢量地理空间数据水印算法的性能进行评估了。前面曾提到，鲁棒性与视觉不可见性、嵌入信息量、嵌入强度等因素有关。本节将以 5.1 节中提到的攻击方法对基于灰度图像水印信息的空间域矢量地理空间数据水印算法进行评估为例，详细说明矢量地理空间数据水印算法的性能评估方法。

一个水印算法的鲁棒性与攻击强度有着密切的关系。下面利用鲁棒性攻击强度曲线反映水印鲁棒性与攻击的关系。用来描述对抵抗攻击能力的鲁棒性可以由误码率（Bit Rate Error）来评估。在这儿所用的水印信息是灰度图像，此时的误码率实质上是指与原始水印信息相比错误的像素值占水印信息总像素值的百分比。通常，这条曲线反映的是在给定视觉不可感知性极限的前提下，误码率与攻击强度之间的函数关系（王炳锡等，2003）。视觉不可感知性在矢量地理空间数据中指的是含水印数据的失真度，可以采用主观或客观的量测方法来评估数据的失真度。这种评估允许对水印鲁棒性进行直接比较，并且显示了水印系统对攻击的整体鲁棒性能。表 5.5 所示为误码率与水印信息清晰度的关系以及相应的等级和分数。显然，攻击的强度越大，水印信息清晰度等级就越低，分数也越低。

表 5.5　误码率与水印清晰度的关系及相应等级

误码率/%	水印信息清晰度	等级	分数
0.4～10	非常清晰	优	90～99
10～30	比较清晰	良	80～89
30～50	能够识别	中	70～79
50～70	勉强识别	差	60～69
70～100	不能识别	极差	不及格

下面分别用不同大小的同一水印标识来做鲁棒性—攻击强度曲线的实验。图 5.2 所示为 64 像素×64 像素的灰度图像，图 5.3 所示为 36 像素×36 像素的灰度图像。图 5.4 所示为对基于灰度图像水印的矢量地理空间数据水印算法进行道格拉斯压缩测试后得到的鲁棒性—攻击强度曲线。

图 5.2　64 像素×64 像素的灰度图像　　图 5.3　36 像素×36 像素的灰度图像

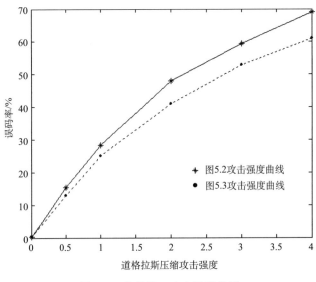

图 5.4　鲁棒性—攻击强度曲线

　　矢量地理空间数据视觉不可感知性的数据质量等级控制在"中"以上。实线为将图 5.2 中的水印信息嵌入到矢量地理空间数据后计算出的鲁棒性—攻击强度曲线，虚线为将图 5.3 中的水印信息嵌入到矢量地理空间数据后计算出的鲁棒性—攻击强度曲线。由图 5.4 可知：①在满足视觉不可感知性条件下，对含水印数据进行不同限差的道格拉斯压缩攻击后，水印的误码率随着限差值的增大而增加；②在误码率较大的情况下仍能有效地提取出水印信息；③算法在水印信息量相差较大的情况下具有比较好的稳定性；④水印信息量增大虽然会导致误码率的增加，但是水印信息仍可以有效地被辨识。实验证明，基于灰度图像的空间域矢量地理空间数据水印算法有较好的性能。

5.3.3　以用户为中心的水印算法评估模型

　　目前的一些水印评估方法多为对图像水印的性能评估，并且这些评估方法标准不统一，评估难度大，带有评估系统设计者的一定主观性。正是由于这些缺点，对水印算法性能评估的研究与用户的实际需求产生了很大的差距，多数的评估方法没有以用户为中心，实际应用性不强。一种水印算法的好坏不能仅仅只考虑它的抗攻击能力，还要考虑它是否适合具体的应用环境。对水印算法进行评估的最终目的应该是以用户为中心，在用户的需求之下，在众多的水印算法中，找到一种最适合于用户需求的水印算法。用户的需求是指用户自己设定满足其需要的各种条件，如选择哪些攻击方法以及每种攻击的强度、重要程度，选择什么样的水印以及水印的信息量，选择什么数据载体等。只有在用户自己设定条件的前提下进行的水印评估才具有实际意义。

　　下面以用户为中心设计一个可能的评估步骤。在整个评估中可将水印的嵌入和提取看成一个黑箱子，先输入评估参数，然后观测各种输入下的性能指标，最后得到一个统一的输出结果。

设计的具体的评估步骤如下：

（1）在保证视觉质量的前提下，以最大强度在用户提供的数据载体上嵌入某种水印。

（2）用户选择需要的攻击方法（n 种）。

（3）用户确定需要的攻击强度。

（4）对嵌入水印的数据进行用户所选择的 n 种攻击。

（5）对每种攻击进行水印提取，并对攻击后提取的水印依据误码率进行评分。

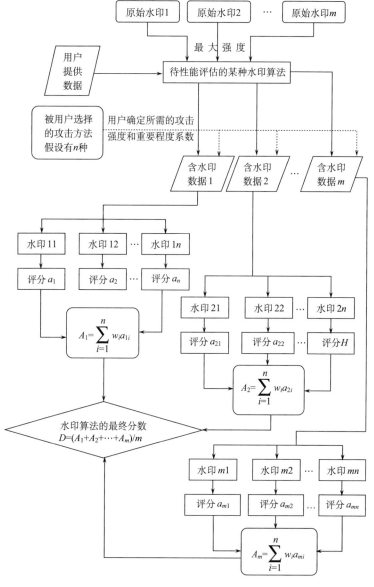

图 5.5　性能评估流程图

（6）用户给每个攻击设定一个重要程度系数（所有系数和为1），计算 n 种攻击的平均分，设平均分为 X，则

$$X = \sum_{i=1}^{n} w_i x_i \qquad (5.5)$$

式中，w_i 为重要程度系数；x_i 为每种攻击的得分。

（7）对数据反复嵌入 m 个不同信息量的水印重复上述过程。

（8）计算水印评估的最终得分。

评估步骤的具体流程图如图 5.5 所示。

5.3.4　性能评估实验

本小节以一个实验具体说明以用户为中心的水印评估模型，在此选择了水印信息量由少到多的三个灰度图像作为实验水印：36 像素×36 像素、50 像素×50 像素、64 像素×64 像素。先将这三个水印分别嵌入到矢量地理空间数据中，再用第 1 等级的攻击方法对三个含水印数据分别进行攻击。攻击强度根据用户需要而定。表 5.6 所示为三个水印遭受攻击后的水印信息效果图以及相应的误码率，误码率精确到小数点后第六位。

表 5.6　三个水印遭受攻击后的水印信息效果图及误码率

攻击类型	原始水印	36像素×36像素	50像素×50像素	64像素×64像素
数据压缩（限差2）	提取出水印图像			
	误码率	42.746 914%	46.960 000%	47.583 008%
均匀噪声范围{−5,5}	提取出水印图像			
	误码率	47.993 827%	49.080 000%	51.000 977%
数据删点（对15%的数据，随机删点10%的数据）	提取出水印图像			
	误码率	38.657 407%	36.760 000%	35.791 016%

续表

原始水印 / 攻击类型		36像素×36像素	50像素×50像素	64像素×64像素
数据改点 （对20%的数据，改量为2）	提取出水印图像			
	误码率	47.067 901%	46.120 000%	48.242 188%
数据裁剪 （保留约左一半）	提取出水印图像			
	误码率	29.938 272%	30.680 000%	27.563 477%

接下来先根据得到的误码率计算每种攻击对应的分数，然后由用户设定每种攻击的重要程度系数，最后依据公式（5-5）得出每个试验水印的得分，以及水印算法评估的最终分数。表5.7～表5.9所示为详细的实验参数并得出了每个实验的分数。表5.10所示为基于灰度图像水印的空间域矢量地理空间数据水印算法的最终评估分数表。

表 5.7　表 5.6 中 36 像素×36 像素水印图像的实验参数和分数

攻击方法 \ 参数	攻击强度	攻击得分	重要程度	得分 1
数据压缩	2	73.5	0.25	
均匀噪声	{−5, 5} 15%	71	0.20	
随机删点	10%	75.5	0.23	74.01
随机改点	20%	71.5	0.18	
地图裁剪	左一半	80	0.14	

表 5.8　表 5.6 中 50 像素×50 像素水印图像的实验参数和分数

攻击方法 \ 参数	攻击强度	攻击得分	重要程度	得分 2
数据压缩	2	71.5	0.25	
均匀噪声	{−5, 5} 15%	70.5	0.20	
随机删点	10%	76.5	0.23	73.66
随机改点	20%	72	0.18	
地图裁剪	左一半	79.5	0.14	

表 5.9　表 5.6 中 64 像素×64 像素水印图像的实验参数和分数

攻击方法＼参数	攻击强度	攻击得分	重要程度	得分 3
数据压缩	2	71	0.25	
均匀噪声	$\{-5, 5\}$ 15%	69.5	0.20	
随机删点	10%	77	0.23	73.55
随机改点	20%	71	0.18	
地图裁剪	左一半	81.5	0.14	

表 5.10　水印评估最终得分

得分 1	得分 2	得分 3	最终得分
74.01	73.66	73.55	73.74

　　由以上的实验数据可知，在以用户为中心的前提下，基于灰度图像水印的空间域矢量地理空间数据水印算法的抗攻击能力较好，对其进行的性能评估具有一定意义。水印评估的最终分数说明该水印算法的性能良好，能够基本满足假设用户的需要。在今后的水印评估中，可以使用以上提出的这种以用户为中心的水印评估方法，这种方法的好处是注重了用户的实际需求，能在众多的水印算法中挑选出最适合于用户的水印算法。

参 考 文 献

陈更力，张青，杜友福，等. 2004. 数字水印技术及其攻击分析. 江汉石油学院学报，26 (4)：202,203.

胡启明. 2006. 数字水印技术的攻击方法和对策浅析. 科技资讯，(20)：779～788.

胡云，伍宏涛，张涵钰，等. 2004. 矢量数据中水印系统的设计与实现. 计算机工程与应用，40 (21)：28～30.

华一新，吴升，赵军喜. 2001. 地理信息系统原理与技术. 北京：解放军出版社：165，166.

季智，戴旭初. 2005. 数字水印技术攻击技术及其对策分析. 测控技术，24 (5)：14～17.

李媛媛，许录平. 2004a. 矢量图形中基于小波变换的盲水印算法. 光学学报，33 (1)：97～100.

李媛媛，许录平. 2004b. 用于矢量地图版权保护的数字水印技术. 西安电子科技大学学报，31 (5)：719～723.

刘春庆，王执铨，戴跃伟. 2004. 常用数字图像水印攻击方法及基本对策. 控制与决策，19 (6)：601～606.

刘可晶. 2005. 一种改进的矢量曲线数据压缩算法. 甘肃科学学报，17 (3)：112～115.

马桃林，张良培. 2006. 基于二维矢量数字地图的水印算法研究. 武汉大学学报（信息科学版），31 (9)：792～794.

邵承永，汪海龙，牛夏牧，等. 2005. 基于统计特征的二维矢量地图鲁棒水印算法. 电子学报，33 (12A)：2312～2316.

孙家广，杨长贵. 1994. 计算机图形学. 北京：清华大学出版社：341～343.

孙圣和，陆哲明，牛夏牧. 2004. 数字水印技术及应用. 北京：科学出版社.

王炳锡，陈琦，邓峰森. 2003. 数字水印技术. 西安：西安电子科技大学出版社：28～112.

王道顺，梁敬弘，戴一奇，等. 2003. 图像水印系统有效性的评价框架. 计算机学报，26（7）：779～788.

王志雄，王慧琴，李仁厚. 2002. 数字水印技术应用中的攻击和对策综述. 通信学报，23（11）：74～79.

吴志强. 2004. 图像数字水印技术的应用及基准测试软件. 华东交通大学学报，21（1）：98～101.

伍凯宁，曹汉强，朱耀庭，等. 2004. 数字水印技术攻击技术及对策研究. 计算机应用研究，（9）：153，154.

邢轻，柏森，刘耀东. 2005. 水印攻击方法综述. 重庆通信学院学报，24（2）：102，103.

杨成松，朱长青. 2007. 基于小波变换的矢量地理空间数据数字水印技术算法. 测绘科学技术学报，24（1）：37～39.

杨义先，钮心忻. 2006. 数字水印技术理论与技术. 北京：高等教育出版社：36～264.

张震. 2004. 数字水印技术的多种攻击方法及其解决方案. 中国公共安全，（5）：180～183.

钟尚平，高庆狮. 2006. 矢量地图水印归一化相关检测的可行性分析与改进. 中国图象图形学报，11（3）：402～409.

Ryutarou C. 2002. How many pixels to watermark. In：Wcrncr B. Proceeding of IEEE International Conference on Information Technology：Coding and Computing，Alamitors，CA，USA：IEEE Computer Society：11～15.

第6章 矢量地理空间数据空间域水印模型

通过前面 3.6 节可知，水印信息可以直接嵌入矢量数据的坐标中，称为空间域方法，本章基于矢量地理空间数据特征分析，对矢量地理空间数据空间域水印模型和算法进行研究，针对压缩攻击的特性分析，采用有意义水印生成技术，通过加性嵌入法则，把水印信息嵌入到数据的特征点当中，设计并实现一种抗数据压缩的矢量地理空间数据水印算法，并对提出的水印算法的不可见性、数据精度和算法的鲁棒性进行分析；同时，在矢量地理空间数据中的线、面状数据中插入冗余点，通过冗余点在线、面状要素上的移动来嵌入水印信息，提出一种能保持矢量数据几何形状的水印算法，并对算法的不可见性、鲁棒性进行实验分析。

6.1 矢量地理空间数据水印技术特征

与图像、音频、视频数据相比，矢量地理空间数据具有自身独特的特点，并影响着矢量地理空间数据水印算法的设计与实现。结合矢量地理空间数据特征，下面对矢量地理空间数据水印技术特征进行分析。

1）矢量地理空间数据具有生产周期长、保密性高的特点

相对于一般的图像或遥感数据，矢量地理空间数据具有生产周期长、耗费高、保密性高的特点，因此矢量地理空间数据的版权保护成为急需解决的重大课题。

2）矢量地理空间数据具有明确的高精度空间定位特性

这一特点决定了在水印的嵌入过程中，算法不仅要具有较好的不可见性（嵌入水印后数据变化不被感知），同时还要保证数据的可用性（满足精度的需求）。矢量地理空间数据这一特点决定了对水印数据的评价应该从两个方面来进行，不可感知性和可用性。

3）矢量地理空间数据具有地图投影变换特性

目前，绝大部分水印算法都是针对几何数据的，而矢量地理空间数据可以进行投影变换。经过投影变换之后，数据一般会发生很大的变化。与一般的放大、平移相比，非线性的投影变换公式复杂且种类繁多。因此，实现能抵抗投影变换的算法是目前矢量地理空间数据水印算法研究的重要课题。

4）矢量地理空间数据数据格式多样化、数据结构复杂的特点

矢量地理空间数据有多种数据格式，如成熟的商用格式 mif、shapefile、E00 以及 dwg 等，同时还有许多用户自定义格式的数据，这给水印嵌入和检测的实现带来了许多不便。

5）矢量地理空间数据的存储具有无序性

矢量地理空间数据在坐标文件中的存储是无序的，在不影响数据拓扑关系的前提

下，地理要素在坐标文件中的前后位置是易变的。这就决定了在水印提取过程中不能按照原来的嵌入位置确定水印的嵌入位置，盲水印较难实现。

6）矢量地理空间数据具有数据分层存储的特点

矢量地理空间数据一般分层存储，在不同的数据格式中，分层方式不一样。在数据转换过程中，数据分割和合并的情况比较多，影响水印信息的提取和检测；同时，同一地区不同层中的地理要素存在空间对应关系，如何保障地理对象之间的空间关系的一致性，是水印嵌入算法设计时需要考虑的问题。

7）矢量地理空间数据处理方式具有独有的特点

与图像、音频、视频等数据相比，矢量地理空间数据的数据处理方式具有其自身的特点。增点、删点、数据裁剪（裁减）等增减数据的数据处理方式最为常见，数据点的移位、数据纠正、投影变换等改变数据点位置的数据处理方式也比较常见。

6.2　一种抗数据压缩的矢量地理空间数据水印算法

数据处理方式的不同决定了矢量地理空间数据水印算法设计时所需考虑的水印攻击也有所不同。以数据压缩为例，由于数据模型的差异，栅格图像和矢量地理空间数据的数据压缩方式具有很大的差异。不能直接把图像水印技术中的抗数据压缩算法运用到矢量地理空间数据水印技术中来，需要设计适合于矢量地理空间数据的抗数据压缩水印算法（朱长青等，2006）。

考虑到矢量地理空间数据压缩过程中数据的特征点一般不会发生变化，可以把水印信息嵌入到数据的特征点中，即使含水印的数据遭受到数据压缩处理，含水印的数据点依然存在于矢量地理空间数据中，不会影响水印信息的提取。

6.2.1　有意义水印信息的生成

有意义水印信息代表具有一定意义的文本、声音、图像或者视频信号。使用有意义水印信息的一个显著特点是在水印提取之后，提取的水印非常直观，可以不需要进行水印检测就直对数据载体是否含有水印信息进行判别。本节将有意义的文本作为水印信息，进行水印信息的嵌入和算法鲁棒性的分析。

通过扫描文本二值图像可以生成有意义水印信息，具体方法是：首先，根据需要嵌入的水印信息，在内存设备中生成一个一定高度和宽度的二值图像；然后，对生成的图像进行二值扫描，得到一个包含 0、1 的矩阵；最后，对 0、1 矩阵进行加密或者置乱，得到待嵌入的水印信息。具体流程如图 6.1 所示。

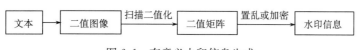

图 6.1　有意义水印信息生成

为了增强水印算法的鲁棒性，在水印信息的生成过程中需要对扫描后得到的二值矩阵进行加密或者置乱。把加密得到的水印信息嵌入到数据载体之后，即使水印攻击者能有效地提取到水印信息，在不知道密钥或者置乱算法的情况下也很难判断数据是否含有水印信息，增强了水印算法抵抗恶意攻击的能力。

本节把"版权保护"四个字进行二值化扫描，然后对扫描得到的二值矩阵进行加密，把加密后得到的二值矩阵作为水印信息。图 6.2（a）、（b）分别显示了加密前和加密后的二值图像，从图中可以看出，通过加密后的二值图像很难直接判断载体数据中是否含有水印信息。

（a）加密前水印信息　　　　　　　　　　（b）加密后水印信息

图 6.2　水印信息加密

6.2.2　抗数据压缩的水印嵌入算法

在矢量地理空间数据的线状和面状地理要素中，存在许多的冗余点，为了减少存储空间，增加数据访问速度，经常会对矢量地理空间数据进行压缩处理。数据压缩在矢量地理空间数据处理中比较常见。

在矢量地理空间数据压缩过程中，数据的特征点一般会被保留下来。为了使水印算法具有较好的抗数据压缩能力，可以把水印信息嵌入到线状或面状数据的特征点中。

抗数据压缩矢量地理空间数据水印嵌入的具体方法为：首先对原始数据进行道格拉斯-普克压缩并提取标识特征点（王净和江刚武，2003），得到标识特征点后的数据；然后把生成的水印信息嵌入到数据特征点中，得到含有水印信息的矢量地理空间数据；最后保存原始数据中嵌入水印信息的坐标点用于水印信息的提取。水印嵌入流程如图 6.3 所示。

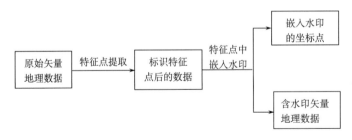

图 6.3　抗压缩水印嵌入流程

在水印嵌入过程中，采用了加性水印嵌入法则，如式（6.1）所示：

$$x_w = x_0 + \mu * w(k) \tag{6.1}$$

式中，$w(k)$ 为水印信息，且 $w(k) \in \{-1, 1\}$；μ 为水印嵌入强度；x_0 为原始坐标值；x_w 为嵌入水印信息后的坐标值。

由于采用了加性水印嵌入法则，同时，为了在水印信息提取时确定每一个水印信息的嵌入位置以抵抗数据乱序攻击，在水印嵌入过程中，保存了原始数据中嵌入水印信息的坐标点，用于水印信息的提取，算法属于非盲水印算法。

6.2.3　抗数据压缩的水印提取算法

水印信息的提取是水印信息嵌入的逆过程，单个水印信息位的提取方法是：基于保存下来的水印信息嵌入处坐标点，从待测矢量地理空间数据中寻找相邻近的坐标点，然后根据待测数据中坐标点和保存下来的坐标点间的差异来提取单个水印信息位，提取方法如式（6.2）所示：

$$\begin{cases} w(k)=1, & x_w-x_0>0 \\ w(k)=-1, & x_w-x_0<0 \end{cases} \tag{6.2}$$

式（6.2）中，当 $x_w-x_0=0$ 时，表示待测数据可能是原始数据，提取结果可以随机取 1 或者 −1，表示提取到的是噪声信息。

当每一个水印信息位均提取出来之后，得到提取到的水印信息。此时的水印信息是加密后的水印信息，不能通过其可视化来判断待测数据中是否含有水印信息，需要对水印信息进行解密，得到有意义的水印信息，然后对解密后的水印信息进行判读，判断待测数据中是否含有水印信息。

6.2.4　实验与分析

为了验证水印算法的鲁棒性，以一幅线状矢量地理空间数据作为实验数据，如图6.4 所示。运用提出的水印算法对实验数据嵌入水印，分析算法的不可见性、数据误差变化，然后对含有水印信息的数据进行不同方式不同强度的水印攻击，通过提取攻击后的数据中的水印信息来测试提出的算法的鲁棒性。

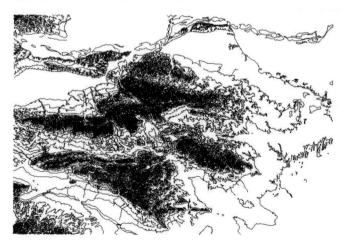

图 6.4　实验数据

1. 可视化比较

对嵌入水印前后的数据进行可视化比较。图 6.5（a）为原始数据（局部放大）的可视化效果，图 6.5（b）为与图 6.5（a）相对应的数据区域嵌入水印后的可视化效果。从图 6.5 中两幅图的比较可以看出，提出的水印算法具有好的不可感知性，水印的嵌入不会影响数据的可视化质量。

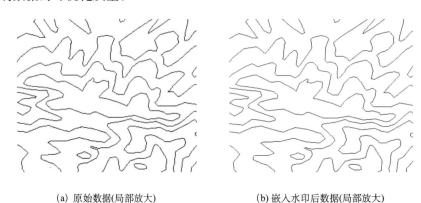

(a) 原始数据(局部放大)　　　　　　　(b) 嵌入水印后数据(局部放大)

图 6.5　可视化比较

2. 误差分析

数据精度一直是数据生产者和使用者非常关心的问题，水印的嵌入对数据精度的影响应该在可控的范围之内，不影响数据的空间定位特性。对嵌入水印前后的数据进行误差比较，比较结果如表 6.1 所示。

表 6.1　误差分析

误差大小	数据点个数/个	所占百分比/%
0	155 430	97.04
1	0	0
2	4 752	2.96
大于 2	0	0

从误差比较可以看出，数据的变换大小控制在两个单位之内，水印的嵌入引起的坐标变化基本不会影响数据的应用。

3. 鲁棒性分析

为了验证提出的水印算法的鲁棒性，对含有水印的数据进行水印攻击，并对攻击后的数据进行水印提取。这里重点考虑数据压缩攻击。为了验证算法抗数据压缩攻击的能力，分别实现基于特征点选取的水印嵌入算法和随机选点嵌入的水印算法。利用两种水印算法对实验数据嵌入相同的水印信息，得到含水印的数据，然后对含水印数据进行水印提取，比较两种算法的抗数据压缩能力，结果如表 6.2 所示。

　　水印攻击采用的是道格拉斯–普克压缩算法，对含水印信息的数据进行不同程度的数据压缩攻击，然后对受到压缩攻击后的矢量地理空间数据进行水印提取，并计算提取到的水印信息和原始水印信息之间的相关性。其中，压缩比指原始数据大小减去压缩数据大小后与原始数据量的比值，即被压缩掉的数据所占原始数据的百分比。相关性指提取到的水印信息与原始水印信息的相关程度。

表 6.2　算法抗数据压缩攻击比较

压缩比/%	不抗压缩算法		抗压缩算法	
	提取结果	相关性	提取结果	相关性
11.6	 版权保护	0.93	 版权保护	0.97
22.1	 版权保护	0.87	 版权保护	0.96
30.1	 版权保护	0.82	 版权保护	0.96
38.6	 版权保护	0.78	 版权保护	0.95
44.4	 版权保护	0.74	 版权保护	0.94
49.0	 版权保护	0.72	 版权保护	0.94
65.6	 版权保护	0.61	 版权保护	0.92

　　从表 6.2 中提取结果的对比可以看出，与一般的水印算法相比，抗数据压缩算法能有效抵抗矢量地理空间数据数据处理中的压缩攻击。

　　为了进一步比较算法抗数据压缩攻击的能力，把不同算法检测的相关系数绘制成曲线，结果如图 6.6 所示。

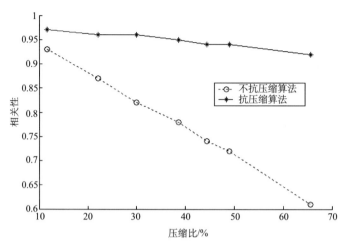

图 6.6　算法抗数据压缩能力比较

从图 6.6 可以看出，随着压缩强度的增大，不抗压缩水印算法的相关检测值下降比较快，而抗数据压缩算法的水印相关检测值变化不明显，即使压缩超过 60％ 的数据点，相关检测系数依然在 0.9 以上。

6.3　一种保持几何形状的矢量地理空间数据水印算法

矢量地理空间数据数字水印技术的嵌入一般都是通过修改坐标值的方式来嵌入水印信息，然而矢量地理空间数据中的线状和面状要素都具有一定的几何形状，水印嵌入过程中引起的坐标点的变化可能会影响地理要素的可视化表达，研究能保持矢量地理空间数据几何形状的水印算法具有重要的意义。

在已有的矢量地理空间数据水印算法研究中，一般是通过控制矢量地理空间数据坐标点变化大小或者控制角度变形来控制水印嵌入引起的几何变形。但是，上述方法不能从根本上有效解决水印嵌入引起的地理要素的几何变形，需要设计新的水印算法来解决水印嵌入引起的矢量地理空间数据中线状和面状地理要素的几何变形问题。

基于 6.1 节对矢量地理空间数据特征分析，在矢量地理空间数据中线状或者面状数据中插入冗余点，通过冗余点在线状要素上的移动来嵌入水印信息，本节将设计并实现一种能保持矢量地理空间数据几何形状的矢量地理空间数据水印算法（阚映红等，2010）。

6.3.1　矢量地理空间数据几何形状分析

尽管矢量地理空间数据的冗余性较小，但是在线状和面状数据中还是允许存在一定数量的冗余数据。如图 6.7 所示，对于线状和面状数据而言，数据点 P_2 和 P_5 属于冗余数据。在线状、面状数据中增加类似于 P_2 和 P_5 的数据点不会影响数据的可视化显示和空间定位精度，同时数据点 P_2 在线段 P_1P_3 上的移动也不会改变数据的显示质量和定位精度。

从上面的分析和图 6.7 可以看出，可以在线状和面状数据中插入冗余点，通过冗余点在其相邻两个数据节点间的移动来嵌入水印信息，从而保证水印信息的嵌入不会引起矢量地理空间数据中线状和面状地理空间数据的几何变形。

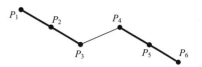

图 6.7　线状数据中的冗余数据

6.3.2　保持几何形状的矢量地理空间数据水印算法

基于矢量地理空间数据特点分析，本小节将建立一种能保持矢量地理空间数据几何形状的水印算法，其基本思想是在线状和面状数据中加入冗余点，通过冗余点在线状和面状要素上的移动来嵌入水印信息。

水印生成算法采用有意义水印生成算法，这里将着重考虑水印嵌入算法和水印提取算法。

1. 水印嵌入算法

设线段两个端点为 P_1 和 P_2，对应的坐标为 (x_1,y_1) 和 (x_2,y_2)，线段 P_1P_2 上存在一冗余点 $P(x,y)$，通过改变 $P(x,y)$ 横坐标 x 来嵌入水印信息。令变化后的坐标为 x'，当 x 发生变化后，为了保持要素几何形状，对纵坐标 y 进行相应的改变，使得嵌入水印后的坐标 $P'(x',y')$ 仍然在线段 P_1P_2 上。

设嵌入水印强度为 μ，则水印嵌入规则可以表示为

$$\begin{cases} x' = x + \mu * w(k) \\ y' = y_1 + (y_2 - y_1) \times \dfrac{(x' - x_1)}{(x_2 - x_1)} \end{cases} \tag{6.3}$$

由式（6.3）可知，嵌入水印后的数据 $P'(x',y')$ 仍然在线段 P_1P_2 上。

在水印嵌入算法实现过程中，由于大部分数据均不可能含有满足水印信息长度 N 的冗余点，需要在数据中增加冗余点，以满足水印嵌入的要求。在增加冗余点的过程中，插入冗余点线段的选择和冗余点添加的位置是需要解决的问题。冗余点的位置一般可以选择在线段 P_1P_2 的中点，由于水印信息为 ± 1，水印强度为 μ，则横坐标 x 在嵌入水印后的变化范围为 $\pm \mu$，因此线段两端点横坐标的差的绝对值 $|x_1 - x_2|$ 应该大于 $2 * \mu$。即当线段 P_1P_2 满足条件 $|x_1 - x_2| > 2 * \mu$ 时，可以在该线段上插入冗余点 $\left(\dfrac{x_1 + x_2}{2}, \dfrac{y_1 + y_2}{2} \right)$，用以嵌入水印信息。

在插入足够数量的冗余点后，即可以通过式（6.3）嵌入水印信息。考虑到矢量地理空间数据存储的无序性以及高精度的空间定位特性，为了抵抗同步攻击，需要记录嵌入水印信息的坐标点，用以提取水印信息。

2. 水印提取算法

水印信息的提取是水印信息嵌入的逆过程，通过水印嵌入时记录的水印嵌入位置文

件中的坐标 $P_k(x_x, y_k)$，在待检测数据中找到与其对应的水印嵌入点 $P_k'(x_k', y_k')$，如果能找到对应点 $P_k'(x_k', y_k')$，则可按照式（6.4）提取对应的水印信息位：

$$\begin{cases} w(k)=1, & x_k' > x_k \\ w(k)=-1, & x_k' \leqslant x_k \end{cases} \tag{6.4}$$

如果找不到对应的坐标点 $P_k'(x_k', y_k')$（可能被删除或者不存在），则对应的 w_k 可以随机表示为 1 和 −1 中的任何一个数字，以模拟待测矢量地理空间数据受到的水印攻击。

在水印信息提取完成之后，需要对水印信息进行解密处理，还原成有意义的版权信息，水印信息提取具体流程如图 6.8 所示。

图 6.8　水印信息提取流程

6.3.3　实验与分析

在水印嵌入过程中，采用和抗压缩算法相同的误差变化控制策略，能有效控制坐标变化的大小，这里不再进行重复的分析。本小节将首先分析水印算法的不可见性，然后对含有水印的数据进行不同方式不同强度的水印攻击，通过提取水印攻击后的数据载体来测试算法的鲁棒性。

1. 可视化比较

可视化比较即对嵌入水印前后的数据进行比较。为了分析嵌入水印信息后可能引起的数据可视化表达上的变化，把原始数据用实线显示，含水印数据用虚线表示，进行叠加显示。其中，原始数据位于水印数据面，图 6.9 所示为叠加显示后的局部放大效果。

图 6.9　数据叠加显示（局部放大效果）

通过图 6.9 中的叠加可视化显示以及水印嵌入算法原理分析可以看出，利用本节提出的保持几何形状水印算法嵌入水印信息不会引起数据可视化的变化。

2. 鲁棒性分析

对嵌入水印信息后的数据直接提取水印信息、删点攻击、噪声攻击和压缩攻击后提取的水印如表 6.3 所示，其中无攻击是对嵌入水印信息后的数据直接提取水印信息；噪声攻击是对水印数据中 25％的坐标点叠加服从［m，n］上均匀分布的噪声，然后对其进行水印提取；压缩攻击采用的是道格拉斯-普克压缩算法，压缩比为 11.6％。

表 6.3　鲁棒性实验

攻击类型		提取结果
无攻击		
随机删点攻击	删点　5%	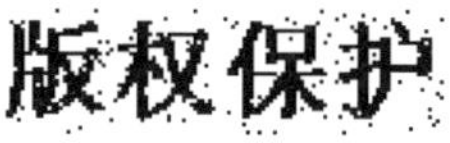
	删点　10%	
	删点　15%	
	删点　20%	
噪声攻击	$m=-2$, $n=2$	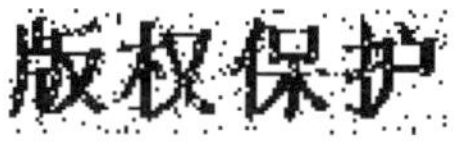
	$m=-4$, $n=4$	
	$m=-6$, $n=6$	
	$m=-8$, $n=8$	
压缩攻击	11.6%	

从表 6.3 可以看出，对嵌入水印信息后的数据直接提取水印信息，嵌入的水印信息能被完整地提取出来；对含有水印信息的数据进行不同程度地随机删点攻击，随着删点比例的增加，提取的水印信息也变差；噪声攻击随着噪声的增加，提取的水印信息变差；压缩攻击中，由于算法是通过增加冗余点后嵌入水印信息的，数据压

缩很容易删除数据中的冗余点，因此提取的水印信息没有意义，可见该算法不能抵抗数据压缩攻击。

参 考 文 献

阚映红，杨成松，崔翰川，等. 2010. 一种保持矢量数据几何形状的数字水印技术算法. 测绘科学技术学报，27（2）：135~138.

王净，江刚武. 2003. 无拓扑矢量数据快速压缩算法的研究与实现. 测绘学报，32（2）：173~177.

朱长青，杨成松，李中原. 2006. 一种抗数据压缩的矢量地图数据数字水印技术算法. 测绘科学技术学报，23（4）：281~283.

第7章 基于统计特性的矢量地理空间数据水印模型

对矢量地理空间数据数字水印特性进行分析可知，矢量数据具有自己独有的特点，目前的图像等多媒体数据的水印算法并不完全适合于地图数据，必须根据地图数据的特点设计相应的水印算法。本章利用地图数据的统计特性，首先介绍两个经典的基于统计特性的数字水印技术模型，即 W. Bender 等提出的 Patchwork 水印方案和 Pitas 提出的水印方案；然后，针对矢量空间数据的特点和应用需求，建立四个矢量地理空间数据水印模型，即基于映射分类的盲水印模型、基于网格聚类的盲水印模型、互补数字水印技术模型和多重盲水印模型。除了互补数字水印技术中基于 DFT 的水印外，其他模型都是盲水印，在水印检测时不需要原始数据的参与，直接从待检测数据中就可检测出水印信息。

7.1 基于统计特性的数字水印技术模型

"1-比特"伪装方案是在数字载体中嵌入一个比特，统计伪装技术就是以"1-比特"伪装方案为基础的。它的思想是：若传输的是"1"，就对载体的某些统计特性进行显著地修改，否则，就不改变隐秘载体。检测时只需查看含水印载体的统计特征即可，从而达到盲检测的目的。这样接收者必须能区分未改变的隐秘载体部分和已改变的隐秘载体部分。

为了用多个"1-比特"方案构造一个"$l(m)$-比特"伪装系统，必须把载体分成不相交的 B_1，B_2，$\cdots$，$B_{l(m)}$ 块。一个秘密位 m_i 按如下方式插入到第 i 块中：若 $m_i = 1$，就把"1"放入 B_i 中；否则，该块在嵌入过程中保持不变。一个特定位的检测用一个检验函数来实现。该函数按如下方式区分修改的载体块和未修改的载体块：

$$f(B_i) = \begin{cases} 1, & B_i \text{ 块在嵌入过程中修改} \\ 0, & \text{其他} \end{cases} \tag{7.1}$$

函数 f 可以看作是一个假设检验函数。对零假设"块 B_i 没有被修改"和 1 假设"块 B_i 已被修改"进行比较测试。因此，称这一大类的伪装系统为统计伪装系统。接收者为了恢复每 1bit 秘密信息，要对所有块连续地使用 f 函数。

典型的统计隐秘技术有 Bender 等（1996）提出的 Patchwork 水印方案和 Pitas（1996）提出的水印方案。

7.1.1 Patchwork 水印方法

1996 年美国麻省理工学院媒体实验室 Bender 等（1996）提出了一种称为"Patchwork"（拼凑）的信息隐藏方法，这是一种典型的统计水印算法，即在一个载体图像中嵌入具有特定统计特性的水印，它主要用于打印票据的防伪。

1. 算法基本思想

Patchwork 算法嵌入的是一种数据量较小、能见度很低、鲁棒性很强的数字水印技术，能够抗图像剪裁、模糊化和色彩抖动。"Patchwork"一词原指一种用各种颜色和形状的碎布片拼接而成的布料，它形象地说明了该算法的核心思想，即在图像域上通过大量的模式冗余来实现鲁棒数字水印技术。与大多数图像域数字水印技术算法不同，Patchwork 并不是将水印隐藏在图像数据的 LSB 中，而是隐藏在图像数据的统计特性中。

以隐藏 1bit 数据为例，Patchwork 算法首先通过密钥产生两个随机数据序列，分别按图像的尺寸进行缩放，成为随机点坐标序列。然后将其中一个坐标序列对应的像素亮度值降低，同时升高另一坐标序列对应的像素亮度。由于亮度变化的幅度很小，而且随机散布，并不集中，所以不会明显影响图像质量。

Patchwork 算法基于一个基本的假设：给定一个足够大的 n，对于根据伪随机数生成器生成序列选取的图像像素对 (a_i, b_i)，所有像素点 a_i 的亮度平均值与所有像素点 b_i 的亮度平均值非常接近。当对图像按 Patchwork 算法嵌入水印后，使得所有像素点 a_i 的亮度值平均值增加 1，而所有像素点 b_i 的亮度平均值减少 1，这样，整个图像的平均亮度保持不变。在水印嵌入后，这些像素点的亮度变化是能够被准确检测的。这个假设是必要的且在水印嵌入和检测过程中可得到证实，这一假设可表示如下：

在图像中根据密钥 K 随机选择两点 A 和 B，设 A 的亮度为 a_i，B 的亮度为 b_i，令 $s = a - b$，重复上述过程 n 次，令 a_i、b_i、s_i 是 a、b、s 的第 i 次迭代值，定义 S_n：

$$S_n = \sum_{i=1}^{n} s_i = \sum_{i=1}^{n} (a_i - b_i) \tag{7.2}$$

如果 n 足够大，则有

$$E(S_n) = 0$$

$$\sigma_{S_n} \approx \sqrt{n} \times 104$$

2. 水印嵌入

水印嵌入基本步骤为：
（1）利用一个密钥 K 和伪随机数发生器来选择像素对 (a_i, b_i)；
（2）将像素点 a_i 处的亮度值提高 δ（δ 一般取值为 256 的 1%～5%）；
（3）将像素点 b_i 处的亮度值降低同样的值 δ：

$$\begin{cases} a'_i = a_i + \delta \\ b'_i = b_i - \delta \end{cases} \quad \delta \in [2, 12] \tag{7.3}$$

（4）重复上述步骤 n 次（n 的典型值为 10 000）。
通过这一调整来隐藏水印信息，这样整个图像的平均亮度保持不变。

3. 水印检测

水印的检测算法不需要原始图像的参与，而仅根据待测图像来鉴别。基本步骤为：

（1）对编码后的图像利用同样的密钥 K 和伪随机数发生器来选择像素对 (a'_i, b'_i)；

（2）计算下式：

$$S'_n = \sum_{i=1}^{n}(a'_i - b'_i) = \sum_{i=1}^{n}\left[(a_i + \delta) - (b_i - \delta)\right] = 2n\delta + \sum_{i=1}^{n}(a_i - b_i) \qquad (7.4)$$

当 n 足够大的时候，有

$$E\left(\sum_{i=1}^{n}(a_i - b_i)\right) = \sum_{i=1}^{n}\left(E[a_i] - E[b_i]\right) = 0 \qquad (7.5)$$

因此，

$$S'_n = 2n\delta + \sum_{i=1}^{n}(a_i - b_i) \approx 2n\delta \qquad (7.6)$$

在不知道密钥的情况下，随机选取像素对时，假设它们是独立同分布的，就有

$$E(S'_n) \approx 0 \qquad (7.7)$$

这就表明，只有水印嵌入者可以对水印进行正确检测 $[E(S'_n) \approx 2n\delta]$，攻击者无法判断图像中是否含有水印 $[E(S_n) \approx 0]$。

4. Patchwork 算法的局限性

Patchwork 算法有其本身固有的局限性：

（1）Patchwork 技术的信息嵌入率非常低，嵌入的信息量非常有限，通常每幅图只能嵌入一个比特的水印信息，这就限制了它只能应用于低水印码率的场合。因为嵌入码低，所以该算法对串谋攻击抵抗力弱。为了嵌入更多的水印比特，可以将图像分块，然后对每一个图像块进行嵌入操作。

（2）这种算法必须要找到图像中各像素的位置，在有仿射变换存在的情况下，就很难对加入水印的图像进行解码。

分析 Patchwork 算法的鲁棒性，一个很明显的发现就是：任何基于改变图像像素点位置的攻击都会使水印难以被检测出来。为了增加水印的鲁棒性，可以将像素对扩展为小块的像素区域对（如 8 像素×8 像素图像块），增加一个区域中的所有像素点的亮度值而相应减少对应区域中所有像素点的亮度值。适当地调整参数后，Patchwork 算法对 JPEG 压缩、FIR 滤波以及图像裁剪有一定的抵抗力且人眼无法觉察。

5. 影响 Patchwork 算法使用效果的因素

影响 Patchwork 算法使用效果的因素很多，主要有以下几个。

1）Patch 的深度

Patch 的深度是指对随机点邻域灰度值改变的幅度，深度越大，水印的鲁棒性越强，但同时也会影响隐蔽性，提高能见度。

2）Patch 的尺寸

大尺寸的 Patch 可以更好地抗旋转、位移等操作，但尺寸的增大必然会引起水印信息量的减少，造成 Patch 相互重叠。具体应用时必须在 Patch 的尺寸和数量两者之间进行折中。

3）Patch 的轮廓

具有陡峭边缘的 Patch 会增加图像的高频能量，虽然这有利于水印的隐藏，但也使水印容易被有损压缩所破坏。相反，具有平滑边缘的 Patch 可以很好地抗有损压缩，但易于引起视觉注意。合理的解决方案应该是在考虑到可能会遭受的攻击后确定，如果面临有损压缩的攻击，则应采用具有平滑边缘的 Patch，使水印能量集中于低频；反之，如果面临对比度调整的攻击，则应采用具有陡峭边缘的 Patch，使水印能量集中于高频。如果对所面临的攻击没有准确的估计，则应使水印的能量散布于整个频谱。

4）Patch 的排列

Patch 的排列应尽量不形成明显的边界，因为人眼对灰度边界十分敏感，W. Bender 建议采用随机的六角形排列。

5）Patch 的数量

Patch 的数量越多，解码越可靠，但这同时也会牺牲图像的质量。

6）伪随机序列的随机性能

算法采用的伪随机数生成器所生成的伪随机序列的随机性能当然也决定数字水印技术的性能。

除了这些因素之外，还可以在 Patchwork 算法中融合许多图像滤波技术，如采用视觉掩模技术等，来提高水印的隐蔽性或鲁棒性。

7.1.2　Pitas 水印方法

Pitas（1996）提出的水印方案是最有代表性的统计水印，具体说明如下。

1. 嵌入算法

（1）假设载体信号为 t 级灰度图像，首先把图像分割为 $L(m)$ 个互不重叠的载体块 B_i，B_i 中包含的像素集合为 $\{p^{(i)}{}_{n,m}\}$，则 B_i 块可以表示如下：

$$B_i = \{p^{(i)}{}_{n,m} \mid p^{(i)}{}_{n,m} \in \{0, 1, 2, \cdots, t-1\},$$
$$n \in \{0, 1, \cdots, N-1\}, m \in \{0, 1, \cdots, M-1\}\}$$

（2）令 $S=\{s^{(i)}{}_{n,m}\}$ 是同样尺寸的矩形伪随机二值图案，并且 S 中 1 和 0 的个数相等，而且只有收发双方知道 S（S 作为伪装密钥）。S 可以表示如下：

$$S = \{S_{n,m} \mid S_{n,m} \in \{0, 1\}, n \in \{0, 1, \cdots, N-1\}, m \in \{0, 1, \cdots, M-1\}\}$$

（3）发送者首先把图像块 B_i 按照 S 分成同样大小的两个集合 C_i 和 D_i（假定在 C_i 和 D_i 中的所有像素是独立同分布的随机变量），规则为：对应 $s_{n,m}$ 为 1 的那些像素点

$p^{(i)}{}_{n,m}$ 放入集合 C_i 中，而对应 $s_{n,m}$ 为 0 的那些像素点 $p^{(i)}{}_{n,m}$ 放入集合 D_i 中：

$$C_i = \{ p^{(i)}{}_{n,m} \in B_i \mid S_{n,m} = 1 \}$$

$$D_i = \{ p^{(i)}{}_{n,m} \in B_i \mid S_{n,m} = 0 \}$$

（4）发送者对子集 C_i 中的所有元素都加上一个正的偏移 K，得到 C'_i：

$$C'_i = \{ p^{(i)}{}_{n,m} + K \mid p^{(i)}{}_{n,m} \in C_i \}$$

（5）合并 C'_i 和 D_i，形成加了标记的图像块 B'_i：

$$B'_i = C'_i \bigcup D_i$$

2. 提取算法

提取水印时，接收者由于拥有伪装密钥 S，可以根据 S 重构集合 C_i 和 D_i。若块 B_i 中嵌入了水印信息，那么在 C_i 中的所有值比在嵌入时的值大，计算集合 C_i 和 D_i 的均值之差，如果均值之差大于一个阈值，则认为在块 B_i 中嵌入了比特"1"，如果均值之差小于阈值，则认为嵌入的为"0"。

如果假定在 C_i 和 D_i 中的所有像素是独立同分布的随机变量，具体是什么分布可以任意，检验统计量为

$$q_i = \frac{\bar{C}_i - \bar{D}_i}{\hat{\sigma}_i}$$

式中，

$$\hat{\sigma}_i = \sqrt{\frac{\mathrm{Var}[C_i] + \mathrm{Var}[D_i]}{|W|/2}}$$

此处，$\bar{C}_i$ 表示在集合 C_i 中所有像素的均值，$\mathrm{Var}[C_i]$ 表示 C_i 中随机变量的估计方差，根据中心极限定理，q_i 渐近于服从 $N(0,1)$ 正态分布。如果在一个图像块中嵌入了水印信息，q_i 的期望值将大于 0。接收方因此能通过图像检验块的统计量 q_i 在 $N(0,1)$ 分布下是否为 0 来重构第 i 个秘密消息位。

该方法的基本思想是：在一幅图像中，各个图像块的 C_i 和 D_i 的均值应该是相等的，但是在人为添加水印后的图像块 B'_i 中，C_i 和 D_i 的均值相差 K，这就是统计水印的原理，即修改载体的统计特性，在检测时，基于统计假设检验统计特性是否被修改。

7.2　基于映射分类的矢量空间数据盲水印算法

由第 2 章内容可知矢量空间数据主要具有位置特征、属性特征、空间特征和时间特征，位置特征一般用几何数据来表示，数据量相当丰富；同时由于空间数据都有一定的定位精度，在精度允许的范围内进行扰动是不会影响数据的使用要求的，并且不会影响图形的视觉效果，因此，在这部分进行水印的操作可以较好地实现水印的鲁棒性和不可感知性这两大重要特征，是一个理想的水印操作空间。

属性特征是区分不同地理实体的本质特征，它的改变有可能影响地图数据的正常使用，因此，属性数据不宜作为水印的操作空间。

空间特征是空间数据区别于其他数据的标志特征，一般用拓扑关系表示。拓扑数据反映的是空间数据点、线、面之间的相互关系，一般说来是不能干扰的。

时间因素赋予地图数据的动态性质，在设计水印算法时，应充分考虑地图数据的时间特征，以防所嵌入的水印信息被数据的正常更新操作所删除。

7.2.1　算法思想

通过分析，可以认为属性数据和拓扑数据不宜作为水印的操作空间，定位数据是较好的水印操作空间，可以通过对描述地理实体的坐标做微小的扰动，在不影响数据精度的前提下达到隐藏信息的目的。同时在设计水印算法时应充分考虑地图数据的时间特征，使设计的水印具有很好的免疫力。因此，本节选择定位数据作为水印的操作空间，设计了标准的统计水印的方法，整个方案的思路是首先按照某种特定规则将数据分类，然后修改各个类的数据特征，从而嵌入水印信息。

对矢量空间数据加水印的前提是对数据的扰动要以不影响数据的精度为原则，在保证不可见性的前提下要能嵌入尽量多的信息。显然，为了避免标志版权信息的数字水印技术被去除，这种水印应具有较强的鲁棒性和不可感知性，即要求处理后的地图数据在精度上没有明显损失，数据质量没有明显下降，从视觉上也观察不到明显变化，同时应具有较强的抵抗各种攻击的能力。

对一幅地图来说，由于矢量空间数据是按要素分层表达的，各个要素层所含的数据量差别较大，如对植被、居民地等要素层来说，其定位数据可能只有几百千字节，甚至更少；而对数据量丰富的等高线、水系等要素层，其定位数据可达数兆字节。显然，在水印嵌入时对这些要素应区别对待，如果采用统一的数据分类模式、相同大小的水印信息则显然不合适。本节在对各个要素层进行水印的嵌入时，首先考察该要素层的数据量，根据数据量的大小确定数据的分类规则，对数据量较小的要素层，可嵌入的水印信息量只有几十位；而对数据量丰富的要素层，嵌入的水印信息量可达上千位，并且能够具有较好的不可感知性和鲁棒性。

基于映射分类的统计水印算法如图 7.1 所示。

从基于映射分类的统计水印算法流程图可以看出，该算法的水印检测过程不需要原始数据的参与，是一个盲水印算法，有较大的实用性。

根据矢量空间数据的特点，本节选择基于统计特性的数字水印技术嵌入方法，实现数字地图的版权保护，并且为了增加系统的安全性，首先对水印信息进行置乱操作，然后再把置乱后的水印嵌入到地图数据中。具体嵌入时，首先按照某种映射规则对矢量空间数据点进行分类，分配到各个栅格单元，然后根据水印信息修改各个统计单元的数据点坐标特性，从而把水印信息添加到矢量空间数据中。

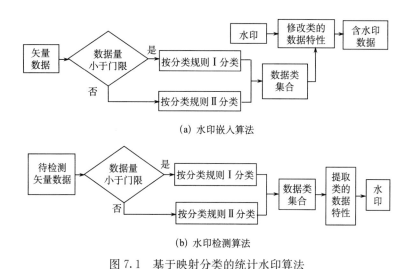

(a) 水印嵌入算法

(b) 水印检测算法

图 7.1　基于映射分类的统计水印算法

7.2.2　水印置乱

为增强系统的安全性，首先对水印信息进行置乱操作，使得水印信息杂乱无章，"所见非所得"，非法浏览者所看到的是一个乱序的信息，无法获取传输的真实信息，而合法的接受者根据授权可以从接收到的乱序的信息中恢复出水印信息，从而增强系统的安全性。

数字图像的置乱变换可以在位置空间、色彩空间以及频率空间上进行。但为了能恢复原始图像，必须保证原始图像与变换图像之间保持一一对应。

置乱的目的是为了增加安全性，对水印进行置乱操作也是对水印进行加密的一种途径，常用的置乱方法有基于 Arnold 变换的、Torus 自同构映射的、分形技术的、幻方的、Conway 游戏的、Gray 码的置乱方法。本节采用的是基于 Arnold 变换的置乱方法对水印信息进行置乱。

Arnold 变换是 V. I. Arnold 在研究环面上的自同态时提出的，也称猫脸变换（Cat Mapping）。设 M 是光滑流形环面 $\{(x, y)\bmod 1\}$，M 上的一个自同态 φ 定义为

$$\varphi(x, y) = (x+y, x+2y)(\bmod 1) \tag{7.8}$$

显然，映射 φ 导出覆盖平面 (x, y) 上的一个线性映射：

$$\varphi = \begin{bmatrix} 1 & 1 \\ 1 & 2 \end{bmatrix}$$

设有单位正方形上的点 (x, y)，将点 (x, y) 变到另一点 (x', y') 的变换为

$$\begin{bmatrix} X' \\ Y' \end{bmatrix} = \begin{bmatrix} 1 & 1 \\ 1 & 2 \end{bmatrix}\begin{bmatrix} x \\ y \end{bmatrix}(\bmod 1) \tag{7.9}$$

这样的变换即为 Arnold 变换。

　　数字图像可以看作是平面区域上的二元函数 $Z=F(x, y)$，$(x, y) \in R$ 在离散格网点处的采样值，这样就得到了一个表示图像的矩阵，矩阵中元素的值代表对应点处的信息（灰度值或 RGB 颜色分量值）。对 n 阶数字图像，采用公式（7.9）进行 Arnold 变换得到变换后的图像为

$$\begin{bmatrix} X' \\ Y' \end{bmatrix} = \begin{bmatrix} 1 & 1 \\ 1 & 2 \end{bmatrix} \begin{bmatrix} X \\ Y \end{bmatrix} (\mathrm{mod} N) \tag{7.10}$$

　　式（7.10）中，(X', Y') 是二维空间中的一点，是对 (X, Y) 应用 Arnold 变换后的结果。通过离散点集的置换，同时把图像信息（灰度，颜色）移植过来。当遍历了原始图像所有的点之后，便产生了一幅新图像。

　　给定一幅图像，Arnold 变换可以将它彻底打乱而产生一幅完全混乱的图像。为加强置乱效果，可以利用 Arnold 变换对给定图像反复迭代，即 $P_{ij}^n = A \cdot P_{ij}^{n-1} (\mathrm{mod} N)$，$P_{ij}^n = (i, j)^n$，$n=0, 1, 2, \cdots$，经过多次置乱彻底达到"所见非所得"的效果。图7.2 所示为某机场的图像置乱前后的效果图，其中，图 7.2（a）为原始图像，图 7.2（b）、（c）、（d）、（e）分别为置乱 1 次、3 次、5 次、10 次的置乱效果图。

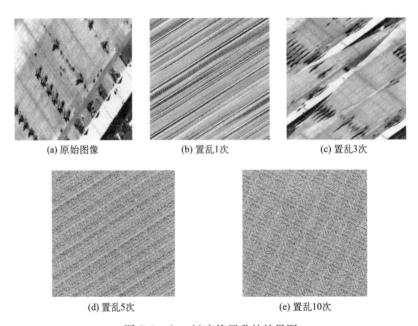

(a) 原始图像　　　　　　(b) 置乱1次　　　　　　(c) 置乱3次

(d) 置乱5次　　　　　　　　　(e) 置乱10次

图 7.2　Arnold 变换置乱的效果图

　　对一个置乱的图像复原就是上述置乱过程的逆过程，也可以利用上述变换的周期性来恢复原始图像。

7.2.3　空间数据点分类

　　基于统计特性的水印方案是以"1-比特"方案为基础的，为了在作品中嵌入"$l(m)$-比特"的水印，必须对作品数据进行分类，在每一类数据中嵌入一位水印信

息。对数据分类时要遵循一个基本原则，即要保证所有的类中数据量的最小容量要求，尽量使数据均匀分布到所有的类中，如果一个类中的数据量太小，其统计特性不明显，检测时难以提取出有效的水印信息；如果类中的数据容量太大，则水印信息对攻击操作不敏感，因此分类规则极为重要，这些都与原始数据量的多少以及水印的大小有关。

本节设计了两种数据分类规则，分别适用于对大数据量和小数据量数据的分类。对以等高线等要素层为代表的大数据量数据，按分类规则Ⅱ进行分类，根据点坐标的某些属性对数据点进行"栅格化"处理，即首先确定一个简单的二维栅格，然后根据矢量数据点坐标 $(x_k x_{k-1} \cdots x_0,\ y_k y_{k-1} \cdots y_0)$ 中的数据属性，按照特定映射规则：

$$S_2 = f(x_k x_{k-1} \cdots x_0,\ y_k y_{k-1} \cdots y_0) = \mathrm{mod}(x_2 x_1,\ I) + \mathrm{mod}(y_2 y_1,\ J) \times I$$

将该数据点映射到相应的栅格单元中，位于每个栅格单元中的数据作为一类。这种分类方法的数据类型较多，所容许的水印容量也相应较大。对居民地等要素层的小数据量数据，按分类规则Ⅰ进行分类，根据特定的映射关系：

$$S_1 = f_1(x_k x_{k-1} \cdots x_0,\ y_k y_{k-1} \cdots y_0) = (a_0 x_0 + b_0 y_0 + a_1 x_1$$
$$+ b_1 y_1 + \cdots + a_{n-1} x_{n-1} + b_{n-1} y_{n-1})/p$$

将各个数据点映射到每一类型中，数据类型少，所容许的水印容量也相应较小。

由于每一个定位点的坐标 $(x,\ y)$ 可以同时作为水印的嵌入域，因此如果数据集被分成 M 类，则可以嵌入的水印信息量不大于 2MB 位，所以数据集的大小、数据的分类规则以及所嵌入的水印信息量是一个相互制约的关系。

7.2.4　水印嵌入

假设矢量空间数据的总点数为 N 个，要嵌入的水印信息是用来作为版权标志的二值图像，对该图像按照行扫描的方式生成一维的 $\{0,\ 1\}$ 二值序列，并且当二值序列的元素值为 0 时，把它映射为 -1，构成一个元素值分别为 $\{-1,\ 1\}$ 的二值序列，这就是本节要嵌入的水印 W，即 $W = \{w_i \mid i = 0,\ 1,\ \cdots,\ 2M\}$，$w_i = \{-1,\ 1\}$。

在每一类数据中嵌入 1 位水印信息，根据水印信息以及数据的误差容限 g 对位于这一类中的所有数据的特定信息进行显著的修改，从而实现水印信息的嵌入。

对每一个数据点 $\mathrm{point}(x,\ y)$ 按以下步骤嵌入水印信息：

（1）获取数据点 $\mathrm{point}(x,\ y)$ 的特定信息 $n_{\mathrm{Chara}}(x,\ y)$、尾数 n_{Mantissa}。

（2）如果在该类数据集中要嵌入的信息 $w_i = 1$，则执行步骤（3）；否则，执行步骤（6）。

（3）如果数据点的特定信息 $n_{\mathrm{Chart}} = B$，并且尾数满足 $n_{\mathrm{Mantissa}} - g w_j < 0$，则修改该坐标点为 $\mathrm{point}[i] = \mathrm{point}[i] - g w_j$。

（4）如果数据点的特定信息 $n_{\mathrm{Chart}} = B$，并且尾数满足 $n_{\mathrm{Mantissa}} + g w_j > 10$，则修改该坐标点为 $\mathrm{point}[i] = \mathrm{point}[i] + g w_j$。

（5）否则，修改该坐标点的尾数信息 $n_{\mathrm{Mantissa}} = D$，转步骤（9）。

（6）如果数据点的特定信息 $n_{\text{Chart}}=A$，并且尾数满足 $n_{\text{Mantissa}}+gw_j<0$，则修改该坐标点为 $\text{point}[i]=\text{point}[i]+gw_j$。

（7）如果数据点的特定信息 $n_{\text{Chart}}=A$，并且尾数满足 $n_{\text{Mantissa}}-gw_j>10$，则修改该坐标点为 $\text{point}[i]=\text{point}[i]-gw_j$。

（8）否则，修改该坐标点的尾数信息 $n_{\text{Mantissa}}=C$。

（9）该数据点修改完毕。

上述各步骤中，数据点 $\text{point}(x,y)$ 的特定信息 $n_{\text{Chara}}(x,y)$ 指的是该数据点 x 坐标的十位信息，A、B 分别代表该十位信息的奇偶性；尾数 n_{Mantissa} 指的是该数据点 x 坐标的个位信息，C、D 分别代表该个位信息为 4 和 5，g 为数据的误差容限。

7.2.5　水印提取/检测

水印提取是水印嵌入的一个逆过程。当需要提取水印时，首先判断待检测矢量空间数据的数据量与数据门限的关系，根据这个关系确定数据的分类规则并对所有的数据点进行分类，然后统计各个数据类型的数据特性以及数据的尾数信息，从而获得"1-比特"的水印信息 w_i，把这些水印信息按一定的规则组合起来就获得了隐含在数据中的版权信息 w。

7.2.6　实验与分析

表 7.1 所示是采用基于映射分类对大数据量要素层数据嵌入水印的一个实验效果图（部分区域）。所选数据源为一幅 1∶25 万地图的等高线数据，该要素层的数据量为 3MB，数据共有 124 120 个定位点。图 7.3 所示是原始矢量空间数据可视化的效果图，图 7.4 所示是用作版权保护的数字水印技术信息，从表 7.1 中无攻击的水印提取结果可以看出，该算法具有很好的不可感知性，并且提取出的水印效果非常好。

图 7.3　原始数据　　　　　　　　图 7.4　原始水印

表 7.2 所示是采用该算法对小数据量要素层数据嵌入水印的一个实验效果图（部分区域）。所选数据源为一幅 1∶25 万地图的境界数据，该要素层的数据量为 60KB，共有 3280 个数据点。图 7.5 是原始矢量空间数据可视化的效果图，图 7.6 是用做版权保护的数字水印技术，从表 7.2 中无攻击的水印提取效果图可以看出，该算法具有很好的不可感知性，并且提取出的水印效果非常好。

表 7.1　大数据量的矢量空间数据加水印的鲁棒性

攻击类型	嵌入水印后数据	提取结果
无攻击		信息工程 大学测绘 学院四系
增加数据点		信息工程 大学测绘 学院四系
随机删除数据点		信息工程 大学测绘 学院四系
添加噪声		信息工程 大学测绘 学院四系
裁剪局部数据		
坐标平移		信息工程 大学测绘 学院四系

表 7.2　小数据量的矢量空间数据加水印的鲁棒性

攻击类型	嵌入水印后数据	提取结果
无攻击		
增加数据点		
随机删除数据点		
添加噪声		

续表

攻击类型	嵌入水印后数据	提取结果
裁剪局部数据	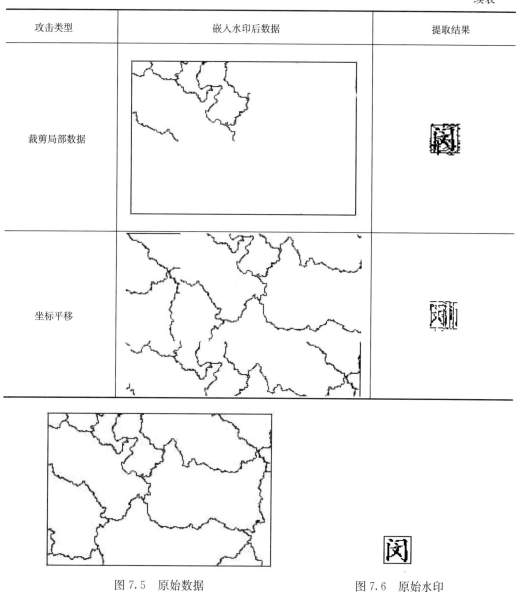	
坐标平移		

图 7.5　原始数据　　　　　　　　　　图 7.6　原始水印

1. 鲁棒性

对水印的鲁棒性测试方面，本节做了矢量空间数据最常受到的几种攻击方式的测试，分别是增加数据点、随机删除数据点、添加噪声、裁剪局部数据、坐标平移等几种，实验效果如表 7.1、表 7.2 所示。

表 7.1 中增加数据点是对原始数据再增加 74 400 个数据点，新增加的数据量占原数据量的 60%；随机删除数据点是对原始数据随机删除 68 300 个数据点，删除的数据量占原数据量的 55%；添加噪声是对原始数据添加随机噪声，所添加的噪声服从高斯

分布；裁剪局部数据是对原始数据进行局部裁剪，只选取原数据的右上角 1/4 部分；坐标平移是对原始数据首先进行向右、向上平移，然后用无关数据填充平移出的部分。

表 7.2 中增加数据点是对原始数据再增加 1980 个数据点，新增加的数据量占原数据量的 60％；随机删除数据点对原始数据随机删除 1800 个数据点，删除的数据量占原数据量的 55％；添加噪声是对原始数据添加随机噪声（选取局部地区放大显示），所添加的噪声服从高斯分布；裁剪局部数据是对原始数据进行局部裁剪，只选取原始数据的左上角 1/4 部分；坐标平移是对原始数据首先进行向右、向上平移，然后用无关数据填充平移出的部分。

2. 不可感知性

1）视觉不可感知性

嵌入水印后，图形在视觉上不能引起人们可感知的变化，也就是说对人类视觉来说是透明的，不能产生可感知的失真，图 7.7 所示为嵌入水印前后图形视觉效果的对比图。其中，线形图为原始数据可视化的图形，圆点表示嵌入水印后的数据，图形的变化是非常小的，人眼是根本感觉不到的。右图是左图选定区域放大后的效果图，可以看出，图形经过放大后，人眼仍感觉不到变化。因而该水印算法在视觉上是不可感知的。

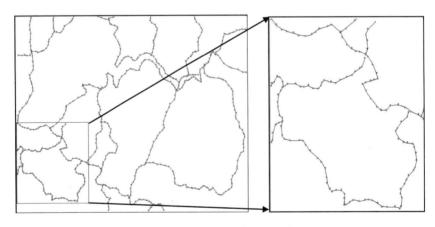

图 7.7　图形视觉不可感知性的效果图

2）定位精度不可感知性

数据定位精度是评价地图数据水印的一个重要指标，因为数据定位精度是空间数据的本质特征，缺乏精度的数据将失去价值。水印的操作不仅不能引起人们视觉上的变化，更不能引起数据质量的明显下降，建立的水印算法必须满足对数据精度是透明的这一基本要求。

对数据定位精度，本节采用均方误差和最大误差来衡量，测试数据为 1∶25 万地图数据，数据的单位为 1/4s，测试结果如表 7.3 所示。

表 7.3　数据精度不可感知性统计表

数据点数	均方误差	最大误差（1/4s）
124 120	0.497	1
3 280	0.499	1

从表 7.3 可以看出，嵌入水印所引起的均方误差非常小，最大误差为 1 个单位 (1/4s)，完全在 1∶25 万地图数据的精度范围内，并且水印操作所引起的数据误差是随机、均匀地分布在整个数据空间上的。因此，该算法在数据的定位精度上也保持得很好。

本实验所采用的是 1∶25 万矢量空间数据，算法同时也适用于其他比例尺的矢量数据，算法本身和地图数据的比例尺没有直接关系，但是由于不同比例尺的数据所容许的误差不同，因此在嵌入水印时应确保误差严格限定在数据的精度范围内。

7.2.7　结论

本节根据矢量空间数据各要素层所含数据的多少，设计了两种不同的数据分类规则，实现嵌入不同大小水印信息的版权保护算法。对数据量较小的要素层，数据分类的类型少，可以嵌入的水印信息小；而对数据量丰富的要素层，数据分类的类型多，嵌入的水印信息大。水印检测时，不需要原始矢量空间数据的参与，是一种盲水印算法，适用范围广，算法简单，易于实现，通用性强。通过实验，可以看出这种水印添加方案能够保证处理后的矢量数据在精度上没有明显损失，数据质量没有明显下降，从视觉上也观察不到明显变化，具有较好的隐蔽性、透明性，同时对矢量空间数据最常受到的攻击具有很好的鲁棒性，在数据遭到大量裁减的情况下仍能提取出有效的水印信息，可以有效地起到版权保护的作用，是矢量空间数据版权保护的一种实用方法。

7.3　基于网格聚类的矢量空间数据的盲水印算法

为适应矢量地理空间数据数字水印技术的推广应用，算法设计时一方面要满足鲁棒性、不可感知性、盲检测、水印信息安全性等条件；另一方面，因为实际应用中要处理的地图数据量相比实验呈几何级数增长，因而时间计算开销要求比较小。针对这些特点，本节提出一种基于网格聚类的矢量空间数据的盲水印算法。

7.3.1　算法思想

现有的算法以考虑矢量地图的图形特征为主，如利用线的长度、角度、点数、坐标顺序等，当然这些也是矢量地图水印算法研究的一个重要方向，但现在大多数的相关算法存在以下几类主要问题：针对一种或多种攻击鲁棒性不强的问题，即算法的优劣性问题；许多算法属于非盲水印算法，限制了其在实际中的应用范围，即实用性问题；针对如控制点等图层或者某些线、面目标比较少的图层，利用线、面目标等特性进行水印嵌入的实现条件可能不具备，即算法的通用性问题等。

究其原因，它们从本质上忽略了矢量空间数据的本质特征，即作为采用数字形式记录的信息，无论是对于矢量数据的点状要素为主图层或者线状要素为主图层的数据，它自身都具有许多数学特性。

本节采取在不影响数据精度的前提下，首先将坐标数据依据自身中间位进行数学变换处理，然后根据水印信息大小对变换后的坐标数据进行基于网格的聚类，最后将同一水印信息位依据坐标数据的特征信息重复嵌入到聚类每个单元的数据中。检测时，提取嵌入该水印信息位的该聚类单元中坐标数据的水印信息位，然后通过统计聚类每个单元中嵌入同一水印信息位的相关坐标数据的水印特性，得出嵌入该位置的水印信息位。

7.3.2 空间数据点聚类

聚类就是按照一定的要求和规律对事物进行区分和分类的过程，在这一过程中没有任何关于分类的先验知识，仅依靠事物间的相似性作为类属划分的准则，因此属于无监督分类的范畴。聚类分析则是指用数学的方法研究和处理给定对象的分类（张宁，2007；易娟，2006；刘敏娟，2007；王霞，2002；孙玉芬，2006）。

聚类分析是多元统计分析的一种，也是非监督模式识别的一个重要分支。它把一个没有类别标记的样本集按某种规则划分成若干子集（类），使相似的样本尽可能归为一类，而不相似的样本尽量划分到不同的类中。

从数学角度刻画聚类分析问题，有如下数学模型。设 $X = \{x_1, x_2, x_3, \cdots, x_n\}$ 是待聚类分析对象的全体（称为论域），X 中的每个对象（称为样本）x_k（$k=1$，2，$\cdots$，n）常用有限个参数来刻画，每个参数值刻画 x_k 的某个特征。于是对象 x_k 就伴随着一个向量 $\boldsymbol{p}(x_k) = (x_{k1}, x_{k2}, \cdots, x_{ks})$，其中 x_{kj}（$j=1, 2, \cdots, s$）是 x_k 在第 j 个特征上的赋值，$\boldsymbol{p}(x_k)$ 称为 x_k 的特征向量或模式矢量。聚类分析就是分析论域 X 中的 n 个样本所对应的模式矢量间的相似性，按照各样本间的亲疏关系把 x_1，x_2，$\cdots$，x_n 划分成多个不相交的子集 X_1，X_2，$\cdots$，X_c，并要求满足以下条件：

$$X_1 \bigcup X_2 \bigcup \cdots \bigcup X_c = X, \quad X_i \bigcap X_j = \varphi, \quad 1 \leqslant i \neq j \leqslant c \quad (7.11)$$

样本 x_k（$1 \leqslant k \leqslant n$）对子集（类）$X_i$（$1 \leqslant i \leqslant c$）的隶属关系可用隶属函数表示为

$$\mu_{x_i}(x_k) = \mu_{ik} = \begin{cases} 1, & x_k \in X_i \\ 0, & x_k \notin X_i \end{cases} \quad (7.12)$$

式中，隶属函数必须满足条件 $\mu_{ik} \in E_h$，如式（7.13）。也就是说，要求每一个样本能且只能隶属于某一类，同时要求每个子集（类）都是非空的。因此，通常称这样的聚类分析为硬划分（Hard Partition）。

$$E_h = \left\{ \mu_{ik} \middle| \mu_{ik} \in [0, 1]; \sum_{i=1}^{c} \mu_{ik} = 1, \forall k; 0 < \sum_{k=1}^{n} \mu_{ik} < n, \forall i \right\} \quad (7.13)$$

聚类分析的算法可以分为划分法（Partitioning Methods）、层次法（Hierarchical Methods）、基于密度的方法（Density-based Methods）、基于网格的方法（Grid-based

Methods)、基于模型的方法（Model-based Methods）。其中，基于网格的方法是将数据空间划分成为有限个单元（Cell）的网络结构，所有的处理都是以单个单元为对象的。

网格的划分方式很多，在数据分析中将数据空间划分为网格的一个主要目的是将数据离散化，通过处理较少的网格单元代替处理原数据。对于通过不规则划分得到的网格单元，保存其网格单元位置需要巨大的存储量，且处理复杂，因此一般较少采用。目前在数据分析中使用最多的网格划分方法是划分线（面）垂直于坐标轴的划分。这样的划分得到的矩形网格单元，网格单元的位置容易确定，并且网格单元可以容易地组合成粒度更大的矩形网格单元或划分为粒度更小的矩形网格单元。这种划分可被定义为：将空间划分为多个互不相交的（超）矩形，这些（超）矩形的合并为原数据空间。

一般情况下，根据每一步对数据空间或网格单元的切割方式，主要有两种划分方式，即树形网格划分和 $p \times p$ 网格划分。

树形网格划分采用分而治之的方式，递归地对数据空间进行划分。这类划分每次将当前网格单元划分为两个网格单元，当前网格单元的划分不影响其他的网格单元。由于这类划分可以用一个树形图表示，将其称为树形网格划分。

$p \times p$ 网格划分示意图如图 7.8 所示，将 d 维数据空间中的每一维 D_i，$1 \leqslant i \leqslant d$，均匀划分为 k_i 段，就得到一个每个网格单元面积（体积）都相同的均匀划分的网格。这种划分是使用得最多的网格划分方法，传统的基于网格方法的聚类算法都是使用均匀网格划分方法对数据空间进行划分，本节亦采取了此种方式。

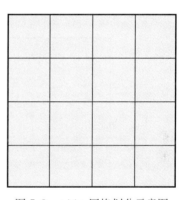

图 7.8　$p \times p$ 网格划分示意图

基于位置的均匀或不均匀网格划分不受数据分布的影响，因此更适合处理动态数据，能通过对数据的一次线性扫描增量式地处理数据，这样处理的一个突出优点就是处理速度很快，通常这与目标数据库中记录的个数无关，它只与把空间分为多少个单元有关。

7.3.3　水印嵌入

水印嵌入时，对坐标数据进行变换处理，根据水印信息大小进行基于网格的聚类，通过改变聚类每个单元中坐标数据的数学特性实现水印的嵌入。

水印嵌入过程如图 7.9 所示。

水印嵌入具体步骤如下所述。

（1）对地图数据进行变换处理。一般情况下，坐标数据水印嵌入只影响其最低有效位，因为改变其他位将导致数据精度降低，甚至不可用；另外最高位由于数据记录的值范围较广，大小有差异，采用其进行分类将有可能不能将所有数据全部划分，所以最高

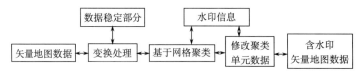

图 7.9　水印信息嵌入过程

位一般不采用。一般情况下，坐标数据的中间位值不会改变，选取绝大多数坐标都存在的某些中间位值，将其进行数学变换。假设 x 坐标可以表示为：$x = x_k x_{k-1} \cdots x_2 x_1$，$y$ 坐标表示为 $y = y_l y_{l-1} \cdots y_2 y_1$，计算坐标值的变换数：$m = f(x_i, y_g)$ $(k \geqslant i \geqslant 2, l \geqslant g \geqslant 2)$。

（2）将变换处理后的数据根据水印信息大小采用基于网格的聚类（图 7.10），使得数据尽可能平均分布在每个网格单元，并消除数据间的空间相关性，使得聚类后每个网格单元的数据从数值角度分析具有很大的随机性，便于水印信息的循环嵌入。

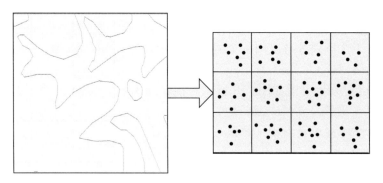

图 7.10　地图数据基于网格聚类示意图

假设数据中的顶点个数为 A，二值图像水印 W 大小为 $M \times N$，即 $W = \{w_i\}$，$0 \leqslant i < M \times N$，$w_i(x, y) = \{0, 1\}$，$0 \leqslant x < M$，$0 \leqslant y < N$，为了使水印可以循环嵌入到顶点坐标中，应满足 $A > M \times N \times n$，n 是水印重复嵌入的次数。

根据水印信息的大小 $a = M \times N$，将坐标变换数利用基于网格聚类，分成 a 个单元，变换数集合 $M = \{M_h\}$，$0 \leqslant h < a$，$M_h = \{m_{h1}, m_{h2}, \cdots, m_{hl}\}$，$l$ 表示该单元划分的坐标最大数量。

在进行坐标数据的聚类时，一方面要确保数据分布的均匀性，实际是将变换数代表的坐标数值尽可能平均地分成 a 个网格单元；另一方面要消除每一网格单元数据之间的空间相关性，这就要求在设计坐标数据的变换数计算函数 $m = f(x_i, y_g)$ 时，进行合理选择。

（3）根据第 i 位水印信息的特性，结合第 i 个网格单元数据的数学特性，通过修改坐标数据数学特性的方式，从而达到嵌入水印信息的目的。

7.3.4　水印提取/检测

水印检测是利用水印信息位与各聚类单元中数据的数学特性对应关系实现的。具体步骤如下：

（1）使用与水印嵌入相同的方式，对待检测坐标数据基于网格的聚类。

（2）利用坐标数据的特性信息，提取每一网格单元中各数据的水印信息位。

（3）对每一网格单元的水印信息位进行统计计算，当某网格单元数据中提取的水印信息位 $w_i = t$（$w_i \in \{0, 1\}$，$0 \leq i \leq k$，k 表示该聚类单元中坐标的个数）的比例大于某一阈值 m 的时候，就可以判定该水印信息位为 t，如式（7.14）所示，以此类推，即可提取出全部水印信息位：

$$w_i = \begin{cases} 1, & \left(\sum\limits_{i=1}^{k} w_i = 1 \right) \Big/ \sum\limits_{i=1}^{k} w_i \geq m \\ 0, & \text{其他} \end{cases} \tag{7.14}$$

式中，k 为该聚类单元中坐标的个数；w_i 为提取的每个水印信息位。

（4）将提取的水印信息进行相应的反置乱处理，即得到最终水印提取结果。

本方案在水印检测时不需要原始地图数据的参与，仅仅对检测出的水印图像进行视觉判断即可证明数据的版权归属，是一种盲水印算法，因而有较大的实用价值。

7.3.5　实验与分析

本实验采用数据源为 1∶25 万地貌层数据，数据大小为 2.75MB，坐标数据点 160 182 个，水印信息是由文字信息生成的二值图像（图 7.11），水印信息大小为 116×32 bit。

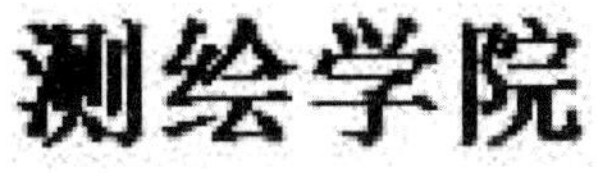

图 7.11　二值图像水印信息

1. 鲁棒性

对嵌入水印后的矢量空间数据分别进行删除、裁剪、平移、噪声、压缩、旋转和格式转换等攻击实验，提取的水印信息效果如表 7.4 所示。

表 7.4 中，对于地图沿 x 轴平移 1 个单位 y 轴平移 2 个单位攻击和以左下角点为原点顺时针旋转 5°后逆时针旋转 5°攻击，虽然按照水印相似度公式计算出的相似度比较小，但是提取出的水印的视觉效果仍很好，并不影响水印信息的提取。

表 7.4　水印鲁棒性实验效果

攻击方式	水印提取效果	水印信息相似度
直接提取	测绘学院	99.5%
随机删除15%的点	测绘学院	96.2%
随机删除30%的点	测绘学院	92.5%
裁剪约70%的点	测绘学院	98.3%
裁剪约90%的点	测绘学院	82.7%
地图平移 (沿x轴平移1个单位,沿y轴平移2个单位)	测绘学院	2.5%
地图平移 (沿x轴平移6个单位,沿y轴平移8个单位)	测绘学院	98.0%
地图平移 (沿x轴平移10 000个单位,沿y轴平移10 000个单位)	测绘学院	99.5%
对20%点随机噪声(强度为3)	测绘学院	98.9%
对40%点随机噪声(强度为3)	测绘学院	98.0%

续表

攻击方式	水印提取效果	水印信息相似度
阈值为2的道格拉斯压缩	测绘学院	95.5%
阈值为3的道格拉斯压缩	测绘学院	93.8%
以左下角点为原点顺时针旋转1°		14.9%
以左下角点为原点顺时针旋转5°，然后再逆时针旋转5°	测绘学院	1.8%
格式转换	测绘学院	99.5%

2. 不可感知性

将嵌入水印信息的矢量数字地图与原始地图进行叠加显示，逐级放大比较（图7.12），其中，虚线表示原始数据，实线表示嵌入水印的数据。在初始显示情况下，基本看不出差异；将其局部不断放大显示，可以看出，从视觉上也基本看不出差异；当放大到很大程度时，两者也只是在数据精度允许的范围内个别坐标稍有差异，即嵌入水印后不影响地图的显示效果和质量，具有很好的不可感知性。

原始地图数据和嵌入水印信息地图数据中的相应坐标点进行比较，绝对误差统计结果如表7.5所示。

图 7.12　嵌入水印矢量地图与原始地图叠加对比显示

表 7.5　相应坐标间的绝对误差统计表

最大误差（1/4s）	点数	百分比/%
0	140 033	87. 421 181
1	20 149	12. 578 816
≥2	0	0

　　由表 7.5 可以看出，绝大多数的点（87%）没有变化，因嵌入水印信息而改动的坐标点只是少部分，并且误差控制在 1 个单位（1/4s）以内，水印的嵌入对数据影响严格控制在精度范围内，不影响数据的正常使用。

3. 时间效率

　　采用 100 幅 1∶25 万矢量数字地图进行批量地图水印嵌入实验，检验该方案在实际应用中时间开销的大小。

　　实验环境：CPU：酷睿 2 T6600 2.20 GHz；内存：2G DDR2；操作系统：Windows XP sp2 等。

　　采用本节设计的方案，首先对以文件形式存储的 50 幅 1∶25 万矢量数字地图采取批量嵌入的方式，然后对 100 幅地图数据采用相同的方案嵌入，在地图数据的各要素坐标层上嵌入水印信息，时间效率如表 7.6 所示。

表 7.6　批量嵌入时间耗费对比

嵌入地图数量	数据大小/MB	总坐标点数	时间耗费
单幅地图	8.59	256 386	约 1s
50 幅地图	372.08	11 840 936	约 8s
100 幅地图	638.32	20 627 538	约 17s

7.3.6　结论

分析以上实验结果，可以得出如下结论：

（1）嵌入水印后的矢量空间数据和原始数据相比较，从精度上来说，对坐标数据的改动控制在精度允许范围之内；从地图显示效果来看，人眼无法感知地图的变形。

（2）对于较大程度的随机删点、增点、地图平移、数据裁剪、道格拉斯压缩、随机噪声、格式转换等各类常规攻击鲁棒性较好。

（3）基于网格要素算法对于矢量数字地图不常用的旋转攻击（主要应用在图像中）鲁棒性不强，但是如果知道旋转攻击的角度（由于地图数据的定位特性，这一点是可以计算出来的），可以通过对地图数据进行相同角度的逆旋转，再进行水印检测，仍可取得较好的效果。

（4）基于网格要素算法在矢量数字地图数字水印技术嵌入时，具有水印生成快速灵活、水印算法性能较好、水印嵌入和检测快速等优点，实用价值较高。

参 考 文 献

刘敏娟. 2007. 基于网格的聚类算法分析与研究. 郑州：郑州大学硕士学位论文：15~20.

孙玉芬. 2006. 基于网格方法的聚类算法研究. 武汉：华中科技大学硕士学位论文：15~23.

王霞. 2002. 基于小波变换算法的数据聚类技术研究与应用. 广州：华南理工大学硕士学位论文：10~21.

易娟. 2006. 聚类算法分析与应用研究. 武汉：华中科技大学博士学位论文：15~20.

张宁. 2007. 基于网格和密度的聚类算法研究. 大连：大连理工大学硕士学位论文：13~20.

Bender W，Gruhl D，Morimoto N，et al. 1996. Techniques for data hiding. IBM System Journal，35（3）：313~336.

Pitas I. 1996. A method for signature casting on digital images. In：Proceedings of IEEE International Conference on Image Processing，3：215~218.

第8章 基于 DCT 和 DWT 的
矢量空间数据水印模型

目前，变换域水印方法由于具有诸多优点，被广泛应用于数字水印技术中。本章基于混沌映射和 DCT 变换构建了一种矢量地理空间数据数字水印技术模型，首先对原始水印数据进行混沌映射，同时选择载体数据的特征点参与水印的嵌入/检测过程，然后根据这些特征点的约定规则，构成一幅数字图像；对所构成的图像进行 DCT 变换，按照水印信息调整 DCT 的相关系数，对经过调整后的系数进行逆 DCT 变换，完成水印信息的嵌入，检测时需要原始数据参与，并对其进行实验验证。本章还研究基于 DWT 的矢量空间数据模型，首先采用分段嵌入思想把水印信息分段嵌入到经小波变换后的线、面数据的低频系数中，然后做逆 DWT，得到含水印的数据，进行检测后，通过实验对算法的不可见性、数据误差变化以及算法的鲁棒性进行分析，并同时对空间域与变换域的水印算法进行分析和比较。

8.1 基于混沌映射和 DCT 的矢量空间数据水印模型

本节基于混沌映射和 DCT 方法，建立一种矢量地图数据数字水印技术模型（闵连权和喻其宏，2007）。为了增加模型的鲁棒性，特别是抵抗对地图数据的裁剪攻击，算法对数据点进行有选择的水印嵌入，即并不是所有的数据点都参与到水印的嵌入/检测过程，而是选择一些特征点（这些点一般不会受到裁剪攻击）来参与水印的嵌入/检测过程。然后根据这些特征点的某些约定规则，构成一幅数字图像；对所构成的图像进行 DCT 变换，按照水印信息调整 DCT 的相关系数，对经过调整后的系数进行逆 DCT 变换，完成水印信息的嵌入。

基于 DCT 的矢量地图数据的水印算法流程图如图 8.1 所示。

从图 8.1 可以看出，所提出的基于 DCT 的矢量地图数据的水印算法的检测过程需要原始数据的参与，是一种非盲水印算法。算法的关键是几个规则的制定，下面详细阐述算法的主要功能步骤。

8.1.1 水印嵌入

1. 水印信息加密

本模型是利用置乱矩阵通过对水印信息进行置乱操作实现水印信息的加密，设置乱矩阵为：$A = \begin{bmatrix} a & b \\ c & d \end{bmatrix}$，其中 $a=1$，b，c 由密钥随机生成，$d=bc+1$，该置乱矩阵完全

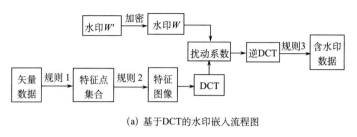

(a) 基于DCT的水印嵌入流程图

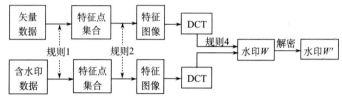

(b) 基于DCT的水印检测流程图

图 8.1　基于 DCT 的矢量地图数据的水印算法流程图

由密钥控制，是一个随机矩阵，如果密钥的生成机制是安全的，则该加密算法也是安全的，本节选择基于混沌系统的方法生成该置乱矩阵。由于某些确定而简单的离散动力学系统所产生的混沌序列具有非常好的伪随机性和初值敏感性，这两种特性分别符合Shannon 所提出的密码设计应遵循的混乱原则和扩散原则，因此，通过选取具有白噪声统计特性及雪崩效应等特性的非线性混沌动力系统来生成置乱矩阵的安全性是可靠的。

水印信息加密算法的流程图如图 8.2 表示。

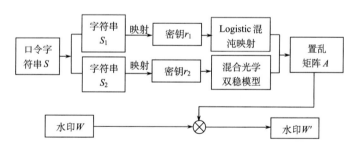

图 8.2　水印信息加密算法的流程图

首先，把口令字符串 S 分隔成长度相等的两个部分 S_1 和 S_2，然后按照特定的收缩、排列规则分别形成两个实数 r_1 和 r_2，把这两个实数 r_1 和 r_2 分别作为 Logistic 混沌映射和混合光学双稳模型的初值，取迭代 N 次后的实数 x_{1n} 和 x_{2n}，对 x_{1n} 和 x_{2n} 按照预先设定的某种规则进行扩张、取整运算，所得的结果分别作为置乱矩阵中的 b 和 c，从而生成用于对水印信息加密的置乱矩阵 A。

根据置乱矩阵 A 对构成水印的每一像素的位置按式（8.1）进行置换：

$$\begin{bmatrix} X_{n+1} \\ Y_{n+1} \end{bmatrix} = \begin{bmatrix} a & b \\ c & d \end{bmatrix} \begin{bmatrix} X_n \\ Y_n \end{bmatrix} (\mathrm{mod}N) \tag{8.1}$$

当执行完置乱后，图像各个像素的位置被打乱，它们之间的相关性也被彻底割裂，原来有意义的水印信息变成了毫无意义的信息，系统的安全性完全依赖于 Logistic 混沌映射和混合光学双稳模型的安全性。

2. 提取矢量地图数据的特征点

本节所提出的水印算法主要是针对地图数据的弧段数据添加水印信息，而表示线状要素的弧段数据有很大的冗余，这些冗余数据被微小的改变或删去一般不会影响到数据的精度和图形的视觉效果。与这些冗余数据相比，弧段上的一些数据点则是不能随便更改或删去的，否则会既改变图形的视觉效果，也改变数据的精度，影响数据的使用。因此，为了避免所嵌入的水印被有意或无意的攻击所去除，算法选择这些特征点作为水印的嵌入域。

为了获取这些特征点，可以采用矢量数据化简（压缩）的方法，目前针对矢量地图数据的化简算法有独立点算法、局部处理算法、整体化简算法、矢距比较法、零交叉法，以及基于制图综合客观规律的方法等（王家耀和吴芳，1998）。

目前用得比较多的是道格拉斯-普克算法。它是典型的整体化简算法，其基本思想是：将线划上的第一点作为固定点，最后一点作为浮动点，这两点确定一条直线。计算线划上所有中间点到直线的距离，将其中距离最大者与事先给定的阈值进行比较，如果最大距离小于给定的阈值，则所有中间点均舍去；否则，保留线划上具有最大距离的点，并以此点为基准将整条线划一分为二。重复上述过程，直至再没有多余的点可被舍去为止。图 8.3（a）所示为原始矢量数据，图 8.3（b）所示为经过道格拉斯-普克算法化简后的数据。

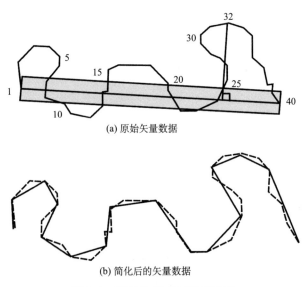

(a) 原始矢量数据

(b) 简化后的矢量数据

图 8.3　道格拉斯-普克化简算法

经过道格拉斯-普克算法化简后，可以舍去大量的冗余数据点，所保留的点就是弧段的骨架数据，是弧段的特征点集合。设所提取的特征点坐标为 (x_i, y_i)（$i = 0, 1,$

2，…，N），这就是水印的嵌入域。

3. 特征图像的生成

根据地图数据的精度要求，依据数据点$(x_n \cdots x_2 x_1 x_0，y_n \cdots y_2 y_1 y_0)$的坐标特性提取矩阵的元素值，对所有的特征点$(x_i，y_i)$，$(i=0，1，2，…，N)$都这样选取，对这些值按照某种约定规则构成一个二维矩阵，把这个二维矩阵看作是一幅 256 色的数字图像的像素值序列。所生成的图像 f 就是所需要的特征图像。后面的操作都是在这幅图像 f 上进行。

4. 对特征图像 f 进行 DCT 变换

对生成的特征图像 f 进行 DCT 变换，为了减少计算的工作量，提高算法的速度，采用的是分块 DCT。按 8 像素×8 像素的大小对特征图像 f 进行分块，设生成的图像块为 $f_k(x,y)$，$0 \leqslant x，y < 8$，$0 \leqslant k < M/8 \times N/8$，然后对 $f_k(x,y)$ 进行 DCT 变换，得到变换后的系数矩阵 $F_k(u,v)$。

5. 对系数做轻微扰动

DCT 具有能量集聚的作用，直流系数代表块的平均亮度，低频系数集中信号的大部分能量，而高频系数反映的是块的细节信息。可见，如果水印信息嵌入在直流系数上，容易引起"斑块效应"。如果嵌入在高频系数，水印信息容易被有损压缩等信号处理操作所去掉，而低频系数集中信号的大部分能量，对信号较为重要，不会受一般的信号处理操作影响，因此，水印信息嵌入在低频系数具有较强的鲁棒性。

本节所采用的策略是把水印信息嵌入在分块 DCT 变换的中低频系数上，对每块的 64 个系数进行 Zig-zag 排序，修改第 6～21 个系数，即图 8.4 所示的阴影部分的系数，这样既保证了数据的精度要求，又保证了水印鲁棒性的要求。

设图像做分块 DCT 变换后的系数为 $F_k(u,v)$，$(0 \leqslant u，v < 8)$，所采用的嵌入规则

0	1	5	6	14	15	27	28
2	4	7	13	16	26	29	42
3	8	12	17	25	30	41	43
9	11	18	24	31	40	44	53
10	19	23	32	39	45	52	54
20	22	33	38	46	51	55	60
21	34	37	47	50	56	59	61
35	36	48	49	57	58	62	63

图 8.4　DCT 系数 Zig-zag 排序图

是乘性规则，对每块的 DCT 系数按照式（8.2）进行调整：

$$\boldsymbol{F}'_k(u,v)=\begin{cases}\boldsymbol{F}_k(u,v)(1+\alpha\times\omega_i), & (u,v)\in S_k \\ \boldsymbol{F}_k(u,v), & \text{其他}\end{cases} \tag{8.2}$$

式中，$l\times k\leqslant i<l\times(k+1)$，$l$ 为每个图像块嵌入的水印序列的长度；S_k 为水印的嵌入域；α 为水印的嵌入强度。

对经过修改后的 DCT 系数 $\boldsymbol{F}'_k(u,v)$ 进行 DCT 逆变换，得到包含水印信息的图像 $f'(x,y)$，$f'(x,y)=\bigcup\limits_{k=0}^{K-1}\mathrm{IDCT}\{\boldsymbol{F}'_k(u,v)\}$。

6. 水印信息嵌入

首先，计算 f'_i 与 f_i 的差值 Dif_i：

$$\mathrm{Dif}_i=f'_i-f_i, \quad (i=0,1,\cdots,N) \tag{8.3}$$

然后，按照式（8.3）把 Dif_i 添加到 (x_i,y_i) 中：

$$y'_i=y_i+\mathrm{Dif}_i, \quad (i=0,1,\cdots,N) \tag{8.4}$$

所生成的新的数据序列 (x_i,y'_i) 中就含有所嵌入的水印信息，这就是含有版权信息的矢量地图数据。

8.1.2　水印检测/提取

水印检测采用的是非盲方法，也就是说当对测试数据进行检测时，需要原始矢量地图数据的参与。

1. 特征图像的生成

对原始数据和待检测数据分别进行"矢量数据—特征点提取—特征图像生成"的过程，算法同嵌入过程中的相应算法，只是获取待检测数据的特征图像时要考虑到差值：

$$\mathrm{Dif}_i=f'_i-f_i, \quad (i=0,1,\cdots,N)$$

设二者的特征图像分别为 $f_1(x,y)$ 和 $f_2(x,y)$。

2. 提取水印序列

首先对 $f_1(x,y)$ 和 $f_2(x,y)$ 分别进行分块 DCT 变换，记 $f_1(x,y)$ 和 $f_2(x,y)$ 分块 DCT 变换后得到的系数分别为 $\boldsymbol{F}_1(u,v)$ 和 $\boldsymbol{F}_2(u,v)$；然后按照式（8.5）提取各块所嵌入的水印序列 W^*_k：

$$W^*_k=\left\{\omega^*_i=\frac{\boldsymbol{F}_2(u,v)-\boldsymbol{F}_1(u,v)}{\alpha\times\boldsymbol{F}_1(u,v)}, l\times k\leqslant i<l\times(k+1)\right\}\Big|_{(u,v)\in S_k} \tag{8.5}$$

$$W^*=\bigcup\limits_{k=0}^{K-1}W^*_k$$

由于嵌入的是经过加密的水印信息，因此，为正确提取水印信息，需对 W^* 执行解密操作，解密后的水印为 W^*_0。

8.1.3　实验与分析

图 8.5（a）所示是原始矢量地图数据可视化的效果图，图 8.5（b）所示是用做版权保护的数字水印技术，图 8.5（c）所示是嵌入水印后的矢量地图数据可视化的效果图，图 8.5（d）所示是从图 8.5（c）中提取出的水印，图 8.5（e）所示是嵌入水印后的矢量地图数据有 15％的数据量被修改后可视化的效果图，图 8.5（f）所示是从图 8.5（e）中提取出的水印信息。

从实验结果来看，嵌入水印后对原始数据的精度影响不大，数据质量基本上没有明显下降，完全满足不可见性的要求，并且所提取出的水印完全能够识别版权信息标志；同时在数据遭到一定程度的攻击下，仍能提取出有效的水印。因此，可以说本算法是一个有效的算法。

(a) 原始数据　　　　　(b) 原始水印

(c) 嵌入水印后数据　　　　(d) 提取出水印

(e) 嵌入水印后15%数据被修改　　(f) 15%数据被修改后提取的水印

图 8.5　矢量数据频域水印的效果图

8.2　基于 DWT 的矢量地理空间数据水印模型

本节首先对小波变换与矢量地理空间数据水印技术间的关系进行分析，然后利用分段嵌入思想提出一种基于小波变换的矢量地理水印算法，最后对算法进行实验和分析。

8.2.1　小波变换与矢量地理空间数据水印

小波分析自创建以来，其理论、方法与应用的研究一直方兴未艾。由多尺度分析、时频分析、金字塔算法等发展起来的小波分析理论已经成为空间数据处理和分析的重要工具，取得了许多应用。多尺度分析满足了人类视觉的特点，有助于保证水印嵌入过程中视觉上的不可见性。同时小波变换具有明确的物理意义，也有利于理解和指导水印信息的嵌入。

矢量地理空间数据大部分以分层的方式存储于不同的文件中，本节以具有代表性的等高线层为例进行水印信息的嵌入和提取。等高线数据由几何信息和属性信息组成，属性信息不能随意改动，在精度允许的条件下，选择在几何信息中嵌入水印信息。

矢量地理空间数据几何信息中的线与面都是由一系列包含 (x, y) 的坐标串组成，当由 N 个坐标组成时，线（面）可以表示为：$z(n) = x(n) + i * y(n)$（$n=0, 1, \cdots, N-1$）。相邻的坐标间具有较高的相关性，可以对 N 个坐标组成的坐标串进行小波变换，在变换后的频域系数中嵌入水印信息。

8.2.2　基于小波变换的矢量地理空间数据水印算法

本节将建立一种基于小波变换的矢量地理空间数据水印算法，其基本思想是以每一条线状或者面状地理要素为单位，对其进行小波变换，采用加性法则把水印信息分段嵌入到变换得到的低频系数中，然后进行小波逆变换得到含水印的数据（杨成松和朱长青，2007）。

水印算法中的水印生成算法采用有意义水印生成算法，不再详述，这里将着重考虑水印嵌入和提取算法。

1. 水印嵌入算法

对坐标串中的 x 坐标串、y 坐标串或者两者同时进行小波正变换（本节选择的是 x 坐标串），在其变换后得到的低频系数中嵌入水印信息，然后进行小波逆变换，得到嵌入水印信息后的矢量地理空间数据，具体过程如图 8.6 所示。

从图 8.6 可以看出，算法选择在小波变换后的低频系数中嵌入了水印信息。之所以选择低频系数是因为高频系数可以看做噪声来对待，数据的微小变化主要表现在小波变换后的高频部分，为了使算法具有一定的抗噪能力，选择在小波变换后的低频系数中嵌

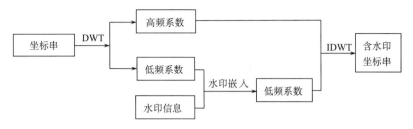

图 8.6 基于小波变换的水印嵌入流程

入水印信息。

在矢量地理空间数据中，同一线状要素的相邻坐标数据点之间具有较高的相关性，算法首先选择合适的线、面数据分别进行小波变换，把水印信息进行分段，然后分别嵌入到不同的线、面数据中。在嵌入水印信息的同时还要记录嵌入水印信息的原始坐标串，用于水印信息的提取。

2. 水印提取算法

水印信息的提取是水印嵌入的逆过程，对待测坐标串和原始坐标串进行小波正变换，比较变换后二者的低频系数得到提取的水印信息 W'，比较提取的水印信息 W' 与原始水印信息 W 的差别以判断待测数据中是否含有水印信息。具体水印信息提取流程图如图 8.7 所示。

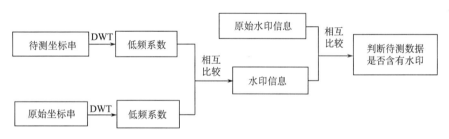

图 8.7 基于小波变换的水印提取流程

水印信息的提取按照以下规则进行：

$$c(k) = D\big[x_{\mathrm{d}}(k)\big] - D\big[x_{\mathrm{o}}(k)\big] \tag{8.6}$$

$$w_{\mathrm{d}}(k) = \begin{cases} 1, & c(k) \geqslant 0 \\ -1, & c(k) < 0 \end{cases}$$

式中，$x_{\mathrm{d}}(k)$ 为待检测的坐标数据；$x_{\mathrm{o}}(k)$ 为原始坐标数据；$w_{\mathrm{d}}(k)$ 为检测得到的坐标信息。

水印信息的提取过程中，需要嵌入原始坐标串参与，属于非盲水印算法。

8.2.3 实验与分析

运用提出的水印算法对实验数据嵌入水印，首先分析水印算法的不可见性，然后分析水印嵌入引起的误差，最后对含有水印的数据进行不同方式不同强度的水印攻击，通过提取攻击后的数据载体来测试算法的鲁棒性。

1. 可视化比较

对嵌入水印前后的数据进行比较,如图 8.8 所示。从图 8.8 (a)、(b) 两图的比较可以看出,提出的水印算法具有好的不可感知性,水印的嵌入不会影响数据可视化表达的质量。

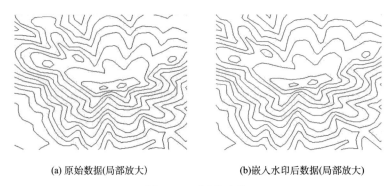

(a) 原始数据(局部放大)　　　　　　　　(b)嵌入水印后数据(局部放大)

图 8.8　可视化比较

2. 误差分析

在空域算法中可以通过控制水印强度来控制水印嵌入所引起的地理坐标的变化大小,但由于变换域算法一般是通过修改频域系数来嵌入水印信息,很难直接通过控制水印强度来控制坐标的变化大小。为了控制水印嵌入引起的坐标变化,本节采用水印强度和“事后拉回”相结合的方法共同控制水印嵌入引起的坐标变化。基本方法是:根据数据精度要求,先通过设定一定大小的水印强度进行水印嵌入,水印嵌入完成后与原始数据进行比较,把不满足变化要求的坐标点强制“拉回”。

实验中选择的水印强度为 1,并把变化大于 2 个单位的坐标值“拉回”成 2。对嵌入水印引起的坐标变化进行统计,得到如表 8.1 所示的结果。

表 8.1　误差分析

误差大小	数据点个数/个	所占百分比/%
0	153 970	96.12
0~1	2 652	1.66
1~2	3 560	2.22
大于 2	0	0

从表 8.1 中的误差统计可以看出,数据的变换大小控制在 2 个单位之内,水印嵌入引起的坐标变化基本不会影响数据的应用。

3. 鲁棒性分析

对嵌入水印后的矢量空间数据分别进行删除、裁剪、平移、噪声、压缩、旋转和格式转换等攻击实验，提取的水印信息效果如表 8.2 所示。

表 8.2　鲁棒性分析

攻击类型		提取结果
无攻击		版权保护
随机删点	删点　5%	版权保护
	删点　10%	版权保护
	删点　15%	版权保护
	删点　20%	版权保护
噪声	$m=-2$, $n=2$	版权保护
	$m=-4$, $n=4$	版权保护
	$m=-6$, $n=6$	版权保护
	$m=-8$, $n=8$	版权保护
压缩	11.6%	版权保护
	22%	版权保护
	30.9%	版权保护
	38.6%	版权保护

由表 8.2 可以看出，对嵌入水印信息后的数据直接提取水印信息，嵌入的水印信息能被完整地提取到；对含有水印信息的数据进行不同程度的随机删点攻击，然后再对其进行水印提取，随着删点数据量比例的增加提出的水印信息会变差；对水印数据中 25％ 的坐标点叠加服从 $[m, n]$ 上均匀分布的噪声，然后对其进行水印提取，随着噪声的增加，提取水印信息变差；运用道格拉斯-普克压缩算法对含水印信息的数据进行不同程度的数据压缩攻击，然后对攻击后的数据提取水印信息，随着压缩比的增加，提取出的水印信息变差。

以上几种攻击实验，在实验数据范围内，最差效果也能够准确识别出水印信息，因此，提出的水印算法是有效可行的。

8.3　空间域和变换域水印算法的性能分析

基于空间域的算法和基于变换域的算法各有什么优缺点？它们的鲁棒性、不可感知性又如何？二者分别适用在哪些领域？本节拟通过对基于统计特性的水印算法（见第 7 章）和基于 DCT 的水印算法的比较，对它们所代表的两大类水印技术（空间域水印和频率域水印）在矢量地图数据的可能的使用情况进行一些分析。

8.3.1　数据量的比较

在基于统计特性的矢量地理空间数据数字水印算法中，通常把所有的数据点按照分类规则分成 $M \times N$ 个类，并通过调整各个类的统计特性来实现水印信息嵌入。因此，为保证水印信息的正确提取，每个类中都应该有一个数据容量要求。同时为了抵抗无意或有意的攻击，尤其是删除数据点或增加数据点这种攻击，每个类中都应有足够多的数据量。总体上来说，基于统计特性的水印算法所需要的数据量较多，因此，这种方法不太适合于数据量较少的数据。

基于 DCT 的数字水印技术对数据量的需求不是太严格，它远少于统计水印对数据的需求量。尽管如此，实验表明，数据量越大所提取出的水印效果越好。

8.3.2　数据的扰动量比较

数据的扰动量包含两个方面：一个方面是指被扰动的数据的个数，也就是由于水印的嵌入，有多少个数据被扰动处理过；另一个方面是指对被扰动的单个数据而言，它的扰动量有多大。

从被扰动的数据个数上看，基于统计特性的水印算法中，应该有一半的数据被扰动处理过；而基于 DCT 的算法的数据扰动量只对特征点中的部分数据进行了扰动，因此它的扰动量要远小于基于统计水印的扰动量。

从被扰动的单个数据的扰动程度上看，基于统计特性的水印算法的数据扰动量最多为 1，而基于 DCT 的水印算法的数据扰动量则在 0~3 之间，数据的扰动量相对较大。

因此，从总体上来说，统计水印算法的误差小、精度高，数据质量没有明显的下降，视觉上根本感觉不到变化，水印具有较好的不可感知性。而基于 DCT 变换的数字水印算法则对数据的扰动较大，视觉效果下降相对明显，对数据的定位精度影响也相对较大，在对数据定位精度有较高要求的场合不适用。

8.3.3　算法的时间效率比较

基于统计特性的水印算法是一种空间域算法，它是根据水印信息修改数据块的统计特性来实现水印信息的嵌入，算法简单，易于实现，时间效率较高。实验中采用这种算法对约 3MB 的数据进行水印嵌入，用时为 0.94s。

基于 DCT 的水印算法是一种频域算法，它首先需要提取特征点，并对由这些特征点构成的特征图像进行 DCT 变换和逆 DCT 变换。因此，算法相对复杂，计算的工作量较大，时间效率比统计水印的时间效率低。实验中采用这种算法同样对约 3MB 的数据量进行水印的嵌入，用时为 1.42s。

同时，基于统计特性的水印算法是一种盲水印算法，水印检测时不需要原始数据的参与，在水印检测时计算量较小；而基于 DCT 变换的水印算法，是一种非盲水印算法，在水印检测时既需要对待检测数据进行 DCT 变换，也需要对原始数据进行 DCT 变换，水印检测的时间效率相对更低。因此，在对水印检测时间效率要求较高的场合，基于统计特性的水印算法有更大的实用性。

8.3.4　数据更新操作的鲁棒性比较

与数字图像常受到的攻击类型不同，矢量地图数据最常受到的攻击是对数据的增加、删除和更改。对这三种攻击方式来说，基于统计特性的水印算法鲁棒性更强，即使对数据量作了较大程度的攻击，仍能提取出有效的水印；而基于 DCT 的水印算法对攻击的抵抗力较弱，所以，构建一种鲁棒性较强的频域水印算法是重要的研究内容。

8.3.5　数据乱序操作的鲁棒性比较

对矢量地图数据来说，表示地理实体（目标）的数据点是无序的，对数据进行乱序操作既不影响图形的视觉效果，也不影响数据的定位精度，改变的只是数据的存储位置，从而使依赖于数据点顺序的频域算法抵抗数据乱序攻击的鲁棒性不强，因此，这种算法鲁棒性非常低，简单的数据重排就可以去除水印。即使在原始数据的参与下可以重新恢复原来的数据点顺序，这种算法仍然不实用，这主要是由于数据量巨大的原因，如对一幅 1：25 万中等地形复杂程度的矢量地图来说，仅仅等高线的数据量就高达 5MB 左右，含有几十万个数据点，要完成对这些数据点的重新排序会带来很大的时间消耗。

基于统计特性的矢量地图数据的水印算法不依赖于数据点的存储顺序，对数据的乱序操作具有较强的鲁棒性；而基于 DCT 的数字水印技术往往依赖于数据点的顺序，对数据的乱序操作的鲁棒性较弱。

8.3.6　地理实体的依赖性比较

对数字地图数据来说，对象的表示方法不唯一，同一个地理实体可以用多种不同的模型表示，如某一对象即可表示为

$$L = \{(x_1, y_1), (x_2, y_2), \cdots, (x_n, y_n)\}$$

也可表示为

$$L = \{(x_n, y_n), (x_{n-1}, y_{n-1}), \cdots, (x_1, y_1)\}$$

当然还可表示为

$$L_1 = \{(x_1, y_1), (x_2, y_2), \cdots, (x_{k-1}, y_{k-1})\}$$
$$L_2 = \{(x_k, y_k), (x_{k+1}, y_{k+1}), \cdots, (x_n, y_n)\}$$

等许多形式，这种同一对象的多种表示方式（分割、合并、倒序等）容易引起基于DCT 水印算法的检测失败；而基于统计特性的空间域水印方法不依赖于地理实体，仅仅依赖于组成地理实体的各个数据点本身，因而抗地理实体的不同表达模型的攻击能力较强。

8.3.7　水印的检测/提取过程比较

基于统计特性的水印算法在检测过程中，既不需要原始数据的参与，也不需要原始水印的参与，仅仅通过对待检测数据进行分析，就可判断水印信息的有无，进而提取水印信息，是一种真正的盲水印算法。

基于 DCT 的水印算法在检测过程中，不需要原始水印的参与，但它需要原始矢量地图数据的参与，属于非盲水印算法。

因此，从水印的检测/提取过程看，基于统计特性的水印算法有更大的优点，适用范围更广。

参 考 文 献

闵连权，喻其宏. 2007. 基于离散余弦变换的数字地图水印算法. 计算机应用与软件，24（1）：146~148.

王家耀，武芳. 1998. 数字地图自动制图综合原理与方法. 北京：解放军出版社.

杨成松，朱长青. 2007. 基于小波变换的矢量地理空间数据数字水印技术算法. 测绘科学技术学报，24（1）：37~39.

第9章　基于 DFT 的矢量地理空间数据水印模型

由地理空间数据数字水印技术的可行性分析与要求，根据鲁棒性数字水印技术的要求，本章将利用 DFT 作为变换工具，通过 DFT 变换把矢量地理空间数据从空域变换到离散傅里叶域，依据 DFT 的几何性质，建立将水印嵌入矢量地理空间数据的 DFT 系数的幅度、相位、幅度和相位同时嵌入水印三种嵌入模型，利用自相关系数客观地表示三种模型下嵌入水印后数据在经受不同攻击后的水印提取效果对基于 DFT 的矢量空间数据数字水印技术鲁棒性进行检验。同时基于量化思想，利用 DFT 初步实现矢量空间数据的盲水印模型。

9.1　基于 DFT 的矢量数据数字水印技术嵌入模型

由于载体数据经过 DFT 变换后，由 DFT 变换系数可以计算出的数据有两个，即幅值和相位，因此考虑水印嵌入在变换域中的位置时，就有三种可能：幅度值、相位、幅度和相位同时嵌入。依据 DFT 变换的性质，这三种情况下嵌入水印各有优缺点，本节分别对这三种情况下的水印嵌入模型进行研究。

9.1.1　基于 DFT 的矢量数据数字水印技术嵌入规则

嵌入过程把数字水印技术信号 $W=\{w(k)\}$ 嵌入到离散傅里叶系数的幅度 $X_a=\{x_a(k)\}$ 或相位 $\angle(\bullet)$ 中，以幅度值嵌入为例，一般的水印嵌入规则可描述为以下三种方式：

$$x_w(k)=x_a(k)+Pw(k) \quad (\text{加法规则})$$
$$x_w(k)=x_a(k)[1+Pw(k)] \quad (\text{乘法规则})$$
$$x_w(k)=x_a(k)\,e^{Pw(k)} \quad (\text{指数规则})$$

根据对水印可用性和不可见性的不同要求，参数 P 在各种数据采样中可能不同。本节水印系统中，数字水印技术为 $W=\{w_1, w_2, \cdots, w_N\}$，$w_i$ 为一服从 $N(0,1)$ 分布的伪随机整数序列。W 对 $X_a=\{x_a(k)\}$ 序列中的系数进行调制，采用加法规则调制的方法如式（9.1）所示：

$$x_i'=x_i+Pw_i \tag{9.1}$$

水印数据可嵌入的位由水印数据的位数决定，在嵌入过程中，为方便水印信息的提取，并考虑到对数据精度的影响，将水印信息 $W=\{w_i \mid w_i \in \{0, 1\}, 0 \leqslant i \leqslant N-1\}$ 转化为 $W=\{w_i \mid w_i \in \{-1, 1\}, 0 \leqslant i \leqslant N-1\}$。

由式（9.1）可知，可以通过调节 P 值来控制水印加入的比例，P 值越小，则视觉不可见性越好，可用性也越好；当 P 值趋近于零时，相当于未嵌入水印；但 P 值越小，水印的鲁棒性就越差；P 值越大，则水印嵌入得越深，鲁棒性越好，不过同时使得视觉不可见性和可用性变差，P 的取值根据具体的需求进行确定。

9.1.2　矢量空间数据变换

依据变换域数字水印技术的嵌入过程，要将矢量地理空间数据通过 DFT 转换为频域。由于矢量地理空间数据要素众多，每个要素层的重要性和数据量不同，变换之前首先要对数据层进行选择。

1. 载体矢量数据的选择

由于矢量地理空间数据是按点、线、面分层组织的，这就决定了需要针对不同的图层类型，进行不同的水印嵌入算法的设计。

对于单纯的点图层，目前主要采用分块嵌入的方式，具体的分块策略，可采用均匀分块、四叉树分块或行政区划分块。为满足抗数据的调序攻击，需基于遍历算法对无序的点排序后再进行水印信息的嵌入。

对于线、面图层，可选择特征要素顺序嵌入，也可以分块嵌入。其理论依据是水印信息应隐藏在对数据最重要的位置，这样水印的攻击会造成数据质量的下降，甚至导致数据不可用，因而能有效增强水印的鲁棒性，如反映地形数据的等高线，就是矢量数据中比较重要的图层。

选择数据时还要考虑数据量大一些的数据层，这样能够保证嵌入一定量的水印数据，也就是要有一定的水印容量，这样才能够有一定的抗攻击性。

基于上述考虑，本节选取用文本文件存储坐标数据的 1∶25 万的等高线数据作为载体数据来进行试验。

2. 载体矢量数据的变换

由于是在变换域中嵌入水印，因此要通过变换将原始载体数据从空域变换到 DFT 域。

（1）将待嵌入水印的原始矢量地理空间数据 V 中的顶点根据各条曲线进行分别存储，按照曲线的顺序，在每条曲线中按坐标点的存储顺序读取坐标记录。得到的顶点序列记为 $\{v_k\}$（$v_k = (x_k, y_k)$，v_k：顶点坐标），然后将定点序列的坐标对根据式（9.2）构成一个复数序列 $\{a_k\}$：

$$a_k = x_k + iy_k, \quad k \in [0, N-1] \tag{9.2}$$

式中，N 是 V 中的顶点数。

（2）对序列 $\{a_k\}$ 进行 DFT，由式（9.3）得到离散傅里叶系数 $\{A_l\}$：

$$A_l = \sum_{k=0}^{N-1} a_k (\mathrm{e}^{-2\pi i/N})^{kl}, \quad l \in [0, N-1] \tag{9.3}$$

载体数据经过 DFT 后，得到了一个 DFT 系数序列，这个序列有幅度和相位两个数值。

由于载体数据经过 DFT 变换后，由 DFT 变换系数可以计算出的数据有两个，即幅值和相位，因此考虑水印嵌入在变换域中的位置时，就有三种可能：幅度值、相位、幅度和相位同时嵌入这三种情况。依据 DFT 的性质，这三种情况下嵌入水印各有优缺点，本节就这三种情况下的水印嵌入模型分别进行研究。

9.1.3　基于 DFT 幅度的矢量空间数据数字水印技术嵌入模型

根据上述的嵌入规则，基于 DFT 幅度值的矢量地理空间数据数字水印技术的嵌入模型如图 9.1 所示（Nikolaidis et al.，2000）。具体步骤如下所述。

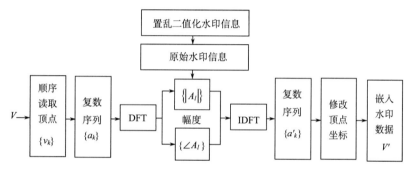

图 9.1　基于 DFT 的幅度水印信息嵌入模型

（1）对载体数据经过 DFT 后的离散傅里叶系数的幅度根据加法法则嵌入二值化水印数据 $\{w_m\}$（$w_m \in \{0, 1\}$），本模型通过式（9.4）进行嵌入（加法规则），这里 $m = 1, 2, \cdots, N$，N 表示水印数据的位长：

$$|A_l'| = |A_l| + Pw_m \quad (0 \leqslant l \leqslant N) \tag{9.4}$$

式中，A_l' 为嵌入水印后的离散傅里叶系数；A_l 为原始的离散傅里叶系数；P 为嵌入强度，水印数据可嵌入的位深由水印位数决定。

这里需要强调的是，由于 DFT 的性质，系数 A_0 的数值将是所有数值中最大的，是后面所有数值的和，如果在该数据加水印数据，在做逆变换时得到的数据与原始数据相比将会严重失真，因此不能对该数值做任何变动。

（2）将修改过的幅度值结合未修改过的相位值得到一个新的系数 $\{A_l'\}$，对 $\{A_l'\}$ 进行离散傅里叶逆变换（IDFT），得到嵌入水印后的复数数列 $a_k' = x_k' + iy_k'$。

（3）根据 $\{a_k'\}$ 修改顶点坐标，将复数数列的实部、虚部所构成的坐标对 (x_k', y_k') 取代对应的 $\{v_k\}$（$v_k = (x_k, y_k)$）得到嵌入水印后的矢量数据 V'。

9.1.4　基于 DFT 相位的矢量空间数据数字水印技术嵌入模型

基于 DFT 相位值的矢量地理空间数据数字水印技术的嵌入模型如图 9.2 所示（王奇胜等，2011），具体步骤如下所述。

（1）对 DFT 系数的相位根据加法法则嵌入水印数据 $\{w_m\}$（$w_m \in \{0, 1\}$），本模型通过式（9.5）进行嵌入，其中第一个相位不做嵌入（原因如 9.1.3 小节所述），这里 m = 1，2，…，N_b，N_b 表示水印数据的位长：

$$\angle A'_l = \angle A_l + Pw_m \qquad (0 \leqslant l, m \leqslant N) \qquad (9.5)$$

这里，只将数据嵌入到 DFT 后系数的相位中，而对幅度值不做变动。$\angle(\cdot)$ 为取 DFT 系数的相位，$\angle A'_l$ 是嵌入水印后的 DFT 系数的相位，$\angle A_l$ 是原始的 DFT 系数的相位，P 是嵌入强度，由于 DFT 系数的相位值与幅度值相比很小，因此这里的嵌入强度 P 的取值就不可能太大，如果取值太大，将会严重影响数据的精度，水印数据可嵌入的长度由水印位决定。

（2）将修改过的幅度值结合未修改过的相位值得到一个新的系数 $\{A'_l\}$，对 $\{A'_l\}$ 进行 IDFT，得到嵌入水印后的复数数列 $a'_k = x'_k + iy'_k$。

（3）根据 $\{a'_k\}$ 修改顶点坐标，将复数数列的实部、虚部所构成的坐标对 (x'_k, y'_k) 取代对应的 $\{v_k\}$（$v_k = (x_k, y_k)$）得到嵌入水印后的矢量数据 V'。

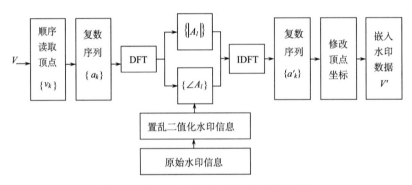

图 9.2　基于 DFT 相位水印信息嵌入模型

9.1.5　基于 DFT 的综合矢量空间数据数字水印技术嵌入模型

由 DFT 的性质分析可知，基于相位水印模型与幅度水印模型对不同的攻击鲁棒性各有优势，为了提高基于 DFT 的水印模型的整体优势，因此提出相位和幅度相结合的 DFT 域水印模型（许德合等，2011），将水印嵌入到变换域同一系数的相位成分和幅度成分中，称为综合水印。

综合水印是在同一重要系数的相位和幅度中嵌入水印信息，所以在相同的嵌入容量下，其阈值要大于相位水印模型与幅度水印模型的阈值，也就是说，综合水印模型能取得比单纯在相位或幅度嵌入时更重要的系数来嵌入水印，从而有可能相应地提高鲁棒性。并且由于综合水印模型可在同一重要系数的相位和幅度同时嵌入水印，所以该方法在重要系数相同的情况下，可以嵌入两个完整水印数据到幅度和相位中，比单纯的幅度水印模型和相位水印模型能嵌入更多容量的水印信息，综合水印的嵌入模型如图 9.3 所示。

具体的嵌入步骤和单独嵌入幅度和相位类似，只是在载体数据做 DFT 后得到的系

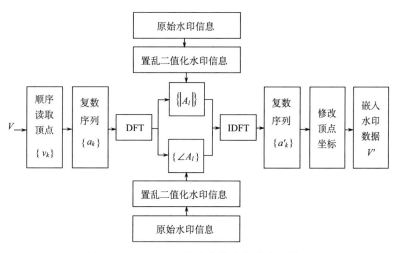

图 9.3　基于 DFT 的水印信息综合嵌入模型

数的幅度和相位值同时嵌入水印，然后将嵌入水印后的幅度和相位值做 IDFT 得到复数序列，该复数序列的实部和虚部分别作为修改过的矢量空间数据的（x，y）坐标，得到嵌入水印后的矢量地理空间数据。

9.2　基于 DFT 的矢量地理空间数据水印提取模型

本节根据 9.1 节所研究的基于 DFT 的幅度值、相位的嵌入模型以及幅度和相位同时嵌入的综合水印模型，研究相对应的提取模型。

9.2.1　基于 DFT 幅度的水印提取模型

在水印信息的提取过程中，不需要原始数据参与，但是考虑到矢量地理空间数据中常见的数据点的增加和删除，检测过程中需要嵌入水印信息的原始坐标串参与。提取水印的模型如图 9.4 所示，具体步骤如下所述。

（1）在对原始数据 V 嵌入水印的过程中，记录下嵌入水印的位置，得到序列 $\{s_k\}$，提取水印时，将序列 $\{s_k\}$ 中的数据作为原始数据，其中顶点记为 $\{v_k\}$（$v_k=(x_k$，$y_k)$），并根据序列 $\{s_k\}$ 找出嵌入水印的 V' 中对应的嵌入水印点，得到顶点序列 $\{v'_k\}$（$v'_k=(x'_k,y'_k)$）。

（2）由式（9.2）根据顶点集 $\{v_k\}$ 和 $\{v'_k\}$ 构造两个复数序列 $\{a_k\}$ 和 $\{a'_k\}$。

（3）对 $\{a_k\}$ 和 $\{a'_k\}$ 分别做 DFT 得到变换系数的幅度 $\{|A_l|\}$ 和 $\{|A'_l|\}$。最后，根据式（9.6）提取出二值化水印信息：

$$b'_m=\begin{cases}0, & (|A'_l|-|A_l|<0)\\ 1, & (|A'_l|-|A_l|\geqslant0)\end{cases}\qquad(0\leqslant l,\ m\leqslant N)\qquad(9.6)$$

式中，b'_m为提取出水印数据的位。

（4）根据水印生成算法，将b'_m作逆变换得到原始水印信息。

（5）根据提取出的水印信息与原始水印信息的对比，算出自相关系数 sc($|A|$)，结合目测判定矢量地理空间数据中是否含有水印信息。

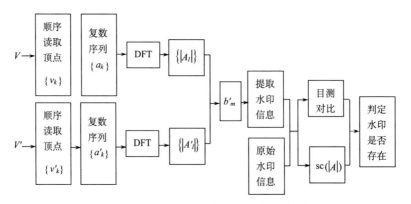

图 9.4　基于 DFT 幅度的矢量数据数字水印技术提取模型

9.2.2　基于 DFT 相位的矢量空间数据数字水印技术提取模型

对应于水印的嵌入过程，并结合相位水印算法自身的特点，提取过程也和幅度水印模型相似，但相对复杂一些。提取水印的模型如图 9.5 所示。

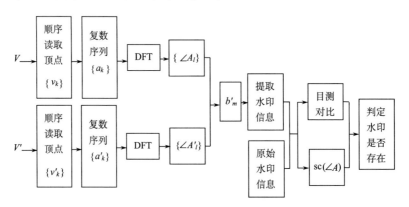

图 9.5　基于 DFT 相位的矢量数据数字水印技术提取模型

具体步骤如下所述。

（1）对原始数据 V 嵌入水印的过程中，记录下嵌入水印的位置，得到序列$\{s_k\}$，提取水印时，将序列$\{s_k\}$中的数据作为原始数据，其中顶点记为$\{v_k\}$（$v_k=(x_k，y_k)$），并根据序列$\{s_k\}$找出嵌入水印的 V' 中的对应的嵌入水印点，得到顶点序列$\{v'_k\}$（$v'_k=(x'_k，y'_k)$）。

（2）由式（9.2）根据顶点集$\{v_k\}$和$\{v'_k\}$构造两个复数序列$\{a_k\}$和$\{a'_k\}$。

（3）对$\{a_k\}$和$\{a'_k\}$分别做 DFT 得到变换系数的相位$\angle A_l$ 和$\angle A'_l$。最后，根据

式（9.7)提取出二值化水印信息：

$$b'_m=\begin{cases}0, & (\angle A'_l-\angle A_l<0)\\1, & (\angle A'_l-\angle A_l\geqslant 0)\end{cases}\quad(0\leqslant l,m\leqslant N)\quad\quad(9.7)$$

式中，b'_m 为提取出置乱水印数据的位。

（4）根据水印生成算法，由 b'_m 得到提取出的水印信息。

（5）根据提取出的水印信息与原始水印信息的对比，算出自相关系数 $sc(\angle A)$，并且结合目测判定矢量地理空间数据中是否含有水印信息。

9.2.3　基于 DFT 的综合矢量空间数据数字水印技术提取模型

提取水印时，通过比较嵌入水印的数据与原始数据之间的差异分别提取出幅度和相

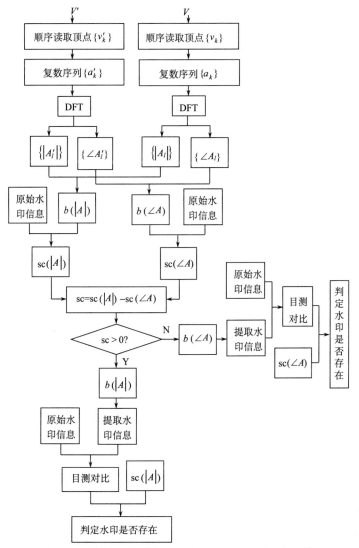

图 9.6　基于 DFT 的综合矢量数据数字水印技术提取模型

位水印信息，然后通过与原始水印信息的比较并结合自相关系数来判定最终的提取结果，从而判定矢量地理空间数据中是否含有水印。

图 9.6 所示是基于 DFT 的综合矢量数据水印技术提取模型实现的具体过程。前两步和单独嵌入幅度和相位的方法一样，在第 3 步时对 $\{a_k\}$ 和 $\{a_k'\}$ 分别做 DFT 得到变换系数的幅度值 $\{|A_l|\}$ 和 $\{|A_l'|\}$ 和相位值 $\angle A_l$ 和 $\angle A_l'$，再分别提取出二值化水印信息。将提取出的水印信息与原始水印信息分别做对比，算出自相关系数 $sc(|A|)$ 和 $sc(\angle A)$，根据这两个数的大小决定提取幅度值还是相位数值的水印信息作为综合水印的检测结果，依据"谁大取谁"的原则，再结合目测判定矢量地理空间数据中是否含有水印信息。

这里需要说明的是，虽然综合水印是嵌入到同一点幅度和相位中的，但由于这两个数据有着截然不同的意义，数值大小也相差很大，因此即使是同时嵌入，对幅度和相位的嵌入强度也是不一样的。

9.3　试验与分析

本节选用一幅由 33 020 个点组成的等高线数据进行实验，如图 9.7 所示。对幅度值、相位、幅度和相位综合嵌入水印，对经过攻击后的水印提取情况与原始水印数据进行对比，并重点从嵌入水印后的载体数据的可用性、不可见性及鲁棒性等几个方面进行分析。

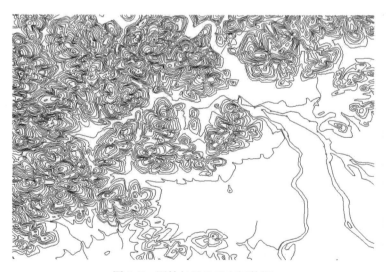

图 9.7　原始矢量地理空间数据

原始水印信息如图 9.8 所示，该原始水印在嵌入前映射二值图像为 116×32 位，再与一伪装随机序列进行异或运算将其置乱，生成 3712 位水印信息，由于要满足 DFT 的快速算法 FFT 的运算条件，嵌入的坐标点数要有 2^N 个，相应地要将 3712 位扩展到 4096（2^{12}）位。

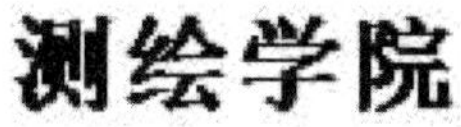

测绘学院

图 9.8　原始水印信息

　　嵌入时由于有 4096 位水印数据，因此要选 4096 个坐标点进行变换，进行 DFT 有两种方法：一是单独读取一条线段做一次 DFT，然后嵌入水印数据，然后再取下一条线条，再做 DFT，嵌入水印，一直取够 4096 个坐标点，这样有可能要读几百条线段，相应地做几百次 DFT，最终完成水印嵌入；二是按照线段的存储顺序依次读取线段坐标，读够 4096 个坐标后，一次完成 DFT，将水印数据嵌入变换后的系数中。依据 DFT 的性质，N 取值越大，其表现出的频谱特性越好，相应地提取出的水印也越好，而且采用 DFT 的快速算法是在 N 值较大时比较能够显示其优越性，逐条线段做 DFT 嵌入水印，单独构成每条线段的坐标点数不会太多，即运用 FFT 进行计算时 N 值很小，这样就失去了 FFT 运算的意义和必要性，同时每次判断是否满足 FFT 的运算条件 2^N，若不满足还要进行延拓，使计算烦琐而且水印提取的效果要比先读 4096 个坐标点，做一次 DFT 后再嵌入水印提取的效果要差。

　　基于以上分析，本实验采用的是先选取 N 条等高线，按顺序读取坐标点，做一次 DFT，得到 DFT 系数，计算出相应的幅度、相位值，将水印数据按照前面的加性规则进行嵌入，嵌入后的系数值经过 IDFT 变换回到空域，新的坐标对将取代原始坐标，为了和单独读取线段做 DFT 嵌入水印做对比，在整型矢量空间数据做载体数据时也给出了单独读取线段做 DFT 时水印的提取效果。图 9.9 所示为嵌入水印后的矢量地理空间数据。

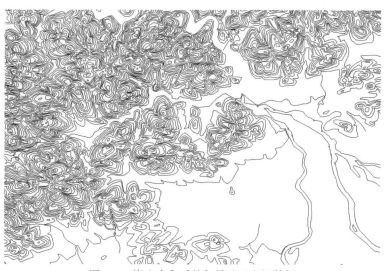

图 9.9　嵌入水印后的矢量地理空间数据

9.3.1　基于 DFT 幅度的水印实验结果

　　矢量地理空间数据经过 DFT 后，系数的幅度值要比相位数据大很多，就意味着可以嵌入的水印的强度可以大些，通过反复试验对比，一次将所有点读取做 DFT 嵌入水印时，嵌入强度 $P_{A1}=50$ 时的提取效果良好，且能够保证坐标误差在允许范围内；各线段独立做 DFT 时，嵌入强度 $P_{A2}=4$ 时的提取效果良好，且能保证坐标误差在允许范围内。

1. 可用性

保证数据的可用性也就是保证数据的精度在允许的范围，对原始数据和嵌入水印信息后的数据中的 33 020 个点进行比较，相应坐标间的绝对误差统计结果如表 9.1 所示。

表 9.1　相应坐标间的绝对误差统计

绝对误差 C	个数（n）		百分比/%	
	所有点一次做 DFT	各线段独立做 DFT	所有点一次做 DFT	各线段独立做 DFT
0	31 842	31 909	96.43	96.64
1	1 126	923	3.41	2.80
2	52	188	0.16	0.56
3	0	0	0	0
>3	0	0	0	0

从表 9.1 可以看出，嵌入水印信息所影响的只有极少数量的点，即使少许点有一定的误差，其误差大小也在允许的范围之内，由于实验采用数据的制图精度是 ±0.2mm，而相应的最大绝对误差 3 所对应的精度误差为 0.08mm，不会影响数据的使用。

2. 不可见性

利用提出的方法对实验数据嵌入水印信息，图 9.10 所示为所有点一次做 DFT 嵌入水印前后的对比，图 9.11 所示为各线段独立做 DFT 水印信息嵌入前后的比较，图中虚线为嵌入水印的数据，实线为原始数据。

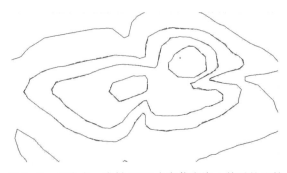

图 9.10　所有点一次做 DFT 水印信息嵌入前后的比较

从嵌入前后数据比较可见，提出的水印嵌入模型具有较好的不可感知性，嵌入水印后不影响图形的显示质量，图 9.10 的效果要好于图 9.11，也就是所有点一次做 DFT

图 9.11　各线段独立做 DFT 水印信息嵌入前后的比较

嵌入水印后的不可见性要好于各线段独立做 DFT 后嵌入水印。

3. 鲁棒性

数字水印技术的鲁棒性是最重要的指标之一。由于目前没有任何一种方法来对某个数字水印技术系统的鲁棒性进行数学证明,最常用的思路是:能够经受住现有鲁棒性攻击的数字水印技术就是鲁棒性好的水印。因此鲁棒性评价是建立在相应攻击的基础之上的。对嵌入水印信息数据的各种攻击进行分析,以验证该模型的鲁棒性。本节对嵌入水印信息数据进行各种攻击后的水印提取结果进行分析,以验证该模型的鲁棒性。图中数字对应的数据是自相关检测的方法提取水印与嵌入水印计算得出的自相关系数(杨义先和钮心忻,2006)。自相关系数越大,表示提取水印与原水印相似度越大,提取效果越好;自相关系数越小,表示提取水印与原水印相似度越小,提取效果越差,当自相关系数是负数时,表示无法提取有效水印。

1)无攻击

若嵌入水印数据不进行任何变化,则水印信息能完整地提取出来,但是由于实验所用数据的整数性,提取出的水印信息存在一些误差点,这些误差主要是由于数据在计算过程中的四舍五入取整造成的。

2)数据删除

若随机删除一定比率的数据点,通过采用原始点代替被删除点的方法,在不同的删点条件下也能提取出水印信息。

3)数据格式转换

将嵌入水印数据格式转换为 MapInfo 通用格式数据 MIF 数据格式,再把生成的 MIF 数据格式转换回这种数据格式,最后进行水印信息的检测,然后对其提取水印信息。

4)数据平移

根据 DFT 的性质,数据平移只会影响第一个变换系数。因此只要不在第一个顶点嵌入水印，数据平移对水印的提取没有影响。

5）数据旋转

一般而言，对矢量数据做旋转变换实际意义不大，但在应用中，微小的旋转有时也是必要的。因此本节也对这一情况进行了分析。对于 DFT，数据旋转只会影响变换的相位，而对幅度没有影响，因此使用本节模型，数据旋转对水印的提取没有影响（实验以相对数据左上角点逆时针旋转为例）。

6）数据缩放

依据 DFT 性质，数据缩放时对相位无影响，但对幅度值做改动，因此，基于 DFT 幅度的矢量空间数据数字水印技术对数据缩放不具有鲁棒性，嵌入水印后的数据经过缩放后无法提取出有效的水印数据。

表 9.2 所示为基于 DFT 幅度的空间数据水印在无攻击和各种攻击下的水印提取情况，同时为了和单独读取 DFT 嵌入情况对比，将单独读取线段后做 DFT 嵌入水印的情况一并列出。

表 9.2　基于 DFT 幅度水印的鲁棒性

攻击类型		所有点一次做DFT	各线段独立做DFT
无攻击		测绘学院 0.990 660	测绘学院 0.924 569
数据删除	5%	测绘学院 0.949 564	测绘学院 0.882 543
	10%	测绘学院 0.924 035	测绘学院 0.824 892
	15%	测绘学院 0.871 731	测绘学院 0.821 121
	20%	测绘学院 0.849 938	测绘学院 0.732 759

续表

攻击类型		所有点一次做DFT	各线段独立做DFT
数据格式转换		测绘学院 0.990 660	测绘学院 0.924 569
数据平移	1个单位	测绘学院 0.990 660	测绘学院 0.924 569
	5个单位	测绘学院 0.990 660	测绘学院 0.924 569
	10个单位	测绘学院 0.990 660	测绘学院 0.924 569
数据旋转	1°	测绘学院 0.944 583	测绘学院 0.821 121
	5°	测绘学院 0.929 016	测绘学院 0.822 198
	10°	测绘学院 0.936 488	测绘学院 0.824 892

9.3.2　基于 DFT 相位的水印实验结果

由于相位数据较小，因此嵌入强度值要比嵌入幅度时的值要小很多，通过试验发现，一次读取所有数据做 DFT 嵌入时，嵌入强度 $P_{P1}=0.03$ 时提取效果良好，且能够保证坐标误差在允许范围内；而各线段独立做 DFT 嵌入 $P_{P2}=0.01$ 时提取效果良好，且能保证坐标误差在允许范围内。

1. 可用性

对原始数据和嵌入水印信息后的数据中的 33 020 个点进行比较，相应坐标间的绝对误差统计结果如表 9.3 所示，可以看出，该水印模型可以将误差控制在精度允许的范围内，不会影响数据的使用。

表 9.3　相应坐标间的绝对误差统计

绝对误差 C	个数（n）		百分比/%	
	所有点一次做 DFT	各线段独立做 DFT	所有点一次做 DFT	各线段独立做 DFT
0	29 733	30 895	90.05	93.56
1	1 404	1 884	4.25	5.71
2	1 883	241	5.70	0.73
3	0	0	0	0
>3	0	0	0	0

2. 不可见性

利用提出的方法对实验数据嵌入水印信息，图 9.12 所示为所有点一次做 DFT 水印信息嵌入前后的比较，图 9.13 为各线段独立做 DFT 水印信息嵌入前后的比较，图中虚线为嵌入水印的数据，实线为原始数据。从嵌入前后数据比较可见，嵌入水印后不影响图形的显示质量，图 9.12 比图 9.13 的不可见性要好。

图 9.12　所有点一次做 DFT 水印信息嵌入前后的比较

3. 鲁棒性

一个好的水印模型应当在嵌入水印的数据经受一些攻击后，水印仍具有较好的可检测性。表 9.4 中列举了该模型在一些攻击下的水印信息提取结果，为了和单独线段做 DFT 嵌入水印的效果做比较，同时列出了单独读取线段做 DFT 后对应的水印提取结果。

图 9.13　各线段独立做 DFT 水印信息嵌入前后的比较

表 9.4　基于 DFT 相位的水印的鲁棒性

攻击类型		所有点一次做DFT	各线段独立做DFT
无攻击		测绘学院 0.851 183	测绘学院 0.587 284
随机删点	5%	测绘学院 0.795 766	测绘学院 0.481 142
	10%	测绘学院 0.747 821	测绘学院 0.415 409
	15%	测绘学院 0.739 726	测绘学院 0.370 151
	20%	测绘学院 0.684 932	测绘学院 0.342 134

攻击类型		所有点一次做DFT	各线段独立做DFT
数据格式转换		测绘学院 0.851 183	测绘学院 0.587 284
数据平移	1个单位	测绘学院 0.851 183	测绘学院 0.587 284
	5个单位	测绘学院 0.851 183	测绘学院 0.587 284
	10个单位	测绘学院 0.851 183	测绘学院 0.587 284
数据缩放	缩小2倍	测绘学院 0.798 879	测绘学院 0.321 659
	缩小5倍	测绘学院 0.570 984	测绘学院 0.186 961
	放大2倍	测绘学院 0.851 183	测绘学院 0.587 284
	放大5倍	测绘学院 0.851 183	测绘学院 0.587 284

9.3.3 基于 DFT 的综合水印实验结果

同样选取图 9.7 所示的整数型矢量地理空间数据和图 9.8 所示的 116×32 位水印信息为例。在幅度和相位同时嵌入水印时，由于在幅度和相位中同时嵌入水印，而且相位数据的变动对系数整体影响较大，也影响到幅度部分水印的提取，因此通过对比，实验中所有点一次做 DFT 时综合水印嵌入的幅度嵌入强度为 $P_{A1}=150$，相位嵌入强度为 $P_{P1}=0.015$ 时水印提取效果良好且能保证坐标精度；各线段独立做 DFT 时综合水印嵌入的幅度嵌入强度为 $P_{A2}=4$，$P_{P2}=0.01$ 时水印提取效果良好。

1. 可用性

保证数据的可用性也就是保证数据的精度在允许的范围，对原始数据和嵌入水印信息后的数据中的 33 020 个点进行比较，相应坐标间的绝对误差统计结果如表 9.5 所示。

表 9.5　相应坐标间的绝对误差统计

绝对误差 C	个数（n）		百分比/%	
	所有点一次做 DFT	各线段独立做 DFT	所有点一次做 DFT	各线段独立做 DFT
0	29 567	30 927	89.54	93.66
1	1 156	1 686	3.50	5.11
2	2 297	407	6.96	1.23
3	0	0	0	0
>3	0	0	0	0

2. 不可见性

利用提出的方法对实验数据嵌入水印信息，图 9.14 所示为所有点一次做 DFT 水印信息嵌入前后的比较，图 9.15 所示为各线段独立做 DFT 水印信息嵌入前后的比较，图中虚线为嵌入水印的数据，实线为原始数据。

从嵌入前后数据比较可见，该模型针对整数型数据和浮点型数据都具有较好的不可见性，嵌入水印后不影响图形的显示质量，图 9.14 比图 9.15 的不可见性要稍差一些。

3. 鲁棒性

提取水印时，先比较相位中提取水印的自相关系数和幅度中提取水印的自相关系数的大小，依据"谁大取谁"的原则进行提取，如图 9.16 所示。

图 9.16 中幅度水印提取的自相关系数为 0.928 879，相位水印提取的自相关系数为 0.449 892，显然幅度水印提取的自相关系数要大于相位水印提取的自相关系数，因此判定时就选取幅度水印作为综合水印的提取结果。如图 9.16 中所示，"水印判定结果"

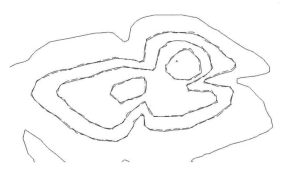

图 9.14　所有点一次做 DFT 水印信息综合嵌入前后的比较

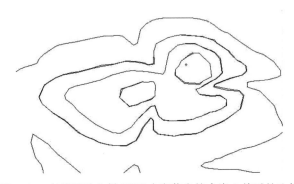

图 9.15　各线段独立做 DFT 水印信息综合嵌入前后的比较

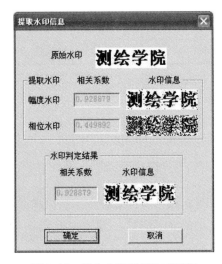

图 9.16　综合水印的提取对话框

部分"相关系数"显示的是"0.928 879",而对应"水印信息"显示的是上面对应的"幅度水印"。

通过使用 DFT 幅度水印和相位水印的所有攻击,来验证综合水印模型的鲁棒性。为了和单独嵌入幅度和相位的鲁棒性进行比较,只截取综合水印提取对话框中各自的幅度和相位的"水印信息"及"相关系数"。将相关系数相对大的对应值作为最终的指标和最终判定系数，所对应提取水印效果作为最终提取的目测判定结果。表 9.6 显示了所有点一次做 DFT 和各线段独立做 DFT 时综合水印的鲁棒性的对比。

表 9.6 所有点一次做 DFT 和各线段独立做 DFT 时综合水印的鲁棒性的对比

攻击类型		所有点一次做DFT	各线段独立做DFT
无攻击		测绘学院 0.971 357	测绘学院 0.928 879
随机删点	5%	测绘学院 0.940 224	测绘学院 0.850 754
	10%	测绘学院 0.914 695	测绘学院 0.779 634
	15%	测绘学院 0.894 147	测绘学院 0.738 685
	20%	测绘学院 0.860 523	测绘学院 0.695 582
格式转换		测绘学院 0.971 357	测绘学院 0.928 879
数据平移	1个单位	测绘学院 0.971 357	测绘学院 0.928 879
	5个单位	测绘学院 0.971 357	测绘学院 0.928 879
	10个单位	测绘学院 0.971 357	测绘学院 0.928 879

攻击类型		所有点一次做DFT	各线段独立做DFT
数据旋转	1°	测绘学院 0.960 149	测绘学院 0.848 060
	5°	测绘学院 0.957 659	测绘学院 0.844 289
	10°	测绘学院 0.953 923	测绘学院 0.828 125
数据缩放	缩小2倍	测绘学院 0.661 893	无法提取有效水印信息
	缩小5倍	测绘学院 0.409 091	无法提取有效水印信息
	放大2倍	测绘学院 0.759 029	测绘学院 0.449 892
	放大5倍	测绘学院 0.759 029	测绘学院 0.449 892

表 9.7 显示了所有点一次做 DFT 时，综合水印、幅度和相位的鲁棒性比较。

表 9.7 各种攻击下 DFT 综合水印、幅度及相位水印的鲁棒性对比

攻击类型		DFT综合水印	幅度	相位
无攻击		测绘学院 0.971 357	测绘学院 0.990 660	测绘学院 0.851 183
随机删点	5%	测绘学院 0.940 224	测绘学院 0.949 564	测绘学院 0.795 766
	10%	测绘学院 0.914 695	测绘学院 0.924 035	测绘学院 0.747 821
	15%	测绘学院 0.894 147	测绘学院 0.871 731	测绘学院 0.739 726
	20%	测绘学院 0.860 523	测绘学院 0.849 938	测绘学院 0.684 932
格式转换		测绘学院 0.971 357	测绘学院 0.990 660	测绘学院 0.851 183
数据平移	1个单位	测绘学院 0.971 357	测绘学院 0.990 660	测绘学院 0.851 183
	5个单位	测绘学院 0.971 357	测绘学院 0.990 660	测绘学院 0.851 183
	10个单位	测绘学院 0.971 357	测绘学院 0.990 660	测绘学院 0.851 183

	攻击类型	DFT综合水印	幅度	相位
数据旋转	1°	测绘学院 0.960 149	测绘学院 0.944 583	无法提取有效水印信息
	5°	测绘学院 0.957 659	测绘学院 0.929 016	无法提取有效水印信息
	10°	测绘学院 0.953 923	测绘学院 0.936 488	无法提取有效水印信息
数据放缩	缩小2倍	测绘学院 0.661 893	无法提取有效水印信息	测绘学院 0.798 879
	缩小5倍	测绘学院 0.409 091	无法提取有效水印信息	测绘学院 0.570 984
	放大2倍	测绘学院 0.759 029	无法提取有效水印信息	测绘学院 0.851 183
	放大5倍	测绘学院 0.759 029	无法提取有效水印信息	测绘学院 0.851 183

9.3.4 结论

通过上述试验，可以得出如下结论：

（1）水印嵌入在幅度、相位以及综合水印都能保证图形显示质量，坐标变化也控制在允许的范围内，满足精度的要求。

（2）这三种模型对数据进行随机删除点、数据格式转换后提出的水印信息仍然较好。

（3）利用 DFT 幅度的性质，数据平移与数据旋转对水印信息的提取效果基本没有影响，水印嵌入幅度值的模型对数据平移和旋转具有较好的鲁棒性。

（4）读取数据的方式不同，对水印的提取效果也不同，对等高线按线的存储顺序分别读取，分别做变换后嵌入水印，在嵌入时嵌入量很小，幅度的嵌入强度为 4，而相位的强度为 0.01，而将选取的所有等高线一次读取，做一次变换，水印嵌入强度可以达到 50 甚至更高，相位嵌入强度可达到 0.03。可见一次性读取所有坐标点进行 DFT 后嵌入水印的方法简单且保证较高嵌入强度，而且提取效果也很好。

（5）本节采用的数据类型为整数型，而 DFT 则是数据类型为实数型到实数型的变换。载体数据在傅里叶域嵌入水印，则在 IDFT 后得到的结果是实数型的数据，再经过数据变换，虽然结果依然是整数型的数据，但是这个过程已经引入了舍入误差，由舍入误差造成对 DFT 系数的影响，从而使水印信息的提取产生误差。

（6）水印嵌入相位的模型实验中，当数据未受到攻击和进行数据平移攻击时提取出的水印数据效果稍差，当受到数据随机删除攻击时效果更差一些，但引入自相关检测后，仍可根据自相关系数判断出水印。

（7）利用 DFT 的性质，水印嵌入相位时，数据平移、缩放对水印信息的提取效果基本没有影响。如实验中所示，对数据进行平移攻击能够提取出与未受到攻击时同样效果的水印信息；提取出的效果当缩小变换时很差，但放大时效果不错。这也验证了 DFT 相位水印模型对小数部分的依赖，数据缩小后数据损失量更大，经过 DFT 导致系数相位小数部分损失也相对较大；而数据放大后，经过 DFT，系数相位的小数部分反而可以更加逼近嵌入水印时的相位，有利于提取水印。

（8）在数字水印技术嵌入在相位的过程中，数字水印技术的嵌入强度太大，会造成矢量地理空间数据的误差太大，图形显示严重失真；强度太小，又会难以提取水印信息。基于这种矛盾，针对 DFT 幅度水印，嵌入强度可以大一些，可以改变 DFT 系数幅度的整数部分；而针对 DFT 相位水印，嵌入强度就不能太大，只能嵌入到 DFT 系数相位的小数部分。因此，DFT 相位水印模型对于小数部分的依赖性较大，由于 DFT 的整体性和实验数据的整数性，水印信息的提取产生了较大的误差，对于目测判断水印的存在已经比较困难。

（9）综合水印模型表明，在对数据进行随机删除点、数据格式转换后该模型仍然能提出水印信息。随机删点时提取结果稍差，但综合幅度和相位的结果仍可判定水印信息。

（10）综合水印模型中，分别从幅度和相位中提取的水印效果与对应的单独嵌入幅度和相位的水印的自相关系数相比可知，综合水印模型中从幅度和相位中提取的水印比单独嵌入幅度和相位的水印的提取效果要差，这主要是因为单独嵌入时另一数据没有受到影响，如单独嵌入幅度值时，其相位数据没有受到影响，而单独嵌入相位数据时幅度值没有受到影响，而综合水印则幅度和相位都受到影响，因此水印提取时误差就要比单独的嵌入幅度和相位大，效果差。

（11）综合水印模型中，利用 DFT 的性质，数据平移时对水印提取均没有影响；对于数据旋转与数据缩放，分别对相位水印和幅度水印的提取造成影响，但同时另一部分水印信息可以正确提取，从而可判定水印信息。这也体现了综合水印模型集中了幅度和相位水印的优势，可以抵抗更多种类的几何攻击。

9.4 基于量化的 DFT 的矢量空间数据盲水印模型

依据盲水印的概念，借助于均值量化的思想，构建基于 DFT 的矢量地理空间数据盲水印模型，并通过试验对模型进行仿真，同时对嵌入水印后的可用性、不可见性及鲁棒性进行了分析，对不同数据类型的水印提取效果也做了试验分析。

目前大多关于图像的盲水印及部分音频水印的盲水印都是基于量化思想（Sullivan et al.，2004；Pérez-Freire et al.，2005；Vila-Forcén et al.，2004，2006；Chen and Wornell，2000），将量化思想引入到矢量地理空间数据水印中的文献还较少。

根据以上文献的量化思想，同样以 DFT 作为变换工具，将水印嵌入到 DFT 系数的幅度中（也可以嵌入到相位，或对幅度相位同时量化）。用适当的步长对幅度值进行量化嵌入，嵌入后的幅度数值和相位进行逆变换，得到嵌入水印的矢量数据，提取时，将待提取的矢量数据进行 DFT，计算 DFT 系数的幅度值，依据嵌入时的位置和量化方案进行提取水印。

9.4.1 嵌入模型

依据量化思想，基于 DFT 变换的矢量地理空间数据数字水印技术的嵌入模型如图 9.17 所示，具体步骤如下所述。

（1）将原始水印转化为长度满足 2^N（FFT 算法的条件）的二值化水印数据。为了增加水印的安全性，可以对二值化数据进行加密或置乱。

（2）将矢量地理空间数据进行 DFT，选取适当的量化步长将系数的幅度值进行均值量化，根据嵌入水印是 "0" 还是 "1" 将系数量化到所在区间的中间值。

（3）将量化嵌入后的幅度值结合未做变动的相位值进行逆变换，用嵌入水印后的坐标 v_i' 取代原来的坐标值 v_i，生成嵌入水印信息的数据 V_i'。

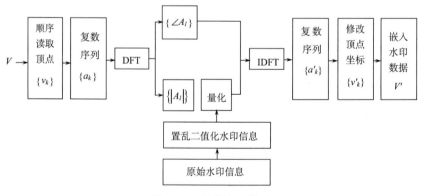

图 9.17　量化嵌入模型

9.4.2　提取模型

依据量化思想，基于 DFT 的矢量地理空间数据的数字水印技术的提取模型如图 9.18 所示，具体步骤如下所述。

（1）读取待测数据 V'，依据顶点坐标按式（9.2）构建复数序列 $\{a_k\}$。

（2）对序列 $\{a_k\}$ 进行 DFT，由式（9.3）得到离散傅里叶系数 $\{A_l\}$，通过该系数计算出幅度值 $|A_l'|$。

（3）对嵌入时位置对应处的幅度值进行均值量化，计算该处的幅度数值是在哪个量化区间，根据该幅度值所在的量化区间提取水印。

（4）将提取的水印位 b_l 组成一维序列，进行反置乱，与原始水印信息进行自相关计算，得出自相关系数 $sc\,|X_l'|$，如果嵌入时是二维图像，还要进行升维处理，得出最终用来判断的水印结果。

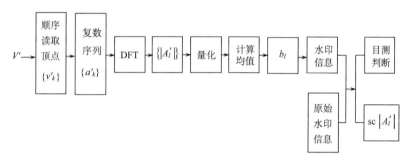

图 9.18　量化提取模型

9.4.3　实验分析

试验仍然采用 33 020 个点构成的等高线数据。水印数据依然用图 9.8 所示的 116×32 位的原始水印数据，根据 FFT 的运算条件将其扩展为 4096（2^{12}）位，区间采用 2 个区间。

由于量化步长在区间固定时是可变的参数，因此采用步长大小不同的几种情况进行试验对比，实验用量化步长为 $\Delta=50$、$\Delta=100$、$\Delta=200$。

1. 可用性

对原始数据和嵌入水印信息后的数据中的 33 020 个点进行比较，相应坐标间的绝对误差统计结果如表 9.8 所示。从统计表中可见，坐标误差随步长的增加而增大，步长为 200 时数据坐标大于等于 3 个单位的坐标点个数明显比步长为 50 和 100 的增多。

表 9.8　Δ＝50、Δ＝100 和 Δ＝200 时相应坐标间的绝对误差统计

绝对误差 C	个数（n）			百分比/％		
	Δ＝50	Δ＝100	Δ＝200	Δ＝50	Δ＝100	Δ＝200
0	32 192	30 895	30 009	97.49	93.56	90.88
1	821	1888	1755	2.49	5.72	5.31
2	7	237	901	0.02	0.72	2.73
3	0	0	280	0	0	0.85
＞3	0	0	75	0	0	0.19

2. 不可见性

图 9.19～图 9.21 分别显示了量化步长 Δ＝50、Δ＝100、Δ＝200 时水印嵌入前后的比较，虚线为嵌入水印的数据，实线为原始数据。从嵌入前后数据比较可见，提出的水印嵌入模型具有较好的不可感知性，嵌入水印后不影响图形的显示质量，从三个步长相比，显然图 9.19 的不可见性最好，图 9.20 次之，图 9.21 不可见性最差。

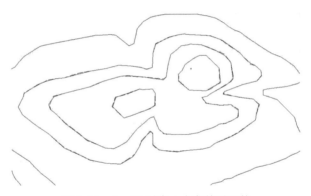

图 9.19　Δ＝50 时嵌入水印前后比较

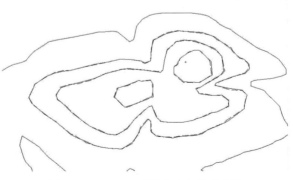

图 9.20　Δ＝100 时嵌入水印前后比较

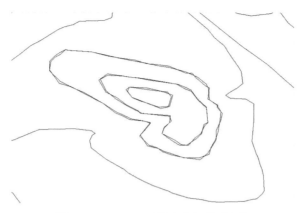

图 9.21　Δ＝200 时嵌入水印前后比较

3. 鲁棒性

和前面的试验一样，本节也对无攻击、格式转换、随机删点、旋转、平移和缩放攻击进行了仿真，发现嵌入水印后的数据在随机删点和缩放后无法提取有效水印，因此下面只分析其余几种攻击情况下水印的鲁棒性，如表 9.9 所示。

1）无攻击

但是由于实验所用数据的整数性，提取出的水印信息存在一些误差点，这些误差主要是由于数据在计算的过程中的四舍五入取整造成的。

2）格式转换

将嵌入水印后的数据转换为 MIF 格式，提取时再将其转换为原有格式，发现水印提取结果和无攻击时提取的效果一样。

3）平移

嵌入水印后对矢量数据平移 1 个单位、5 个单位和 10 个单位其提取结果是一样的，保持了 DFT 理论上的平移不变性。

4）旋转

由于水印嵌入在 DFT 后系数的幅度上，依据 DFT 的性质，应该有旋转不变性，但提取时出现比无攻击情况稍差，主要原因时由于旋转数据出现小数后，再提取水印时出现数据取整时的舍入误差和截断误差。

9.4.4　结论

（1）量化间隔越大，即 Δ 越大，相当于水印的嵌入强度越大，在提取水印与原始水印的差别就越小，因此鲁棒性就增大。但敏感性降低，相应地漏警概率增大，虚警概率降低。

表 9.9 $\Delta=50$、$\Delta=100$ 和 $\Delta=200$ 时盲水印的鲁棒性

攻击类型		$\Delta=50$	$\Delta=100$	$\Delta=200$
无攻击		0.646 552	0.982 759	0.996 552
数据格式转换		0.646 552	0.982 759	0.996 552
数据平移	1个单位	0.646 552	0.982 759	0.996 552
	5个单位	0.646 552	0.982 759	0.996 552
	10个单位	0.646 552	0.982 759	0.996 552
数据旋转	1°	0.353 448	0.863 685	0.964 532
	5°	0.294 181	0.844 828	0.970 936
	10°	0.292 026	0.865 841	0.966 010

（2）若参数 Δ 选取过大，将对图形质量及不可见性造成影响，降低它的使用价值，虽然坐标误差可以通过误差补偿保证在一定的范围内，但补偿的坐标点数目过多后，水印提取的效果就会受到影响。因此量化步长 Δ 的取值要根据水印的鲁棒性和矢量地理空间数据的应用背景折中考虑并确定。

（3）若参数 Δ 选取过小，相当于水印嵌入强度小，能够保证可用性及不可见性，但在水印提取时由于系数幅度嵌入水印前后的差别很小，水印的提取效果就差。

（4）整数数据在嵌入水印后经过平移、旋转、格式转换，提取水印时误差除主要来源于 FFT 运算自身产生的误差和取整误差外，数据在无攻击、格式转换及平移后的提取效果都一样，数据旋转后产生的水印提取误差主要来自于数据旋转后产生的数据截断。该模型对删点、缩放脆弱，删点或缩放后无法提取有效水印。

（5）由于整数型的误差主要来源取整误差和截断误差，但浮点型只有截断误差，因此该模型水印的提取结果浮点型的矢量空间载体数据要好于整数型的矢量空间载体数据。

由于盲水印技术复杂且矢量空间数据结构也很复杂，因此该模型还需进一步研究完善。

参 考 文 献

王奇胜，朱长青，许德合. 2011. 利用 DFT 相位的矢量地理空间数据水印方法. 武汉大学学报（信息科学版），36（5）：523～526.

许德合，王奇胜，朱长青. 2011. 利用 DFT 幅度和相位构建矢量空间数据水印模型. 北京邮电大学学报，34（5）：25～28.

杨义先，钮心忻. 2006. 数字水印技术理论与技术. 北京：高等教育出版社.

Chen B，Wornell G W. 2000. Preprocessed and postprocessed quantization index modulation methods for digital watermarking. In：Proceeding of SPIE：Security and Watermarking of Multimedia Contents Ⅱ，3971：48～59.

Nikolaidis N，Pitas I，Solachidis V. 2000. Fourier descriptors watermarking of vector graphics images. In：Proceedings of the International Conference of Image Processing，3：10～13.

Pérez-Freire L，Comesana-Alfaro P，Pérez-Gonzalez F. 2005. Detection in quantization-based watermarking：Performance and security issues and security issues. In：Proceedings of the SPIE on Security，Steganography and Watermarking of Multimedia Contents Ⅶ，5681：721～733.

Sullivan K，Bi Z，Madhow U，et al. 2004. Steganalysis of quantization index modulation data hiding. In：Proceeding of IEEE International Conference on Image Processing：1165～1168.

Vila-Forcén J E，Voloshynovskiy S，Koval O，et al. 2004. Worst case additive attack against quantization-based watermarking techniques. In：Proceeding of IEEE 6th Workshop on Multimedia Signal Processing：135～138.

Vila-Forcén J E，Voloshynovskiy S，Koval O，et al. 2006. Performance analysis of nonuniform quantization-based data hiding. In：Proceedings of the SPIE on Security，Steganography，and Watermarking of Multimedia Contents Ⅷ，6072：354～361.

第10章 栅格数字地图数据水印模型

本章基于栅格数字地图的特征，研究基于小波变换和整数小波变换的栅格数字地图水印算法、基于 HVS 和 DFT 的栅格地图自适应数字水印技术算法、基于小波变换的栅格数字地图多功能水印算法，并对算法的鲁棒性进行研究。

10.1 栅格数字地图数据数字水印技术特征

由于栅格数字地图数据结构与图像数据结构无差别的特点，可以把栅格数字地图看作一类图像，但栅格数字地图这一人工制图产物又有其自身特性。栅格数字地图和一般自然图像相比，具有如下特征（王勋等，2006；华一新等，2001）。

（1）数字栅格地图有一定的着色机制，且限定于几种特定的颜色。

（2）和一般自然图像相比，地图的色彩具有较高的亮度和较小的饱和度。

（3）地图中通常有丰富的线划目标（如道路、等高线等），反映在空域像素值变化比较大，频域则反映为直流分量变化比较大，而自然图像具有很好的相关性，相对来说，变化比较平缓一些。

（4）地图上一般都有经纬度或一些可精确定位的特征点、特征线，在发生变形时可以帮助校正，而自然图像很难选择这样的特征点。

（5）因为地理空间信息是海量的，所以相对自然图像而言，栅格数字地图的数据量一般比自然图像要大，才能真实表达出地理空间信息。

对于图像来说，HVS 的掩蔽特性主要表现在三个方面：亮度特性、频率特性和图像类型特性（符浩军等，2009）。从亮度特性来说，对图像不同亮度区域进行同等幅度的修改变动所表现出来的视觉显示效果并不相同，通常对中等灰度最为敏感，向低灰度和高灰度两个方向非线性下降。因此，栅格数字地图比一般的自然图像有更大的低频分量，在保证相同的视觉效果下，栅格数字地图低频分量中具有更高的感觉容量，可嵌入比自然图像更强的水印信号。对于频率特性来说，频率越低人眼的分辨能力就越高，即人眼对低频内容的敏感性较高。从图像类型特性来说，图像可以分为平滑区域和纹理区域，人眼的视觉系统对于平滑区域的敏感性要远高于纹理密集区域，即图像中的纹理越密集，其所能嵌入的水印信息量越多。由此分析可知，图像的纹理密集区域适合嵌入水印信息。而数字栅格地图的纹理区域往往是地物要素显示区域。

栅格数字地图数据其自身数据特性使得栅格数字地图数据数字水印技术具有自身的特点，栅格数字地图数据数字水印技术的研究必须依据其自身的特点。所以在具体应用时，应该针对其自身数据特性来设计专门的水印方案，这样才能达到对栅格数字地图数据版权保护的目的。

10.2　基于小波变换的栅格数字地图水印算法

本节首先讨论小波域水印算法特性，分析栅格数字地图数据的自身特性，然后提出基于小波变换的栅格数字地图水印算法，依据栅格数字地图自身特性嵌入低频水印，同时为提高算法抗综合攻击能力，在高频细节分量中嵌入相同水印信息，从而综合了低频、高频细节水印的优点。

10.2.1　小波域水印算法特性

由于小波变换良好的时频局部化特性和多分辨率分析特性，其在新一代静止图像压缩标准 JPEG2000 中占据了重要位置，因此研究基于小波变换的水印算法更具有实际意义（强英和王颖，2004）。与其他数字水印技术算法相比，小波域数字水印技术算法主要有以下几个优点（唐庆生和余垄，2005）。

（1）线性复杂度低，小波变换的线性复杂度为 $O(n)$，比 DCT 的复杂度 $O(n \cdot \log n)$ 小得多，小波域水印算法运算速度相对较快。

（2）小波变换的时频局部化特性提供了图像边缘和纹理等区域的空间频率位置信息，空间域上图像的边缘和纹理部分对应于频率域上小波细节子带的大系数，由于人眼对于边缘和纹理部分的改变不敏感，可以潜在地利用 HVS 的特性在这些区域嵌入水印。

（3）可以将图像编码中关于视觉特性的研究成果用于水印，并提供在压缩域中直接嵌入水印的方法。小波变换的多分辨率分析特性与 HVS 是一致的，这有利于结合 HVS 选择合适的嵌入位置和嵌入强度设计水印算法。

（4）小波变换已应用于新一代图像压缩标准，这样就使水印嵌入可以在压缩域中实现，保证水印对于新的图像压缩标准有较强鲁棒性。

（5）在将原始图像进行小波多分辨率分解后，形成一种金字塔式的层次结构，根据这一特点，将水印信息重复嵌入不同的层次结构中，还可以保证算法的健壮性。

（6）小波变换具有明确的物理意义，有利于理解和指导水印信息的嵌入。

10.2.2　基于小波变换的栅格数字地图水印嵌入算法

栅格数字地图的色彩具有较高的亮度和较小的饱和度，地图中空域像素值变化比较大，反映在频域中则为低频分量变化比较大，而自然图像具有很好的相关性，相对来讲，变化就缓一些（王勋等，2006）。因此，栅格数字地图比一般的自然图像有更大的低频分量，而人类视觉对不同灰度具有不同的敏感性，即通常对中等灰度最为敏感，向低灰度和高灰度两个方向具有非线性下降的特性，因此在保证相同的视觉效果下，栅格数字地图低频分量中具有更高的感觉容量，可嵌入比自然图像更强的水印信号。基于以上数据特性分析，在栅格数字地图经小波变换后的低频分量部分依据其亮度调节强度嵌入周期性扩展水印，同时为提高算法鲁棒性，在细节分量部分嵌入相同水印，水印嵌入位置根据 HVS 特性和小波系数的内在联系确定。

1. 水印生成

这里所使用的水印是有意义水印信息，即由文本信息生成的置乱二值水印序列，水印生成算法 G 分解为算法 R 和算法 T 两个部分：

$$G = R \circ T$$

其中

$$R: M \rightarrow W, \quad T: W \otimes K \rightarrow W$$

子算法 R 的输入为原始水印信息 $m \in M$，输出为符合 $N(0, 1)$ 的二值水印序列 $w' \in W$。子算法 T 对二值水印序列进行置乱等处理以得到最终水印 $W = \{w_i \in \{0, 1\}, 0 \leq i \leq N-1\}$。这里采用的原始水印信息是如图 10.1 所示的一幅 44 像素×156 像素二值图像。

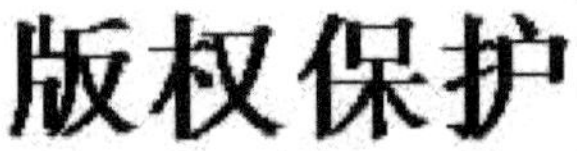

版权保护

图 10.1　水印信息

对水印信息从左到右、从上到下进行扫描，当像素白色时值为 -1，黑色时值为 1，得到二值序列：

$$W = \{w(k)\}, \quad (k = 1, 2, \cdots, m)$$

式中，$w(k) = \pm 1$。

2. 水印嵌入

在频率域中，低频分量代表栅格数字地图的平滑区域，嵌入水印的鲁棒性强，而高频分量代表地图的边缘及纹理部分，嵌入水印的不可感知性强。低频水印对高频滤波、有损压缩等都具有较好的抗攻击性，但其对亮度、对比度调节等非常敏感，而高频细节水印对此却具有很好的鲁棒性。因此在本节中，为了提高水印的鲁棒性，使水印不仅嵌入到低频分量中，也嵌入到中高频细节分量中。细节分量的水印嵌入是基于 HVS 特性来考虑的，人眼对不同方向不同层次的细节噪声不是非常敏感，特别是对对角线方向的细节噪声更不敏感（王志伟等，2011），因此选取对角细节分量作为细节水印嵌入对象。

首先将栅格数字地图进行 DWT，依次选取低频系数组成低频分量序列 $d = \{d_1, d_2, \cdots, d_n\}$，选取对角细节系数组成细节分量序列 $a = \{a_1, a_2, \cdots, a_n\}$。

1）低频水印的嵌入

将水印信息 W 在空间上周期性扩展 N 次，并对其进行置乱得水印信息 W'，把 W' 嵌入低频分量序列 d 中，得到携带水印信息的低频分量序列 $D = \{D_1, D_2, \cdots, D_{Nm}\}$，嵌入规则为

$$D_i = \begin{cases} d_i + \alpha \cdot d_i \cdot w'(i), & T_1 \leqslant d_i \leqslant T_2 \\ d_i, & d_i < T_1 \text{ 或 } d_i > T_2 \end{cases} \quad (10.1)$$

式中，T_1 和 T_2 为设定阈值，$c \times m < i \leqslant (c+1) \times m$，$0 \leqslant c < N$。

然后根据原低频分量序列 d 拓展序列 D 的长度到 n，即

$$D = \{D_1, D_2, \cdots, D_{Nm}, D_{Nm+1}, \cdots, D_n\}$$

式中，$\alpha(\alpha > 0)$ 为水印信息的嵌入强度；N 为原水印信息 W 的扩展次数。设 n 为低频分量序列数，m 为水印信息的长度，则水印扩展次数 $N = \text{INT}(n/m)$。

2）细节水印的嵌入

将细节分量序列 a 分块，把原水印 W 置乱后的水印信息 W' 依次按块嵌入到细节分量序列，得到携带水印信息的细节分量序列 $A = \{A_1, A_2, \cdots, A_n\}$。嵌入规则为：$A_i = a_i + \alpha w'(k)$。由于人眼对图像的边缘和纹理区域的变化不太敏感，为可靠地嵌入水印信息，可以潜在地利用 HVS 的特性在细节分量的感知重要系数中嵌入水印信息。所以在细节分量序列每块中选择显著系数进行水印嵌入，系数的显著性由系数和门限的比较而定。即 $T_l = \max\{|a_{lj}|\}/2$。其中，α 为水印信息嵌入强度；$\{a_{lj}\}$ 为细节分量序列第 l 块系数；T_l 为第 l 块细节分量的系数选择阈值。

3）栅格地图合成

先用嵌入水印信息的低频分量序列 D 和细节分量序列 A 代替原来相应序列，合成新的小波系数；再对合成的小波系数做小波逆变换（IDWT），得嵌入水印信息的栅格数字地图。

基于小波变换的水印信息嵌入过程如图 10.2 所示。

图 10.2　基于小波变换的水印信息嵌入流程图

3. 基于小波变换的栅格数字地图水印提取算法

水印信息的提取其实是水印信息嵌入过程的逆过程。基于小波变换的水印信息提取流程如图 10.3 所示。

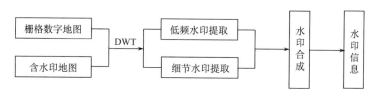

图 10.3　基于小波变换的水印信息提取流程图

基于小波变换的水印信息提取具体步骤如下所述。

1）栅格地图分解

首先，将嵌入水印信息的栅格数字地图进行离散小波变换。依次选取变换后的低频系数，组成低频分量序列 $D = \{D_1, D_2, \cdots, D_n\}$ 和 $d = \{d_1, d_2, \cdots, d_n\}$，$D$ 为加水印地图的低频分量，d 为原图的低频分量。依次选取对角细节系数，组成细节分量序列 $A = \{A_1, A_2, \cdots, A_n\}$ 和 $a = \{a_1, a_2, \cdots, a_n\}$，$A$ 为加水印地图的细节分量序列，a 为原图的细节分量序列。

2）低频水印的提取

根据得到的低频分量序列 D 和 d 对应求其差，$\Delta_i = D_i - d_i$，其中 $1 \leqslant i \leqslant N \times m$。根据两者如下关系判断数组 $\{b_i\}$：

$$b_i = \begin{cases} -1, & \Delta_i \leqslant 0 \\ 1, & \Delta_i > 0 \end{cases} \tag{10.2}$$

对数组 $\{b_i\}$ 置乱，然后依据最大隶属度原则获取水印信息 $W \{w_1, w_2, \cdots, w_m\}$。定义在空间上连续循环 N 次的 $b_{k+j \times m}$ 对 1 的隶属度为：$b_{k+j \times m}$ 中 1 的个数 $/N$；$b_{k+j \times m}$ 对 -1 的隶属度为：$b_{k+j \times m}$ 中 -1 的个数 $/N$，根据模糊模式识别的最大隶属度原则，来确定水印信息 w_k 是 1 还是 -1，其中 N 为水印信息 W 的提取次数，$0 \leqslant j < N$，$1 \leqslant k \leqslant m$。

3）细节水印的提取

在细节水印的提取过程中，首先应对 A 序列和 a 序列进行分块，然后依次按块比较两者对应系数大小得到提取的水印信息。在细节分量序列的比较过程中，按以下规则进行，令 $\Delta_j = A_j - a_j$ 有

$$w_i = \begin{cases} -1, & \Delta_j \leqslant 0 \\ 1, & \Delta_j > 0 \end{cases} \tag{10.3}$$

4）水印合成

对低频部分提取的水印信息和细节部分提取的水印信息进行比较合成，合成公式如下：

$$W = \begin{cases} W^1, & \rho_1 \geqslant \rho_2 \\ W^2, & \rho_1 < \rho_2 \end{cases} \tag{10.4}$$

式中，W^1 为低频部分提取出的水印，W^2 为细节部分提取出的水印；ρ_1 为低频部分提取出的水印与原水印信息的相似度，ρ_2 为细节部分提取出的水印与原水印信息的相似度。

相似度计算公式如下：

$$\text{NC} = \frac{1}{L} \sum_{i=1}^{L} b_i, \quad (i = 1, 2, \cdots, L) \tag{10.5}$$

式中，$b_i = \text{XNOR}(w_i, w_i^*)$，$w_i$ 和 w_i^* 分别表示原始水印信息和提取的水印信息；

L 为水印长度；XNOR 表示异或运算。

10.2.3　实验与分析

为了验证提出的水印嵌入和提取算法，对图 10.4 中 788 像素×842 像素大小的 256 级栅格数字地图按本节算法嵌入如图 10.1 所示水印信息，得到如图 10.5 所示携带水印信息的地图，其中 PSNR 值为 41.0527dB。水印嵌入低频分量时取嵌入强度 $\alpha=0.015$，嵌入细节分量时取嵌入强度 $\alpha=2$。从嵌入前后栅格数字地图的比较可见，提出的水印嵌入算法具有好的不可感知性，嵌入水印后不影响地图的显示质量。

比较图 10.4 和图 10.5 可见，嵌入水印后栅格数字地图从视觉上与原始栅格数字地图看不出差异，因此提出的水印嵌入算法具有好的不可感知性，嵌入水印后不影响地图的显示质量。

图 10.4　原始栅格数字地图

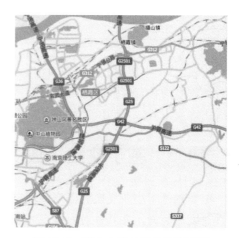

图 10.5　嵌入水印的栅格数字地图

本节算法综合提取水印信息，提取到的图 10.5 地图中的水印信息如图 10.6 所示，可见水印提取结果能够很好地满足视觉要求。

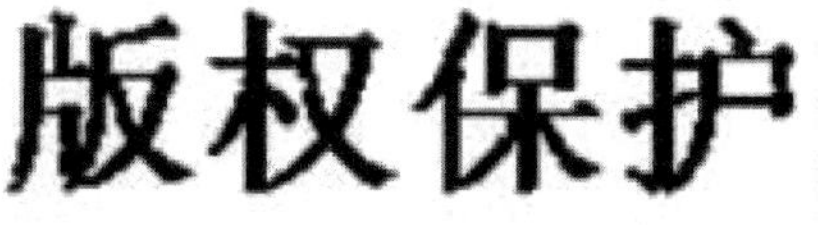

图 10.6　提取出的水印信息

对嵌入水印信息的栅格数字地图进行各种可能的攻击实验，实验中的图像处理操作是在 Photoshop V8.0 平台上进行的，其中 JPEG 压缩比为 7.0；缩放是先缩小再放大；所加噪声为高斯噪声；锐化的强度为 30。得到实验结果如表 10.1 所示，其中水印信息检测栏里的数据表示水印相似度 NC。设定一个与水印信息相似度相关的阈值 T，用于判断水印的有无，如果这个 NC 大于阈值 T，则可以认定此地图检测到水印信息，如果

NC 小于阈值 T，则可以认定此地图无水印信息，阈值 T 的设定可以从大量实验数据统计得到，考虑到提取水印的视觉效果和算法抗综合攻击尤其是抗几何变换的能力，经对大量实验结果分析，本节算法中阈值 T 设定为 0.70 比较合适。

表 10.1　攻击实验结果

图像处理	水印信息检测（NC 值）	有无水印
JPEG 压缩	0.967	有
缩放	0.961	有
剪切 1/4	0.963	有
剪切 1/2	0.962	有
噪声	0.948	有
锐化	0.974	有
旋转	0.724	有
扭曲变形	0.859	有

从表 10.1 中实验数据可以看出，本节算法对栅格数字地图在网络传输中可能遇到的各种攻击均具有较强的抵抗能力，特别是对地图进行 JPEG 压缩、缩放、剪切、加噪和锐化等攻击后，水印信息都能较完整地被提取出来。

10.3　基于整数小波变换的栅格数字地图水印算法

考虑到基于小波变换的栅格地理空间数据数字水印技术算法对于大数据量空间数据处理速度比较慢，尤其针对海量空间数据的批量处理算法实用性不强，且算法抗几何攻击能力较差，因此本节提出一种基于整数小波变换的栅格数字地图数字水印技术算法。该算法首先研究整数小波变换的基本理论，然后基于栅格数字地图亮度高、低频分量变化大、像素值为整数等特点提出算法。

10.3.1　基于整数小波变换的栅格数字地图水印嵌入算法

由于栅格数字地图的数据量通常比较大，而传统小波变换速度较慢；并且传统小波变换的滤波器输出结果是浮点数，而栅格数字地图的像素值均为整数，因此传统小波系数量化时存在舍入误差；此外传统小波变换对地图重构的质量与变换时延拓边界的方式有关（朱长青等，2009）。因此，这里从栅格数字地图的数据特性和传统小波变换局限性考虑，利用整数小波变换对栅格数字地图进行分解，建立基于整数小波的栅格数字地图水印算法。

1. 水印生成

这一步采用的方法和 10.2.2 小节中描述的水印生成方法一致，这里不再赘述。

2. 水印嵌入

数字水印技术的嵌入要求既要考虑视觉透明性，又要保证嵌入水印的稳健性，这两个方面存在着矛盾。人眼对低频部分的噪声相对敏感，而对中高频细节部分噪声的敏感性则相对差一些，为了使嵌入水印不易被察觉，应该将水印信息嵌入到较高的频率段。但是由于图像的大部分能量集中在低频范围，而嵌入到高频段的水印又容易在量化的过程中丢失，因此在本节的方法中，为了提高水印的鲁棒性，也将水印嵌入到中高频细节分量中。细节分量的水印嵌入是根据人眼对不同方向不同层次的细节噪声不是非常敏感，特别是对 45°方向的细节噪声更不敏感的特性，选取对角细节分量作为细节水印嵌入对象。

对栅格数字地图进行离散整数小波变换。将低频系数组成低频分量序列 $d = \{d_1, d_2, \cdots, d_n\}$，45°对角细节系数组成细节分量序列 $a = \{a_1, a_2, \cdots, a_n\}$。

1) 低频水印的嵌入

将水印信息 W 在空间上周期性扩展 N 次，并对其进行置乱得水印信息 W'，把 W' 嵌入低频分量序列 d 中，得到携带水印信息的低频分量序列 $D = \{D_1, D_2, \cdots, D_{Nm}\}$。嵌入规则为

$$D_i = d_i + [\alpha \cdot d_i + 0.5] \cdot w'(i) \tag{10.6}$$

式中，$[\alpha \cdot d_i + 0.5]$ 表示对数 $(\alpha \cdot d_i + 0.5)$ 取整，$c \times m < i \leqslant (c+1) \times m$，$0 \leqslant c < N$。然后根据原低频分量序列 d 拓展序列 D 的长度到 n，即

$$D = \{D_1, D_2, \cdots, D_{Nm}, D_{Nm+1}, \cdots, D_n\}$$

式中，$\alpha(\alpha > 0)$ 为水印信息的嵌入强度；N 为原水印信息 W 的扩展次数。设 n 为低频分量序列数，m 为水印信息的长度，则水印扩展次数 $N = \mathrm{INT}(n/m)$。

2) 细节水印的嵌入

将细节分量序列 a 分块，把原水印 W 置乱后的水印信息 W' 依次按块嵌入到细节分量序列，得到携带水印信息的细节分量序列 $A = \{A_1, A_2, \cdots, A_n\}$。嵌入规则为

$$A_i = a_i + \alpha w'(k) \tag{10.7}$$

基于人眼对图像的边缘和纹理区域的变化不太敏感的特性，在细节分量的感知重要系数中嵌入水印信息，即在细节分量序列每块中选择显著系数进行水印嵌入，系数的显著性由系数和门限的比较而定：$T_l = \max\{|a_{lj}|\}/2$。其中，α 为水印信息嵌入强度；$\{a_{lj}\}$ 为细节分量序列第 l 块系数；T_l 为第 l 块细节分量的系数选择阈值。

3) 地图合成

先用嵌入水印信息的低频分量序列 D 和细节分量序列 A 代替原来相应的序列，合成新的小波系数，再对合成的小波系数做整数小波逆变换（IIWT），得到嵌入水印信息的栅格数字地图。

基于整数小波变换的水印信息嵌入过程如图 10.7 所示。

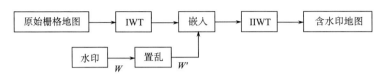

图 10.7　基于整数小波变换的水印信息嵌入模型

10.3.2　水印提取

水印信息的提取其实是水印信息嵌入过程的逆过程，首先将含水印栅格数字地图和原始地图进行离散整数小波变换得到低频分量和高频细节分量，分别比较对应分量大小得到提取的低频水印信息和细节水印信息。然后对低频水印和细节水印进行比较合成，取相似度最大者为最后提取出的水印信息。

在低频（细节）分量比较的过程中，按以下规则进行：

$$w_i = \begin{cases} -1, & \Delta_j \leqslant 0 \\ 1, & \Delta_j > 0 \end{cases} \tag{10.8}$$

式中，$\Delta_j = x'_j - x_j$，x'_j 为含水印栅格数字地图低频分量；x_j 为原始栅格数字地图低频分量。由于低频水印嵌入前进行了周期性扩展，所以在低频水印信息提取后还要依据模糊模式识别的最大隶属度原则进行判断，假设按比较规则提取的低频水印信息为 $\{w'_i\}$，对数组 $\{w'_i\}$ 置乱，然后进行判断获取水印信息 $W = \{w_1, w_2, \cdots, w_m\}$。

水印信息相似度计算公式仍然采用式（10.5）。基于整数小波变换的水印信息提取模型如图 10.8 所示。

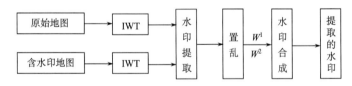

图 10.8　基于整数小波变换的水印信息提取模型

10.3.3　实验与分析

为了验证本节所提出的水印嵌入和提取算法，对一幅 256 级栅格数字地图（图 10.9）进行了实验分析，图 10.10 所示是带有水印信息的栅格数字地图，其中水印信息如图 10.1 所示。这里嵌入低频水印低频分量时取嵌入强度 $\alpha = 0.015$，嵌入细节分量时取嵌入强度 $\alpha = 2$。

比较图 10.9 和图 10.10 可见，嵌入水印后栅格数字地图从视觉上与原始栅格数字地图看不出差异，因此提出的水印嵌入算法具有好的不可感知性，嵌入水印后不影响地

图 10.9　原始栅格数字地图　　　　　　　　图 10.10　嵌入水印的栅格数字地图

图的显示质量。

　　按水印提取算法提取的水印信息得如图 10.11 所示，可见提取的水印信息也有好的效果。

版权保护

图 10.11　提取出的水印信息

　　进一步地，对本节算法进行了压缩、锐化、加噪等各种攻击实验，同时，还对本节所提出的算法与符浩军等（2009）提出的算法进行了实验比较。其中，JPEG 压缩比为 7.0，缩放是先缩小再放大，噪声为高斯噪声，锐化的强度为 30，旋转是按顺时针或逆时针方向先转 30°再转 330°，扭曲变形是对各顶点绕矩形中心点随机向顺时针或逆时针方向转动 5°。其中，水印相似度 NC 大于某个设定的阈值 T，则可以认定此地图检测到水印信息，这里阈值 T 设定为 0.85。

　　表 10.2 显示了两种算法进行各种攻击的实验结果。

表 10.2　各种攻击实验结果

图像处理	本节算法 水印相似度 NC	小波算法 水印相似度 NC
JPEG 压缩	1.000	0.967
缩放	1.000	0.961
剪切 1/4	0.999	0.963
剪切 1/2	0.962	0.962
噪声	0.973	0.948
锐化	1.000	0.974
旋转	0.885	0.724
扭曲变形	0.883	0.819

从表 10.2 中实验数据可以看出，本节算法对栅格数字地图在网络传输中可能遇到的各种攻击均具有较强的抵抗能力，特别是对地图进行 JPEG 压缩、缩放、剪切和锐化等攻击后，都能较完整地提取出水印信息，且算法鲁棒性均高于基于传统小波变换的水印算法。

10.4　基于 HVS 和 DFT 的栅格地图
自适应数字水印技术算法

众所周知，图像的纹理密集区域适合嵌入水印信息。而栅格数字地图的纹理区域往往是地物要素显示区域。本节通过分块傅里叶变换提取了栅格数字地图的纹理区域，并以此作为水印信息的嵌入位置，实现了水印嵌入位置的自适应选取（王志伟等，2011）。

10.4.1　算法原理

1. 分块傅里叶变换

由于傅里叶频数描述的是整幅图像的能量分布，且无法实现频数域与空间域的对应，因而无法得到图像的局部能量描述。本节通过分块傅里叶变换，获得了不同纹理区域的傅里叶频数特征，实现了频数域与空间域的对应关系，有利于提取水印信息的嵌入位置。数字水印技术的嵌入位置（即纹理区）确定过程如下所述。

（1）宿主图像分块：将宿主图像 I（即原始数字栅格地图）划分成互不覆盖大小为 $M \times M$ 的图像子块 B_k（$k = 0, 1, \cdots, S-1$）。

（2）宿主图像子块 DFT：这里所采用的 DFT 的数学定义为

$$F(\mu, \nu) = \sum_{x=0}^{M-1} \sum_{y=0}^{M-1} f(x, y) \mathrm{e}^{-\mathrm{j}2\pi\left(\frac{\mu x}{M} + \frac{\nu y}{M}\right)} \qquad (10.9)$$

式中，$f(x, y)$ 为像素值。

（3）纹理子块的选取：计算每一个图像子块 B_k（$k = 0, 1, \cdots, S-1$）的傅里叶幅度方差，方差较小的图像子块为平滑块，而方差较大的图像子块为纹理块。选取合适的方差阈值，方差大于该阈值的图像子块即为用于嵌入水印信息的纹理子块。幅度方差 S 的计算公式如下：

$$S = \sqrt{\frac{1}{n-1} \sum_{i=0}^{n-1} (x_i - \bar{x})^2}, \qquad \bar{x} = \frac{1}{n} \sum_{i=0}^{n-1} x_i \qquad (10.10)$$

式中，n 为图像子块内所包含的像素（$x_0, x_1, \cdots, x_{n-1}$）个数。

随着分块的减少，图像的傅里叶频谱的局域化特征渐趋明显，即纹理区域（信息量丰富的区域）越来越明显，实现了傅里叶频域与空间域的对应。因此，本节选取了 2×2 分块傅里叶变换进行水印嵌入位置的提取。

2. 水印信息的嵌入

基于以上结论，提出一种数字栅格地图水印算法：在地图纹理区域的傅里叶低频系数幅度中嵌入水印，以保证算法对 JPEG 压缩、裁剪、锐化、去斑等操作具有良好的鲁棒性。其具体的算法框图如图 10.12 所示。

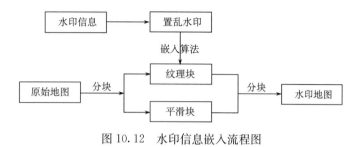

图 10.12　水印信息嵌入流程图

（1）水印信息的生成：这里嵌入水印信息为有意义水印信息，如图 10.13 所示为一幅 116 像素×32 像素的二值图像。

图 10.13　水印信息

对水印信息从左到右、从上到下进行扫描，当像素为白色时值为 1，黑色时值为−1，得到一维二值序列 $W = \{w_i\}$ （$i=1, 2, \cdots, k$），其中 $w_i = \pm 1$；然后，随机生成一密钥 key，对水印序列 W 进行置乱，得到待嵌入水印信息 $W' = \{w_i'\}$ （$i=1, 2, \cdots, k$）。

（2）嵌入位置的选择：将栅格地图 I 分成 $B×B$ 互不重叠的图像块，对各个图像块分别进行离散傅里叶变换，得到频谱系数 F，并计算相应的幅值谱 M 和相位谱 φ；然后，计算各个图像块中傅里叶频数的幅度方差（首点幅度值除外），根据预先设定的阈值提取出信息量丰富的区域（纹理区），即为水印信息的嵌入位置。

（3）水印信息的嵌入：将置乱后的水印信息 W' 嵌入纹理区傅里叶低频系数的幅度中，得到携带水印信息的傅里叶幅值谱 M'，嵌入规则为

$$M' = \{m_i + \alpha \cdot w_i'\} \quad (i=1, 2, \cdots, k) \tag{10.11}$$

（4）含水印栅格地图的生成：将各个图像块中嵌入水印信息的幅值谱 M' 和原始相位谱 φ 组成新的离散傅里叶频谱系数 F'，再对 F' 进行逆傅里叶变换即可得到含水印信息的栅格地图 I'。

3. 水印信息的提取

水印信息的提取过程可以看作是其嵌入过程的逆过程，其流程图如图 10.14 所示。

（1）原始栅格地图纹理块的提取：将栅格地图 I 分成 $B×B$ 互不重叠的图像块，对各个图像块分别进行 DFT，得到频谱系数 F，并计算相应的幅值谱 M、相位谱 φ 及各个图像块中傅里叶频数的幅度方差（首点幅度值除外），根据方差阈值提取纹理区。

（2）水印栅格地图纹理块的提取：将栅格地图 I' 分成 $B×B$ 互不重叠的图像块，对

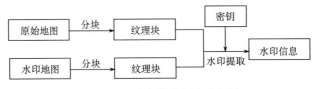

图 10.14　水印信息提取流程图

各个图像块分别进行 DFT，得到频谱系数 F'，并计算相应的幅值谱 M'、相位谱 φ' 及各个图像块中傅里叶频数的幅度方差（首点幅度值除外），根据方差阈值提取纹理区。

（3）水印信息的提取：将原始地图和水印地图的幅值谱进行比较，得到置乱后的水印信息 W'：

$$W'=\{w'_i\}, \quad w'_i=\begin{cases}-1, & m'_i<m_i \\ 1, & m'_i>m_i\end{cases} \quad (i=1,\ 2,\ \cdots,\ k) \qquad (10.12)$$

根据密钥 key 对置乱后的水印信息 W' 进行反置乱恢复原始水印信息序列，然后依据最大隶属度原则获取水印信息：$M^*=\{w^*_i\}$ $(i=1,\ 2,\ \cdots,\ k)$。

为客观评价提取的水印与原始水印信息的相似程度，采用相似度计算公式（10.5）进行计算。

10.4.2　实验与分析

为了验证提出的水印嵌入和提取算法，对图 10.9 中 512 像素×512 像素大小的 256 级栅格数字地图按本节算法嵌入如图 10.13 所示水印信息，得到的含水印信息的地图如图 10.15 所示。提取纹理块的幅值方差阈值 $\delta_m=20$，水印的嵌入强度 $\alpha=39.0$，含水印地图的灰度值最大改变量为 10。从嵌入前后栅格数字地图的比较可见，本节提出的水印嵌入算法具有好的不可感知性，嵌入水印后不影响地图的显示质量。

图 10.15　含水印的数字栅格地图

1. 抗攻击性

通常，对含水印图像的攻击方式主要包括叠加噪声、JPEG 压缩、滤波、几何裁剪、图像增强等。对于数字栅格地图，则还存在地图背景改变（即色块污染）等攻击方式。表 10.3 给出了对含水印地图进行上述攻击后，所提取出的水印图像及其相关系数 NC。

表 10.3 算法抗攻击性测试结果

攻击方式	提取水印	相关系数NC
裁切 (1/2)	版权保护	1.000
裁切 (3/4)	版权保护	0.889
高斯杂色 (10%)	版权保护	0.898
平均杂色 (10%)	版权保护	0.969
JPEG压缩 （质量因子为3.0）	版权保护	0.976
霓虹灯光 （反色）	版权保护	1.000
色块污染	版权保护	0.992
去斑	版权保护	0.920
USM锐化 （数量10%；半径1.0）	版权保护	0.998

2. 抗攻击分析

从上面的攻击实验可知，本节提出的算法对裁切、添加噪声、JPEG 压缩、色块污染（背景改变）、锐化等操作具有很强的抵抗能力，主要原因如下所述。

（1）对 JPEG 压缩的攻击具有很强的抵抗力，主要原因在于 2×2 分块傅里叶变换后，水印信息被嵌入了地图低频信息（即纹理区），而 JPEG 压缩主要是针对高频信息进行的；同时，地图变换块（2×2 分块）越小，其纹理区提取得越精细，嵌入的水印信息鲁棒性也越强。因此，JPEG 压缩攻击对水印信息的提取影响甚微。

（2）对裁切、色块污染等攻击同样具有很强的抵抗力，主要是因为这些攻击操作的作用范围大多在图像的平滑区域，攻击后并不影响数字地图的正常使用，而水印信息被嵌入到图像的纹理区域，平滑区域地图信息的改变并不影响嵌入的水印信息。因此，攻击操作对含水印信息的纹理区域影响甚微。

（3）对去斑、锐化等图像增强操作也具有较强的抵抗力，是因为图像增强操作的作用范围主要在其边缘区域（文中算法将其划归为纹理区域），其中嵌入少量的水印信息。但是，绝大部分的水印信息嵌入地图的低频区域，边缘区域中嵌入的水印信息所占比例较少。因此，去斑、锐化等图像增强操作对水印提取的影响较小。

（4）对旋转、缩放等几何攻击几乎没有抵抗力，是因为这些操作会对图像的像素值进行插值采样、重新排列，整个图像的变化较大。目前，绝大多数的水印算法对几何攻击均没有较强的抵抗力。

10.5 基于小波变换的栅格数字地图多功能水印算法

目前，在数字产品中仅仅嵌入一种水印已经不能满足人们的要求，在很多情况下需要的是多重水印或者多功能的水印。本节先对多功能数字水印技术进行简单的介绍，然后提出一种基于小波变换的栅格数字地图多功能数字水印技术算法。其基本思想是在栅格数字地图的不同频域块中分别嵌入鲁棒性数字水印技术和脆弱性数字水印技术，以实现地图版权保护功能和地图内容完整性认证功能。

10.5.1 多功能数字水印技术

数字水印技术对数字产品的保护主要有如下两个方面：一是版权保护，即在数字产品中嵌入鲁棒性数字水印技术，在经过各种攻击后仍能保存有效水印信息以作为版权保护的依据；二是内容真实性（完整性）认证，即嵌入脆弱性数字水印技术，利用水印能够抵抗一定程度的数字产品处理操作但对恶意篡改敏感的特性，通过检测对数字产品破坏程度及位置作出评估（孙圣和等，2004）。一般所说的水印技术都是针对版权保护而言，大多数水印算法是鲁棒性水印算法，因此对其不再做过多阐述，下面详细介绍脆弱性数字水印技术。

1. 脆弱性水印技术原理

相对鲁棒性水印技术关心水印自身完整性而言，脆弱性数字水印技术主要关注如何保持和鉴定相关载体作品的完整性。关于多媒体内容的完整性认证，首先应提及保密通道中具有重要作用的数字签名技术。信息发送者用其私钥对所传内容进行加密运算得到签名，由于发送者的私钥只有他本人才知道，故一旦完成签名便保证了发送者无法抵赖曾经发送过该信息（即不可抵赖性）。当接受者收到信息以后，就可以用发送者的公钥对数字签名的真实性进行认证，经验证无误的签名同时也确保了信息在经签名后未被篡改（即完整性）。数字签名可与所传内容一起存放也可以单独存放，但多媒体信息经加密后容易引起攻击者的好奇和注意，并有被破解的可能，而一旦被破解其内容就完全透明了；且密文不允许有一点改动，否则接受者就无法恢复正确信息，哪怕是一般传输中的压缩，而网络环境中为了提高传输速度常常需要对多媒体数据进行压缩处理。由此可见，数字签名技术对多媒体数据内容真实性认证存在着局限性。

脆弱性数字水印技术则克服了数字签名技术的缺点，所谓脆弱性数字水印技术就是在保证一定视觉质量的前提下，将数字水印技术嵌入到多媒体数据中，当多媒体数据受到怀疑时，提取该水印信息来鉴别多媒体内容的真伪，并指出篡改位置，甚至攻击类型等。与传统的基于数字签名的数据认证相比，基于数字水印技术的认证技术的主要优点在于水印不需要存储额外的附加认证信息，水印可以离散地分布到多媒体作品的各个部分，提高了攻击难度，且水印和含水印作品一起经历相同变化。

根据脆弱性水印识别篡改的能力，一般可将脆弱性水印划分为完全脆弱性水印和半脆弱性水印，完全脆弱性水印能够检测出任何对多媒体数据改变的操作或对多媒体数据完整性的破坏，如在医学数据库中，由于对图像的一点点改动都可能会影响最后的诊断结果，所以对此类多媒体数据应该嵌入完全脆弱性水印；而在许多实际应用的场合常常需要水印能够抵抗一定程度的多媒体数据处理操作，如 JPEG 压缩、图像增强等，但对数据的恶意篡改将会损坏水印，这就是半脆弱性水印，此类水印比完全脆弱性水印稍微鲁棒一点，是对多媒体数据一定程度上的完整性检验（钟桦等，2006）。

2. 脆弱性水印技术特性

脆弱性数字水印技术作为数字水印技术的一种，与一般鲁棒性水印的嵌入在原理上是基本相同的。脆弱性数字水印技术除了具有水印的基本特征如不可感知性、安全性及一定鲁棒性外，还应该能够可靠地检测篡改，其基本要求如下（孙圣和等，2004；钟桦等，2006）。

（1）检测篡改。脆弱性水印最基本的功能就是能可靠地检测篡改，而且理想的情况是能够提供修改或破坏的多少及位置，甚至能够分析篡改的类型并对被篡改的内容进行恢复。

（2）水印盲提取。在一些应用背景下，如可信赖数码相机，为保证照片真实性，需要在拍摄成像时自动嵌入水印信息，此时原始数据无法获得。

（3）鲁棒性与脆弱性。水印的鲁棒性与脆弱性随着应用场合的不同而不同。

（4）不可见性。同鲁棒水印一样，在一般情况下，脆弱性数字水印技术也是不可见的。

（5）水印安全和密钥。一般来讲，脆弱性水印算法是公开的，这样水印安全性依赖于密钥，因此密钥空间要足够大。

3. 脆弱性水印攻击方法

在鲁棒水印中，水印的鲁棒性是与攻击行为密切相关的。同样在脆弱水印中，水印的脆弱性也是与水印攻击相关的，脆弱性水印作用于多媒体数据的完整性认证，所以脆弱性水印所面临的主要攻击是：攻击者不是将水印信息去掉或使水印的检测失败，而是设法篡改多媒体的内容却不损害水印信息。一些水印方法很容易检测出对数据的随机改变，却不能检测出精心组织过的修改。对于这类攻击方法需要从脆弱性水印方法本身的设计来减少虚警错误与漏警错误，同时保护水印的嵌入与提取过程，减少攻击者通过推断水印嵌入方法对水印检测进行攻击的可能性。还有一类攻击方法是脆弱性水印的安全性攻击，由于脆弱性水印的安全性是与密钥密切联系在一起的，攻击者非常有可能通过对水印的研究推断出密钥或减少密钥的搜索空间，一旦推断出密钥，攻击者就有可能在任意一多媒体数据中添加水印。这样就破坏了水印的安全性。因此，设计密钥时必须考虑其搜索空间应该足够大，而且不同密钥之间最好正交，这样也保证了密钥很难被推断出。

4. 多功能水印研究现状

多功能数字水印技术是指在同一数字产品中嵌入不同性质的水印，以达到不同的目的。目前关于复合式水印技术在图像方面已有一些研究。

Lu 和 Liao（2001）提出了一种在变换域中可以同时实现版权保护和内容认证的水印算法。该算法将选定的小波系数作为掩蔽阈值单元，然后利用"鸡尾酒算法"将量化结果调整成为左阈值或者右阈值单元来嵌入水印信息，同时原始量化结果被记录下来作为隐藏水印，在水印提取时可用来重构原始图像，而且失真度很小。"鸡尾酒算法"本身就具有很强的抗攻击能力，文中又对其检测方式进行改进从而使算法的鲁棒性进一步提高；此外通过比较提取出的水印与图像中隐藏水印的区别可很容易看出何处被篡改，从而具备内容认证的作用。

Fridrich（1999）提出一种空域与变换域相混合的多功能水印算法。在空域中利用由密钥控制的三个不同函数在灰度图像中嵌入一个二值脆弱性水印，在变换域中原始图像被分块并在每一块中嵌入同一鲁棒水印。在检测时，如果从各方图像块中提取出来的水印质量都非常高，那么说明整幅图像没有什么变化；如果所有水印的质量都比较低，说明图像可能经过了某种图像处理操作。如果大部分水印质量都比较高，而仅有小部分水印质量较低，那么这一小部分水印所对应的图像块很有可能被局部篡改过。由于嵌入的脆弱性水印相对鲁棒水印来说能量较低，所以不会影响到后者内容认证的作用。

吴芳和芮国胜（2006）基于 DCT 域嵌入鲁棒性数字水印技术，利用 LSB 算法嵌入脆弱性数字水印技术所提出的复合式水印算法具有较好的双重保护性能，但脆弱性数字水印技术对一般图像处理不具备鲁棒性。Inoue 等（2000）提出一种基于小波变换的多功能水印算法，鲁棒水印利用一种控制量化过程嵌入到图像的低频系数，而脆弱性水印则在高频系数中嵌入，该算法可区分恶意攻击和无意攻击。王津申等（2007）提出了一种具有版权保护和内容认证双重功能的 JPEG 图像数字水印技术算法，并用试验证明了该算法的有效性。Lie 等（2003）提出了一种认证 JPEG 2000 图像内容完整性的多功能水印算法，具体思想是在图像的重要区域中，第一层也就是信息层的 HH$_1$ 子带中嵌入一个脆弱性水印；为区分普通的图像处理和有意的攻击，分析信息层的数据并按照一定的方式形成一个水印，嵌入到背景层的 HL$_3$、LH$_3$、HH$_3$ 子带中。

　　这些研究取得了一些成果，但都是针对图像的。本节在对现有的图像复合式水印算法分析的基础上，根据栅格数字地图的本质特征，基于小波分析理论，对栅格数字地图的复合式水印算法进行了研究。

10.5.2　栅格数字地图多功能水印嵌入算法

　　由于脆弱性水印对栅格地图的失真很敏感，鲁棒性水印则对失真有较强的抵抗力，而两种水印嵌入同一区域有可能会影响水印检测，因此在本节中把两种水印信息嵌入不同频域块。在频率域中，低频分量代表栅格数字地图的平滑区域，在此分量嵌入的水印鲁棒性强，因此，把鲁棒性水印嵌入低频分量；细节分量代表地图的边缘及纹理部分，而此部分对图像处理操作比较敏感，因此，把脆弱性水印信息嵌入细节分量。这样，考虑到两种水印的不同特性，根据地图经小波变换后的分量数据特征将其分别嵌入，且将两种水印嵌入不同频域块不会相互影响，从而也就不会影响到水印检测效果。

1. 鲁棒性数字水印的嵌入

　　本节仍采用有意义二值图像信息作为水印信息 W，水印信息为图 10.1 所示的一幅 44×156 二值图像。

　　首先，将水印信息 W 在空间上周期性扩展 N 次，并对其进行置乱得水印信息 W'。周期性扩展水印信息的目的是增强水印的鲁棒性，置乱是为了提高其抗剪切攻击能力。

　　其次，将栅格数字地图进行 DWT，依次选取低频系数组成低频分量序列 $d = \{d_1, d_2, \cdots, d_n\}$，把 W' 嵌入低频分量序列 d 中，得到携带水印信息的低频分量序列 $D = \{D_1, D_2, \cdots, D_{Nm}\}$。嵌入规则为

$$D_i = d_i + [\alpha \cdot d_i + 0.5] \cdot w'(i) \tag{10.13}$$

式中，$[\alpha \cdot d_i + 0.5]$ 表示对数 $(\alpha \cdot d_i + 0.5)$ 取整，$c \times m < i \leqslant (c+1) \times m$，$0 \leqslant c < N$。

　　然后根据原低频分量序列 d 拓展序列 D 的长度到 n，即

$$D = \{D_1, D_2, \cdots, D_{Nm}, D_{Nm+1}, \cdots, D_n\}$$

式中，$\alpha(\alpha > 0)$ 为水印信息的嵌入强度；N 为原水印信息 W 的扩展次数。设 n 为低频分量序列数，m 为水印信息的长度，则水印扩展次数 $N = \text{INT}(n/m)$。

2. 脆弱性数字水印的嵌入

地图经小波变换后的细节分量近似服从 Laplace 分布，其大部分系数接近 0，只有小部分对应于地图边缘和纹理区域的系数具有较大的峰值。为了使脆弱性水印对一般图像的处理操作具有一定程度的鲁棒性，可以潜在利用 HVS 的特性在细节分量感知重要系数中嵌入脆弱性水印，即在细节分量序列中选择显著系数进行水印嵌入，系数的显著性由系数和门限的比较而定。同时为了使水印信息对栅格地图具有块篡改定位能力，在水印信息嵌入前对小波系数进行分块处理。具体嵌入过程如下。

首先，将栅格数字地图进行 DWT 得到相应的细节分量，用 $Z_k(i, j)$ 表示 k 方向上的细节分量，$k \in \{H, V, D\}$ 分别代表水平、垂直和对角线方向的细节分量。将细节分量序列分块，根据 T_l 决定每块系数分量的水印嵌入位置，这里选用 $T_L = \max\{|Z_k(i, j)|\}/2$。

其次，对于要嵌入水印的系数，将系数位置对应的三个细节分量进行排序，然后对中间值系数进行量化来嵌入水印。假设对应细节分量关系为 $Z_{k1}(i, j) \leqslant Z_{k2}(i, j) \leqslant Z_{k3}(i, j)$，将区间 $Z_{k1}(i, j)$ 到 $Z_{k3}(i, j)$ 分段，然后根据水印信息的不同将 $Z_{k2}(i, j)$ 量化到不同的端点上。

3. 地图合成

在鲁棒性数字水印技术和脆弱性数字水印技术信息嵌入小波系数后，根据新的携带水印信息的系数进行小波逆变换，这样就构成了含双重水印信息的新栅格数字地图。

基于小波变换的栅格数字地图复合式水印算法嵌入流程如图 10.16 所示。

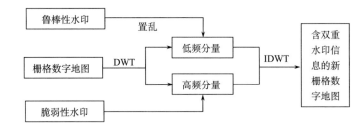

图 10.16　基于小波变换的栅格数字地图复合式水印算法嵌入流程图

10.5.3　多功能水印提取算法

在本节算法中，鲁棒性水印和脆弱性水印的提取相对独立，可以通过不同的提取算法分别在嵌入两类水印信息的栅格数字地图中提取出。

1. 鲁棒性水印的提取

对于鲁棒性水印提取，首先将含水印栅格数字地图和原始地图进行 DWT，依次选取变换后的低频系数，组成低频分量序列 $D = \{D_1, D_2, \cdots, D_n\}$ 和 $d = \{d_1, d_2, \cdots, d_n\}$，$D$ 为加水印地图的低频分量，d 为原图的低频分量。分别对 D 和 d 求其差，$\Delta_i = D_i - d_i$，其中 $1 \leqslant i \leqslant N \times m$。根据两者如下关系判断数组 $\{b_i\}$：

$$b_i = \begin{cases} -1, & \Delta_i < 0 \\ 1, & \Delta_i > 0 \end{cases} \tag{10.14}$$

对数组 $\{b_i\}$ 置乱，然后依据最大隶属度原则获取水印信息 $W = \{w_1, w_2, \cdots, w_m\}$。

2. 脆弱性水印的提取

对于脆弱性水印提取，由于脆弱性水印的嵌入过程采用了量化中间值系数的方式嵌入水印信息，因此其提取过程实际上是嵌入过程的逆过程，且提取过程不需要原始栅格地图的参与。通过计算出提取的水印与原始水印的相似程度来判断地图是否含有水印，并对地图的完整性进行认证。

为客观评价提取的水印与原始水印信息的相似程度，依然采用相似度公式（10.5）进行相似度计算。

10.5.4　实验与分析

1. 算法实验

为了验证提出的水印嵌入和提取算法，本节对一幅大小为 788 像素×842 像素的 256 灰度级栅格数字地图进行了水印的嵌入、提取和攻击测试实验，所嵌入水印信息如图 10.1 所示，其中鲁棒性水印嵌入强度取 $\alpha = 0.015$，图 10.17 所示为水印嵌入前后的结果。鲁棒性水印和脆弱性水印的检测相似度均为 1.0。

从图 10.17 可见，提出的水印嵌入算法具有好的不可感知性，嵌入水印信息后不影响地图的显示质量。

为了分析鲁棒性水印对图像处理操作中各种攻击的鲁棒性、脆弱性水印对常见图像处理操作的抵抗力及恶意攻击的识别能力，对图 10.16（b）所示地图进行了 JPEG 压缩、锐化、剪切、加噪、缩放等攻击，其试验结果如表 10.4 所示。由表 10.4 中的数据可见，地图中所嵌入的鲁棒性水印对各种攻击均具有较强的抵抗能力，特别是对地图进行 JPEG 压缩、锐化和剪切等攻击后，鲁棒性水印信息都能被较完整地提取出来。实验还表明，嵌入的脆弱性水印也可以抵抗一定程度的 JPEG 压缩和锐化等常见图像处理，在经过 JPEG 压缩和锐化等图像处理后，其水印检测相似度均在 0.9 以上，而对于加噪、剪切等恶意攻击则表现出较好的脆弱性，且脆弱性水印信息是在对系数进行分块后再嵌入，所以可根据所提取的脆弱性水印信息对地图被恶意篡改部分进行较好的块定位。

(a) 原始栅格数字地图　　　　　(b) 含水印栅格数字地图

图 10.17　水印算法试验结果

表 10.4　攻击实验结果

攻击性	水印检测相关系数	
	鲁棒性水印	脆弱性水印
JPEG 压缩	0.967	0.908
锐化	0.974	0.949
剪切 1/4	0.963	0.732
剪切 1/2	0.962	0.495
噪声	0.948	0.511
缩放	0.961	0.471

2. 分析

从实验可见，本节提出的基于小波变换的栅格数字地图多功能水印算法具有以下特点：

（1）在栅格数字地图中嵌入复合式水印，可同时实现版权保护和内容认证的双重功能。

（2）嵌入的鲁棒性水印对 JPEG 压缩、锐化、剪切、噪声等常规图像攻击具有良好的抵抗性能。

（3）嵌入的脆弱性水印对 JPEG 压缩、图像增强等常规图像处理具有好的鲁棒性，而对加噪、剪切等恶意攻击则体现了较好的脆弱性，且对地图篡改内容具有块定位功能。

实验表明，在满足不可见性的条件下，本节所提出的方案作为一种复合式的栅格数字地图水印算法，能较好地实现对地图版权保护和地图内容完整性认证的目的。研究成果对于数字地图分发、版权保护和内容认证等具有广泛的应用价值。

参 考 文 献

符浩军，朱长青，徐惠宁. 2009. 基于小波变换的数字栅格地图水印算法. 测绘科学，34（3）：107-108.

华一新，吴升，赵军喜. 2001. 地理信息系统原理与技术. 北京：解放军出版社：28~39.

强英，王颖. 2004. 基于小波域的数字图像水印算法综述. 计算机工程与应用，40（11）：46~49.

孙圣和，陆哲明，牛夏牧. 2004. 数字水印技术与应用. 北京：科学出版社.

唐庆生，余垄. 2005. 基于离散小波变换的数字水印技术. 成都信息工程学院学报，20（1）：57~60.

王津申，戴跃伟，王执铨. 2007. 具有双重功能的 JPEG 图像水印的新算法. 天津师范大学学报（自然科学版），27（1）：69~73.

王勋，朱夏君，鲍虎军. 2006. 一种互补的栅格数字地图水印算法. 浙江大学学报，40（6）：34~49.

王志伟，朱长青，王奇胜. 2011. 一种基于 HVS 和 DFT 的栅格地图自适应数字水印技术算法. 武汉大学学报（信息科学版），36（3）：329~332.

吴芳，芮国胜. 2006. 复合式的多功能数字水印技术算法. 计算机工程与设计，27（20）：3931~3933.

钟桦，张小华，焦李成. 2006. 数字水印技术与图像认证-算法及应用. 西安：西安电子科技大学出版社：23~25.

朱长青，符浩军，杨成松. 2009. 基于整数小波变换的数字栅格地图数字水印技术算法. 武汉大学学报（信息科学版），34（5）：619~621.

Fridrich J. 1999. A hybrid watermarking for tamper detection in digital images. In：Proceeding of ISSPA' 99 Conf：301~304.

Inoue H，Miyazaki A，Katsura T. 2000. Wavelet-based watermarking for tamper proofing of still images. In：Proceeding of IEEE International Conference on Image Processing，2：88~91.

Lie W N，Hsu T L，Lin G S. 2003. Verification of image content integrity by using dual watermarking on wavelets domain. In：Proceedings of IEEE International Conference on Image Processing，2：487~490.

Lu C S，Liao H Y M. 2001. Multipurpose watermarking for image authentication and protection. IEEE Transaction on Image Processing，10（10）：1579~1592

第11章 遥感影像数据数字水印技术模型

遥感影像数据是一种常见的栅格地理空间数据，它在表现形式上与图像数据相同，都是以点阵形式存储的，所以，遥感影像水印方法可以借鉴数字图像水印方法进行研究。但是，遥感影像是各种传感器所获信息的产物，是遥感探测目标的信息载体，其地理空间数据的可量测性、精度和空间分析等特征也使得相应的水印技术有着自身的特点。因此，需要从遥感影像区别于普通图像的特征入手，针对其数字水印技术的特点和要求加以分析和研究，并研究嵌入水印后影像的精度变化和控制方法。

本章根据遥感影像数字水印技术的特点和要求，根据遥感影像数据的特征，提出基于密钥矩阵和模板匹配的遥感影像半盲水印算法、基于映射机制的遥感影像盲水印算法和基于伪随机序列和分块 DCT 的遥感影像水印算法，并通过实验对所提出的算法的进行分析。

11.1 遥感影像数字水印技术的特点和要求

遥感影像和普通图像表现形式相同，但是遥感影像作为一种重要的地理空间数据，具有明显的空间数据独有的特征。遥感影像往往数据量庞大，常常达到几个吉字节的数据量，而且遥感影像除作为后期应用的底图使用外，还常用于空间定位、目标识别、地物提取等方面，因此与普通图像水印算法相比，对算法的快速性、稳定性、误差控制、抗攻击性等方面都提出了更高的要求，其水印不仅要求满足人眼的视觉质量要求，数据还需要具有可用性，即不影响数据的后期使用（华先胜和石青云，2001）。

对于普通图像，数字水印技术只要满足人类视觉感知的保真度即可，这一点对于遥感影像数据同样重要。Barni 等（2002）将"近无损"概念引入数字水印技术领域，并用于遥感影像版权保护的研究。因而，在遥感影像数字水印技术研究中，除满足普通图像水印要求外，还应满足以下几个方面的要求。

1）不可感知性

不可感知性是水印技术的最基本要求。在遥感影像数字水印技术中，嵌入的水印对于 HVS 来说，必须是不可感知的或不可见的，不影响数据的视觉效果，即水印信息对人类观测目标数据的影响降到最低程度。

2）精度特性

精度特性是遥感影像水印区别于普通图像数字水印技术的一个重要方面，水印数据不仅要求不可感知性，还要保证其精度在允许范围内。遥感影像数据通常作为地形分析、立体像对生成或 DEM 生成等的基础数据，其数字水印技术在满足不可感知性的同时，还需要避免其对应用的影响。遥感影像数字水印技术算法要求具有好的精度，失去精度的水印算法将失去意义。

3）鲁棒性

鲁棒性是衡量遥感影像水印算法优劣的重要指标。遥感影像在数据分发后，必须能够经受一定程度的恶意或有目的的操作，因此水印算法应该具有较强的鲁棒性。通常对遥感影像的攻击与多媒体水印的攻击方式并不相同。由于各种影响因素可以使遥感影像发生一些几何畸变，使得算法应该能够抵抗常见的几何攻击，尤其是裁剪攻击。对于目视效果不理想的影像，常常需要进行图像增强，即调整亮度和对比度、匀光等，此时会造成图像亮度值的较大改变，算法应该有效抵抗这些攻击。为满足遥感理论研究和制图的需要，在一景遥感影像不能覆盖全部区域情况下，需要对遥感影像进行裁剪和拼接，拼接后的数据安全问题也是遥感影像水印算法需要解决的。因此，遥感影像数字水印技术要求能够抵抗遥感影像特有的攻击，从而确定数据的版权归属或者使用者信息。

4）高效性

遥感影像数据量庞大，高达几百兆字节的数据很常见，很多数据甚至在几十个吉字节以上，因此，遥感影像水印算法对算法的高效性和实时性要求很高。

综上所述，遥感影像数字水印技术的研究必须依据其特征，从遥感数据本质特征出发，充分考虑对于遥感数据十分重要的精度特性、高效性和针对遥感数据的各种攻击。因此，遥感影像数字水印技术的研究关键是围绕精度、抗攻击性、高效性等方面构建合适的水印模型，使得含水印影像的精度高、鲁棒性强。

11.2　基于密钥矩阵和模板匹配的遥感影像半盲水印算法

本节从高分辨率遥感影像的特点出发，分析影像数据不同位平面对影像的贡献，研究基于密钥矩阵和模板匹配相结合的高分辨率遥感影像水印嵌入与提取算法。

11.2.1　基于密钥矩阵的高分辨率遥感影像水印嵌入算法

1. LSB 算法和遥感影像数字水印技术

LSB 算法是一种典型的将水印信息嵌入 LSB 的空间域水印方法。在数字图像中，每个像素的位平面对图像的贡献是不同的。整个图像可分解为 8 个位平面，从 LSB 到最高有效位（MSB）。从位平面的分布来看，随着位平面从低到高，位平面图像的特征逐渐变得复杂，细节不断增加。由于低位所代表的能量很少，改变低位对图像的质量没有太大的影响。如果水印信息嵌入到 LSB 位置，影像的改变量小，可以达到良好的视觉不可见效果。但是，LSB 算法对加噪、滤波等影像处理攻击很敏感，不能有效保护高分辨率遥感影像数据安全。

高分辨率遥感影像具有数据量大、模糊性较强、纹理细节丰富、相邻区域内灰度值相关性更强等特点，这就决定了遥感影像的水印算法与普通图像水印算法相比，对算法的快速性、稳定性、误差控制、抗攻击性等方面都提出了更高的要求。高分辨率遥感影像水印技术不仅要求水印的不可见性，还要求数据的可用性。基于这些特点，本节建立了一种针对高分辨率遥感影像的数字水印技术算法，其基本思想是将水印信息嵌入到影像像元值的最高和次低位平面中，并通过生成密钥矩阵和进行模板匹配，实现水印信息的嵌入和提取。

2. 基于密钥矩阵的遥感影像水印嵌入算法

本节提出的水印嵌入算法基本过程如下。

（1）读取原始数据。读取高分辨率遥感影像 I，$I = \{g(i, j), 0 \leqslant i < M, 0 \leqslant j < N\}$，$g(i, j)$ 表示影像的像元值，影像大小为：$M \times N$。

（2）读取水印信息。嵌入的水印信息为有意义水印，水印信息如图 11.1 所示。

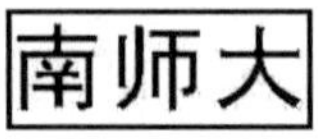

图 11.1　水印信息

对水印信息从左到右，从上到下进行扫描，亮度为白色时，取值为 0，黑色时取值为 1。得到二值序列 $w(i, j) = \{0, 1\}$，$(i = 1, 2, \cdots, K, j = 1, 2, \cdots, L)$，水印信息长度为 $K \times L$。

（3）水印信息的扩频处理。将读取的二值水印图像按照遥感影像的大小进行扩展，得到新的水印信息 $w_1(i, j) = \{0, 1\}$，$(i = 1, 2, \cdots, a \times K, j = 1, 2, \cdots, b \times L)$，其中，$a = [M/K]$，$b = [N/L]$。$[\ ]$ 表示取整运算。

（4）生成密钥矩阵。将二值水印信息与遥感影像像元值的二进制编码最高位进行比较，如果二者相同，则记录该点的位置，并产生密钥矩阵 key，该位置处的密钥矩阵值记录为 1。如果二者不相同，则将该位置处的密钥矩阵值记录为 0，转步骤（5）。将产生的密钥矩阵按照二进制 1、0 格式存盘。

（5）嵌入水印信息。将二值水印信息嵌入到遥感影像数据的次低位，采取基于特征修改的水印嵌入方法。

通过这种水印嵌入方式，在不改变影像最高位的前提下，顺利地嵌入了水印信息，满足了高分辨率遥感影像嵌入水印后数据的可用性；通过修改次低位方式嵌入水印信息，不仅比 LSB 鲁棒性更强，也能满足高分辨率遥感影像嵌入水印后的水印不可见性。

11.2.2　基于模板匹配的遥感影像水印盲提取算法

水印信息的提取过程实际上是水印嵌入的逆过程，本节的水印提取算法不需要原始影像的参与，提取过程如下。

（1）读取含水印影像。读取嵌入水印信息后的遥感影像 I'。

（2）读取密钥矩阵。如果对应位置处的密钥值为 1，则转步骤（3）；否则，转步骤（4）。

（3）提取扩频水印信息。在读取的含水印信息的遥感影像像元值的二进制位的最高位提取水印信息。提取规则为：如果该位的二进制最高位为 1，则对应的扩频水印位的值为 1；否则，对应的扩频水印位的值为 0。

（4）提取扩频水印信息。在读取的含水印信息的遥感影像像元值的二进制位的次低位提取水印信息。提取规则为：如果该位的二进制最高位为 1，则对应的扩频水印位的值为 1；否则，对应的扩频水印位的值为 0。

（5）模板匹配。将原始水印信息作为待匹配的模板，在提取的扩频水印信息中搜寻目标。如果影像未经任何攻击，可在扩频水印信息的第一个位置处获得最佳匹配结果。影像遭受攻击后，为了得到最佳匹配结果，此时在扩频水印中逐行逐列进行扫描，与原始水印进行匹配，计算二者的相关系数 NC。

（6）提取水印信息。获取最大的相关系数，并提取出具有最大相关系数的块作为提取的水印信息。

这里，通过水印信息的模板匹配，能更有效地提取出水印信息，提高水印信息的准确性。

11.2.3　实验及分析

为了验证该水印算法的性能和有效性，分别进行了可见性测试、常规图像处理攻击、抗几何攻击和误差分析实验。实验所选用的原始载体为如图 11.2 所示的 3000 像素 × 3000 像素的高分辨率遥感影像。

1. 不可见性

按本节方法把图 11.1 所示的原始水印信息嵌入到如图 11.2 所示的原始影像中，嵌入水印后的影像如图 11.3 所示，图 11.4 所示为利用本节算法提取的水印信息。

图 11.2　原始影像

图 11.3　含水印影像

图 11.4　提取的水印

从图 11.2 和图 11.3 可见，主观视觉上看不出嵌入水印前后两幅影像的差别，具有好的不可见性。图 11.4 提取的水印信息，NC＝1。

客观分析上，计算含水印影像与原始载体的峰值信噪比确定可见性测试。峰值信噪比的计算公式如下：

$$\mathrm{PSNR} = 10 * \log_{10} \frac{(MN) * \left[\max(I) - \min(I)\right]^2}{\sum\limits_{i=1}^{M}\sum\limits_{j=1}^{N} \left[I(i,j) - I'(i,j)\right]^2} \tag{11.1}$$

式中，I 和 I' 分别为原始载体和含水印的影像；$I(i,j)$ 和 $I'(i,j)$ 为原始载体和含水印影像在 (i,j) 处的像元值，图像大小为 $M \times N$。

计算可得，PSNR＝46.6967，充分说明嵌入水印后影像的质量没有明显下降。

2. 常规影像攻击

为了检测本节算法对常规影像处理的鲁棒性，分别对含水印影像进行了加噪和滤波等处理，然后再提取水印信息。表 11.1 给出了本节算法的实验结果。

表 11.1　常规影像攻击后提取水印的实验结果

攻击类型	提取的水印信息	相关系数
椒盐噪声，0.05	 南师大	0.973 33
椒盐噪声，0.2	 南师大	0.800 40
中值滤波	 南师大	0.976 75

从表 11.1 可以看出，本节算法可以抵抗含水印影像的噪声和滤波攻击。

3. 几何攻击

为了检测本节算法的抗几何攻击能力，分别对含水印影像进行裁剪、平移、旋转等攻击。表 11.2 给出了本节算法的实验结果。

表 11.2　几何攻击后提取水印的实验结果

攻击类型	攻击后的影像	提取的水印信息	相关系数
剪切上半部分1/2	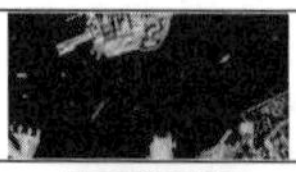	 南师大	1.0
剪切左侧1/2		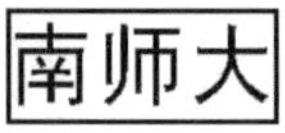 南师大	1.0
剪切左上角1/4		 南师大	1.0
剪切任意位置1/4	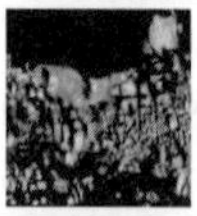	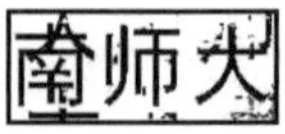 南师大	0.927 0
旋转1°	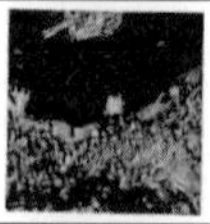	 南师大	0.906 5
旋转5°		 南师大	0.925 2
旋转25°		 南师大	0.900 9

从表 11.2 可以看出，本节算法对剪切、旋转攻击具有良好的鲁棒性，相关系数均高于 0.9，均可以正确提取出水印信息。

4. 误差分析

遥感影像数据不同于普通的数字图像，对嵌入之后的水印影像的精度要求更高，在有效达到水印算法的鲁棒性前提下，需要保证数据的精度要求。表 11.3 给出了原始载体与含水印信息的影像误差比较结果。

表 11.3　本节方法所得误差结果

变化量 / 图像					
0	0.7037	0.7546	0.7065	0.7136	0.8057
1	0	0	0	0	0
2	0.2963	0.2454	0.2935	0.2864	0.1943
≥3	0	0	0	0	0

从表 11.3 可以看出，本节算法对原始载体的修改量较小，很好地控制了遥感影像的精度，可满足高分辨率遥感数据后期使用的要求。

本节针对高分辨率遥感影像数据特点，提出了一种可有效抵抗影像几何攻击的半盲水印算法，通过密钥矩阵和模板匹配的方法来实现水印的嵌入和提取。该算法具有以下特点：

（1）对数据的精度影响小，从视觉上无法看出嵌入水印前后影像的差别，具有较好的隐蔽性。

（2）对影像数据的常规图像处理如加噪、滤波及裁剪、旋转、平移等几何攻击具有较好的鲁棒性。

（3）采用模板匹配机制，可以在水印检测过程中提取出相关系数最高的水印信息，提高了提取水印信息的准确性。

11.3　基于映射机制的遥感影像盲水印算法

遥感影像的水印算法，应该能够较好地抵抗压缩、加噪等攻击，也能很好地抵抗任意位置裁剪、更改影像大小的旋转、缩放等几何攻击。但一些算法中提到的裁剪（或剪切）是指在原图中去掉一部分影像后，在剩下的部分影像中进行水印检测，此时影像的大小和相对位置均未发生改变。实际攻击中，直接裁剪下来的影像或将影像旋转，将会改变影像的大小和相对位置，而这些算法都无法正确提取出水印信息。本节针对存在的这些问题，提出一种新的遥感影像盲水印算法，采用映射机制建立水印信息和影像文件的映射关系，能够较好地抵抗在影像大小和相对位置改变下的几何攻击。

11.3.1　基于映射机制的遥感影像数据水印算法

1. 水印信息的预处理

无意义水印信息具有长度固定、统计特性良好、自相关性强、能够与有意义水印信息建立关联和便于实现盲检测等特点。因此，本节采用无意义水印序列作为水印信息嵌入到遥感影像中。

无意义水印信息的生成过程为：

（1）采用随机数发生器生成一个具有唯一标识的水印种子数 WMSeed。

（2）采用随机序列发生器，将生成的水印种子 WMSeed 作为密钥 Key 生成一个伪随机二值序列 $w=G(\text{Key})=\{-1,1\}$，即无意义水印信息。

（3）建立有意义水印信息 W 和水印种子 WMSeed 的参照表。

2. 水印映射函数的建立

在影像水印的嵌入算法中，若按照影像中灰度值或变换域系数在影像文件中的相对位置依次嵌入水印信息，则当含水印影像遭受裁剪、平移或旋转等操作后，影像的大小和相对位置发生了改变，这将直接破坏水印信息的同步性，从而导致不能提取出水印信息，水印算法的鲁棒性大为降低。为了解决这个问题，本节提出一种基于映射函数的水印算法。

映射函数是根据载体影像数据 I 定位水印序列 W 的函数，即 $W=f(I)$。基于映射函数的水印算法的基本思想是：建立影像像元值与水印信息的多对一映射函数，通过载体影像数据可以自动确定水印的嵌入位置，并进行水印信息的嵌入和提取。

以 8bit 灰度影像为例，载体影像 I 的像元值是在 0～255 之间的整数值。设水印序列为 $W=\{W_i, i=0,1,\cdots,N-1\}$，其中，$W_i=\{0,1\}$，$W$ 有 Nbit 值。利用映射函数，将载体影像数据 I 映射至水印序列 W，则每 d（$d=256/N$）个像元值映射一位水印位，从而建立了影像数据 I 与水印序列 W 的映射关系。

映射至某一水印位的像元个数称为映射水印容差（记为 L），水印容差越大，算法的鲁棒性越好。实验表明，为了获得更好的鲁棒性，L 至少应该取 3。若 L 取 3，对像元值在 0～255 之间的 8bit 灰度影像，则水印最长位为 85 位。但是，在实际应用中，为了提高水印算法的鲁棒性，水印的长度应该尽量保证在 300～500 之间，而 85 位的水印序列不能满足实际需要。为了增加水印的长度，提高水印容差，本节提出一种扩展变量，将影像数据 I 像元取值范围由 $[0,255]$ 扩展为 $[0,255]*[0,255]$。

扩展变量取为邻域窗口均值变量 c，窗口均值参数 c 定义如下：

$$c(m, n) = \frac{1}{k \times l} \sum_{i=m-k'}^{i=m+k'} \sum_{j=n-l'}^{j=n+l'} I(i, j) \tag{11.2}$$

式中，(m, n) 为影像的行列号；k 和 l 为窗口大小（本节取 $k=l=5$）；$k'=[k/2]$；$l'=[l/2]$；"[ ]"表示取整，这里 c 的取值范围为 $[0, 255]$。

于是，将影像数据 I 像元值和扩展变量 c 与水印序列 W 进行映射，建立映射函数 $W=f(I, c)$。此时，在水印容差 $L=3$ 情况下，水印最长位可高达 2218 位，能够有效提高水印提取的鲁棒性。

在水印算法中，水印长度一般为 300～500（本节取为 400），则水印容差 L 大于 131，这样的容差能够有效地提高算法的鲁棒性，使得水印算法具有好的抗裁剪（裁减）、旋转、平移、缩放等的能力。

3. 水印嵌入

考虑到算法的抗攻击能力，本节采用基于位平面的水印嵌入方法。水印嵌入规则为

$$X_m = \begin{cases} 1, & W(i)=1 \\ 0, & W(i)=0 \end{cases} \tag{11.3}$$

式中，X_m 为像素值的第 m 位平面的值，$X_m = \{0, 1\}$，$m=0, 1, 2, \cdots, 7$。

4. 水印检测

水印的检测过程实际是水印嵌入的逆过程。每一位的水印信息可能会被检测出多次，本节采用多数原则来确定水印信息。

提取出无意义水印信息后，需要进行相关检测，为客观评价原始水印与提取水印的相似性，本节采用计算二者的相关系数 NC 及检测阈值（实验所得，本节取 0.5）进行判断是否含有水印信息。

如果检测结果表明含有水印信息，通过有意义水印与种子点的映射表，提取出有意义的水印信息。

11.3.2　实验与分析

为了验证本节算法的有效性和鲁棒性，作者分别进行了可视化分析、鲁棒性、误差分析等测试。如图 11.5 所示，所选用的原始载体为 2000 像素×2000 像素的遥感影像。图 11.6 所示为按本节方法嵌入水印后的影像。

1. 可视化分析

主观视觉上，从图 11.5 和图 11.6 看不出明显的差异，嵌入水印后不影响原始载体的视觉质量。客观分析上，计算含水印影像与原始载体的峰值信噪比确定可见性测试。峰值信噪比是一个用来衡量含水印影像相对原始影像失真程度的参数。

计算可得，PSNR=39.1090。其阈值在经验上一般定为 28，即 PSNR>28 时，认

图 11.5　原始影像　　　　　　图 11.6　含水印影像

为影像在视觉上是可以接受的，反之认为视觉效果较差。按本节算法嵌入水印后，含水印影像与原始影像的峰值信噪比远高于 28，充分说明嵌入水印后影像的质量没有明显下降，具有不可察觉性。

2. 鲁棒性分析

为了验证本节算法的鲁棒性，对含有水印的影像进行了常见的几何攻击，如裁剪、旋转、平移、拉伸、扭曲、放大、缩小等操作。在不同的攻击方式下，水印检测结果如表 11.4 所示。

表 11.4　攻击实验结果

攻击方式	攻击程度	攻击后影像大小/（像素×像素）	相关系数	检测标识
剪切		984×889	1.00	成功
		607×577	0.96	成功
		356×286	0.94	成功
		129×164	0.74	成功

续表

攻击方式	攻击程度	攻击后影像大小 / （像素×像素）	相关系数	检测标识
旋转	5°	2167×2167	0.96	成功
	15°	2450×2450	0.95	成功
	45°	2829×2829	0.96	成功
	75°	2450×2450	0.96	成功
	顺时针 90°	2000×2000	1.00	成功
	逆时针 90°	2000×2000	1.00	成功
	180°	2000×2000	1.00	成功
缩放 （原始分辨率为 72）	分辨率为 30	833×833	0.51	成功
	分辨率为 40	1111×1111	0.61	成功
	分辨率为 60	1667×1667	1.00	成功
	分辨率为 80	2222×2222	1.00	成功
	分辨率为 100	2778×2778	0.91	成功
	分辨率为 120	3334×3334	0.79	成功
	分辨率为 160	4445×4445	0.57	成功
平移	向右平移 290	2000×2000	0.98	成功
	向上平移 600	2000×2000	0.99	成功
扭曲	球面化-14	2000×2000	0.82	成功
	球面化-29	2000×2000	0.84	成功
	旋转扭曲-45	2000×2000	0.83	成功
加噪	高斯噪声 0.5	2000×2000	0.90	成功
	高斯噪声 1.0	2000×2000	0.59	成功

从表 11.4 看出，影像中所嵌入的水印对裁剪、旋转、缩放、平移和扭曲等攻击均具有较强的抵抗能力，特别是对于任意裁剪、旋转、缩放等操作改变图像大小后均具有好的鲁棒性。

3. 误差分析

作为重要的基础测绘数据，在有效达到水印算法的鲁棒性前提下，需要保证数据的精度要求。表 11.5 给出了原始影像与含水印影像的误差比较结果。

表 11.5　误差结果

像素值改变量	0	1	2	3	4
改变率/%	50.1	0	0	0	49.9

从表 11.5 可以看出，本节算法对原始载体的修改最大改变量为 4 个像素值，具有好的精度。

4. 影像特征分析

本节采用信息熵、灰度平均值分析数据特征。其中，信息熵表示一幅影像所含信息的多少，公式如下：

$$H = -\sum_{i=0}^{255} p_i \log_2 p_i \tag{11.4}$$

式中，p_i 为每个灰度值出现的概率。

标准差反应各像元灰度值与图像平均灰度值的离散程度，公式如下：

$$\text{std} = \sqrt{\frac{1}{MN} \sum_{i=0}^{M-1} \sum_{j=0}^{N-1} (I(i, j) - \overline{I}(i, j))^2} \tag{11.5}$$

表 11.6 给出了原始影像与含水印影像的统计特征结果。

表 11.6　统计特征结果

影像	信息熵	标准差
原始影像	7.6126	36.3266
含水印影像	7.5047	36.4632

从表 11.6 可以看出，原始影像和含水印影像的信息熵只差约 0.11，表明二者携带的信息量基本相当，含水印影像较好地保持了原始影像的信息。两者的标准差值相差约 0.14，表明含水印影像的离散程度没有大的变化。因此，嵌入水印信息后，影像仍能较好地保持原始数据的特征。

本节提出了基于映射机制和修改像素位平面的方法，克服了水印信息无法同步的问题，从而提高了水印算法的抗几何攻击能力。通过扩充映射变量，极大地提高了水印的容量，从而当只有部分影像时，仍能通过这些映射关系定位和检测水印，因而可有效地抵抗裁剪、旋转、缩放、平移和扭曲等攻击。同时，含水印影像能够较好地保持原始影像的特征。下一步，将考虑把算法移植到变换域或与变换域相结合，进而改进嵌入方式，使其也可以抵抗滤波和压缩等攻击，进一步提高水印的稳健性。

11.4　基于伪随机序列和分块 DCT 的遥感影像水印算法

二维 DCT 根据人眼的视觉特性把图像信号从空域转换到频域中，是数字图像压缩的核心技术，因此，将 DCT 用于数字水印技术中，可有效抵抗数据的压缩、加噪和滤波等攻击。

黄继武等（2000）提出，在 DCT 域中的直流分量比任何交流分量更适合嵌入水印。本节根据遥感影像特点，研究一种在 DCT 低频分量中嵌入水印并实现水印盲检测的算法，该算法采用伪随机序列选择需要嵌入的 8 像素×8 像素水印块，并进行 DCT，通过对选定块的 DCT 系数进行量化处理以满足特定的关系，以此来嵌入水印信息。在水印检测过程中，通过选取与嵌入时相同的 DCT 块的低频系数，并根据系数的特征实现水印的提取。

11.4.1　基于伪随机序列和分块 DCT 的遥感影像水印嵌入算法

本节首先对遥感影像进行分块，通过伪随机序列选择要嵌入的影像块；然后，采用量化的方法在每一块的 DCT 低频系数中嵌入水印信息；最后，通过精度约束，对嵌入水印信息后的遥感影像进行误差控制。由于采用了量化的方法嵌入水印信息，其提取过程不需要原始影像的参与，实现了盲检测。

采用本节算法实现水印嵌入的具体流程如图 11.7 所示。

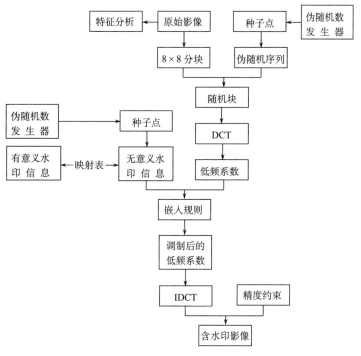

图 11.7　水印嵌入流程图

变换域水印方法鲁棒性较好，目前的研究主要集中在变换域中，基于 DCT 的水印方法就是其中研究较多的一类变换域方法。基于分块 DCT 的水印嵌入的主要过程为：

（1）水印信息的生成，采用 11.3.1 小节中的无意义水印信息生成方式。

（2）将影像进行分块，采用基于伪随机序列的块选择机制选取合适的嵌入块位置。

（3）对所选块进行 DCT，得到该块的低频值 D_{ij}。计算量化值 $\lambda_{ij} = \mathrm{round}(D_{ij}/\delta)$。其中，round 运算为舍入取整操作，$\delta$ 为量化步长。

（4）水印嵌入，利用水印信息调制当前嵌入块的低频值。

$$D'_{ij} = \begin{cases} (\lambda_{ij} - 0.5) \times \delta, & \mathrm{mod}(\lambda_{ij} + W_{ij}, 2) = 1 \\ (\lambda_{ij} + 0.5) \times \delta, & \text{其他} \end{cases} \tag{11.6}$$

（5）利用调制后的低频值进行逆变换，所有块操作完成后，得到含水印的遥感影像。

（6）将得到的含水印影像根据像素点的欧氏距离判断数据的误差大小，对嵌入水印之后的影像进行空域修剪，将对应点的最大欧式距离作为用户定义的最大误差值，将误差控制在用户规定的范围内。

（7）根据建立的有意义水印和无意义水印之间的映射表，提取出水印信息。

11.4.2　基于伪随机序列的嵌入块位置选择机制

从基于 DCT 的遥感影像水印算法可以看到，选择水印嵌入块位置是算法中十分重要的问题，直接影响算法的效率和安全性。目前，对于块选择主要有全局法（李旭东，2006；都坤洪和叶瑞松，2009；葛万成等，2004）、基于人类视觉特征（危蓉等，2007；Feng and Yang，2010；Agreste and Andalora，2008）的方法等，这些方法计算量大，不利于大数据量的遥感影像的水印方法。

伪随机序列是具有某种随机特性的确定的序列，具有良好的随机性和接近于白噪声的相关函数，并且具有预先的可确定性和可重复性，这些特性非常有利于选择水印嵌入的块位置。基于伪随机序列的水印嵌入块位置的方法具有如下优点：

（1）算法简单、高效，避免了全局 DCT，对于大数据量的遥感影像水印来说，减少了计算量，提高了实时性。

（2）算法降低了数据的修改范围，水印数据精度高，使得数据达到近无损。

（3）种子点可以作为密钥信息，没有该种子点将无法准确定位到水印嵌入位置，因此加强了算法的安全性。

利用伪随机序列，确定水印嵌入块位置的基本过程是：

（1）利用种子点 Seed＿Array，生成一个长度为 M 的伪随机序列，Array＝$\{a_i\}$，其中，a_i 的取值范围为 $[0，1]$。

（2）计算块间隔值。

$$
\begin{cases}
\text{Interval } 1 = \text{floor}\left[(\text{Width} \times \text{Height}) / (M \times \text{Capacity} \times \text{Block} \times \text{Block})\right] - 1 \\
\text{Interval } 2 = \text{Interval } 1 - 2
\end{cases}
$$

$$(11.7)$$

式中，Width×Height 为影像的大小；Capacity 为水印容量；Block 为块大小。

（3）选取嵌入块位置。根据伪随机序列值的大小选择块的间隔位置，如果伪随机序列值大于 0.5，则将水印嵌入块的起始位置向后移动 Interval 1＋Block 个位置；否则，向后移动 Interval 2＋Block 个位置。

11.4.3　水印的检测

由于采用了量化的方法，所以在水印提取过程中，不需要原始影像的参与，实现了盲检测。水印的检测过程实际是水印嵌入的逆过程。每一位的水印信息可能会被检测出多次，本节采用多数原则来确定水印信息。

水印的检测流程为：

（1）读取种子点 Seed _ Array，采用与嵌入过程相同的块选择机制，即找到水印的嵌入位置。

（2）计算选取块的 DCT 后的低频值 D'_{ij}。

（3）水印提取。计算量化值 $\lambda'_{ij} = \mathrm{floor}(D'_{ij}/\delta)$。其中，floor 为向下取整操作。

$$
W'_{ij} =
\begin{cases}
1, & \mathrm{mod}(\lambda'_{ij},\ 2) = 1 \\
0, & \mathrm{mod}(\lambda'_{ij},\ 2) = 0
\end{cases}
\tag{11.8}
$$

（4）处理完提取出的所有块，采用多数原则，即根据这些水印信息值为 -1 和 1 的多数来决定提取出的水印 W'_i，若这些值一半以上为 1，则 W'_i 取值为 1；否则，W'_i 取值为 -1。此时，便得到了水印信息 W'。

（5）根据实现建立的有意义水印和无意义水印之间的映射表，提取出水印信息。

11.4.4　实验与分析

为了验证本节水印算法的性能和有效性，分别进行了不可感知性测试、常规图像处理攻击、几何攻击、误差分析实验。实验所选用的原始载体为图 11.8 所示的四幅遥感影像，均采用的是单波段的遥感影像，每幅遥感影像的大小在图中标出。

(a) 2000像素×2000像素　　　　　　(b) 3700像素×3000像素

(c) 1000像素×1000像素　　　　　　(d) 1120像素×720像素

图 11.8　实验影像

为了更好地抵抗 JPEG 压缩攻击,本节采用与 JPEG 压缩相同的分块大小,即 8×8,量化步长为 30。

1. 不可感知性分析

按本节方法嵌入水印,图 11.8 中的实验影像嵌入水印后的影像如图 11.9 所示。

(a) 图11.8 (a) 的含水印影像

(b) 图11.8 (b) 的含水印影像

(c) 图11.8 (c) 的含水印影像

(d) 图11.8 (d) 的含水印影像

图 11.9 对应的含水印影像

从图 11.8 和图 11.9 对应的嵌入前后的四幅影像来看,主观视觉上很难看出二者的区别。由此可见,嵌入水印信息后不影响影像显示效果,满足水印的不可感知性。

为了客观的说明本节算法的不可感知性,表 11.7 给出了提取的水印信息与原始水印信息的相关系数,及嵌入前后两幅影像的峰值信噪比值。

表 11.7 不可感知性客观指标

影像编号	相关系数 NC	峰值信噪比 PSNR
(a)	1.00	62.3018
(b)	1.00	60.3423
(c)	1.00	64.2314
(d)	1.00	62.1146

从表 11.7 可以看出,提取出的水印信息均与原始水印信息完全吻合,相关系数均为 1,表明本节算法在没有任何攻击的情况下可以正确地提取出水印信息。非常高的 PSNR 值从客观上也说明了本节算法具有很好的不可感知性。

2. 鲁棒性分析

为了分析本节算法对图像处理操作中各种攻击的鲁棒性及对常见图像处理操作的抵抗力及恶意攻击的识别能力，对加水印后的影像进行了滤波、加噪、模糊、压缩和删除操作，提取出的水印信息 W' 与原始水印信息 W 进行归一化相关系数 NC 进行度量判断检测结果。

图 11.9(a) ～（d）的攻击测试实验结果如表 11.8～表 11.11 所示。

表 11.8　图 11.9（a）攻击实验结果

攻击方式	NC	检测标识
高斯滤波（模板 3×3）	0.95	成功
中值滤波（模板 3×3）	0.96	成功
高斯噪声（0，0.5）	0.98	成功
高斯噪声（0，1.0）	0.92	成功
高斯模糊（3%）	0.96	成功
高斯模糊（5%）	0.67	成功
压缩（因子＝4）	0.98	成功
压缩（因子＝2）	0.97	成功
删除	0.96	成功
删除	1.00	成功

表 11.9　图 11.9 (b) 攻击实验结果

攻击方式	NC	检测标识
高斯滤波（模板 3×3）	0.93	成功
中值滤波（模板 3×3）	0.95	成功
高斯噪声（0，0.5）	0.93	成功
高斯噪声（0，1.0）	0.82	成功
高斯模糊（3%）	0.86	成功
高斯模糊（5%）	0.60	成功
压缩（因子＝4）	0.93	成功
压缩（因子＝2）	0.88	成功
删除	1.00	成功
删除	1.00	成功

表 11.10　图 11.9 (c) 攻击实验结果

攻击方式	NC	检测标识
高斯滤波（模板 3×3）	0.91	成功
中值滤波（模板 3×3）	0.94	成功
高斯噪声（0，0.5）	0.93	成功
高斯噪声（0，1.0）	0.84	成功
高斯模糊（3%）	0.97	成功
高斯模糊（5%）	0.77	成功
压缩（因子＝4）	1.00	成功
压缩（因子＝2）	0.99	成功

攻击方式	NC	检测标识
 删除	1.00	成功
 删除	0.91	成功

表 11.11　图 11.9 (d) 攻击实验结果

攻击方式	NC	检测标识
高斯滤波（模板 3×3）	0.95	成功
中值滤波（模板 3×3）	0.96	成功
高斯噪声（0, 0.5）	0.97	成功
高斯噪声（0, 1.0）	0.94	成功
高斯模糊（3%）	0.96	成功
高斯模糊（5%）	0.67	成功
压缩（因子＝4）	1.00	成功
压缩（因子＝2）	0.99	成功
 删除	0.96	成功
 删除	1.00	成功

从表 11.8～表 11.11 中的实验数据可见，四幅影像中所嵌入的鲁棒性水印对各种攻击均具有较强的抵抗能力。滤波攻击后，四幅影像所提取出的水印信息的相关系数都高于 0.9，可检测到正确的水印信息；加噪攻击后，随着噪声的加大，相关系数也呈现一定的降低，但实验中四幅影像经过较强的噪声攻击后，相关系数仍旧较高，可提取出正确的水印信息；模糊攻击后，随着模糊比例的加大，对影像的破坏程度也加大，提取出水印信息的相关系数有所降低，但实验中四幅影像经过模糊攻击后，都可正确提取出水印信息；压缩攻击是常见的图像处理方式，图 11.9（a）、（c）、（d）三幅影像在压缩因子为 2 时，虽然对影像破坏非常高，但水印相关系数仍然很高。图 11.9（c）、（d）两幅影像在强压缩下，相关系数仍然可以高达 0.99，足见本节算法的抗压缩能力；对影像进行删除操作时，从实验数据可以看出，四幅影像删除后提取的水印相关系数都比较高，表明了本节算法可以有效抵抗删除攻击。

从以上实验数据和分析可以看出，本节算法具有强的鲁棒性。

3. 精度分析

本节算法中对误差进行了有效控制，将数据的最大误差控制在两个像素值以内，从而有效地保证了数据的精度，结果见表 11.12。

表 11.12　误差统计结果

误差 影像编号	0	1	2	≥3
（a）	98.34%	0.52%	1.14%	0
（b）	97.67%	0.62%	1.71%	0
（c）	93.42%	1.88%	4.70%	0
（d）	91.75%	2.61%	5.64%	0

从表 11.12 中的实验数据可以看出，本节算法对影像数据的最大修改量为 2 个像素值，从实验数据中还能看出，四幅影像的未修改数据量都在 90% 以上。由此可见，本节算法的最大改变量小，且对数据的整体修改率少，能够满足遥感影像嵌入水印后数据的近无损要求。

4. 效率

本节算法水印嵌入和检测效率结果如表 11.13 所示。

表 11.13　计算效率比较结果

影像编号	算法	嵌入时间/s	检测时间/s
（a）	本节算法	0.67	0.17
（b）	本节算法	0.88	0.23
（c）	本节算法	0.31	0.06
（d）	本节算法	0.27	0.06

　　从表 11.13 的效率分析可以看出，算法的嵌入时间随着影像的大小不同而异。影像越大，嵌入和检测的时间越长。由此可见，本节算法在效率上可以满足遥感影像大数据量实时水印嵌入和检测的要求。

　　本节针对遥感影像数字水印技术的要求和特点，通过伪随机序列选择水印嵌入块位置和控制误差，实现了一种高效和近无损的水印算法。所提出算法具有如下特点：

　　（1）减少计算量，提高算法的效率，能够满足大数据量遥感影像水印的要求。

　　（2）种子点作为密钥矩阵提高算法的安全性。

　　（3）将误差进行有效控制，可满足遥感影像数据近无损的要求。

参 考 文 献

都坤洪，叶瑞松. 2009. 基于 DCT 和混沌的双重图像水印算法. 计算机工程，35（4）：177～179.

葛万成，朱春生，陈康力. 2004. 基于 DCT 域直流分量的数字水印技术. 同济大学学报（自然科学版），32（6）：795～798.

华先胜，石青云. 2001. 局部化数字水印技术算法. 中国图象图形学报，6（7）：642～647.

黄继武，Shi Y Q，程卫东. 2000. DCT 域图像水印：嵌入对策和算法. 电子学报，28（4）：57～60.

李旭东. 2006. 基于分块 DCT 和量化的图像盲水印算法. 计算机工程，32（21）：139～144.

危蓉，廖振松，徐伟. 2007. 基于视觉特征和 DCT 变换的数字水印技术. 计算机工程，33（4）：149～151.

Agreste S，Andaloro G. 2008. A new approach to pre-processing digital image for wavelet-based watermark. Journal of Computational and Applied Mathematices，221（2）：274～283.

Barni M，Bartolinif F，Cappellini V，et al. 2002. Near-lossless digital watermarking for copyright protection of remote sensing images. In：Proceeding of Internal Geoscience and Remote Sensing Symposium，3：1447～1449.

Feng G，Yang Y M. 2010. Adaptive Dct based digital watermarking scheme. Applied Mechanics and Materials，20～23：1136～1142.

第 12 章   DEM 数字水印模型

尽管 DEM 数据与普通图像、三维几何模型数据存在联系，但是，DEM 数据又与后两者存在着诸多不同。因此，在 DEM 数字水印技术的研究中，可以借鉴后两者已有的数字水印技术，但不能直接应用，必须从 DEM 数据的本质特征、精度要求、应用要求等方面，对数字水印技术进行重新分析，以研究适合 DEM 数据的数字水印技术。

本章根据 DEM 数据的特性，研究 DEM 数字水印模型，分别从基于坡度分析、小波分析、DFT 方面研究 DEM 数字水印模型，并通过实验分别分析这三种算法下 DEM 数字水印模型的鲁棒性。

12.1   DEM 数字水印特性分析

在多媒体领域（图像、视频、音频等），人们对数字水印技术的首要要求是不可感知性，即对人类感知系统达到透明，满足视觉/听觉的保真度；然后要求水印算法具有一定的鲁棒性，以满足实际应用的需求。但是，由于 DEM 数据与多媒体数据的本质不同，DEM 数据对数字水印技术有着特殊的要求，与多媒体数字水印技术的要求不尽相同，主要表现在以下几个方面。

1）不可感知性

不可感知性，是数字水印技术的最基本要求。在 DEM 数字水印技术的研究同样也应注意。但是，通常情况下，DEM 数据之间差异较大，已远远超出图像灰度表示范围（0~255）。在 DEM 可视化渲染中，一般都是将 DEM 数据归一化到像素灰度的表示范围，这样，DEM 数据上的微小改变在渲染图中影响甚微，对人类视觉的影响微乎其微。因此，不可感知性在 DEM 数字水印技术研究中已不再是首要的考虑因素。同样，图像数字水印技术中，利用人类感知系统设计的水印算法也已不适合 DEM 数据。

2）数据精度要求

DEM 数据精度包括平面坐标精度和高程坐标精度。数据精度要求，是 DEM 数字水印技术区别于图像数字水印技术的最重要的方面。如果水印嵌入引起的误差过大，DEM 数据质量就会遭到很大破坏，无法进行可靠的地形分析和应用，DEM 数据也就失去了原本的应用价值。因此，数据精度是 DEM 数字水印技术必须考虑的首要问题。

这一问题可从水印嵌入强度方面进行控制。可以根据不同用户的精度要求，获得所允许的最大误差、平均误差、中误差等一些精度指标，以此计算水印的最大嵌入强度，实现水印信息的嵌入。

　3）应用精度要求

　应用精度，是 DEM 数字水印技术区别于其他载体数字水印技术的另一个重要方面。DEM 数据通常作为地形分析的基础数据，因此，DEM 数字水印技术在满足数据精度的同时，还应避免对频率直方图、等高线、坡度、坡向、曲率、流域结构等地形分析结果的影响。如果对这些地形因子影响过大，即使符合其数据精度要求，也失去了 DEM 数据的应用价值。因此，应用精度同样是 DEM 水印必须考虑的一个问题。

　这一问题可从水印的嵌入位置和嵌入方法上进行控制。根据不同的应用精度要求，选取相应的地形因子（如坡度、坡向、等高线、曲率等）进行分析，制定合理有效的水印嵌入策略，选用合适的嵌入方法进行水印信息的嵌入。

　4）鲁棒性要求

　根据对 DEM 数据与普通数字图像和三维几何模型的差异分析，可知对 DEM 数据的攻击操作较少，主要集中在平移、裁剪、删除、简化等方面。因此，DEM 数字水印技术的鲁棒性研究也应主要集中在这四个方面。

12.2　基于坡度分析的 DEM 数字水印技术算法

　本节从 DEM 数据的应用角度出发，通过对坡度、坡向等的分析来研究 DEM 数字水印技术（王志伟等，2009）。

12.2.1　DEM 坡度误差分析

　在 DEM 表面采用 3 像素×3 像素移动窗口，对坡度的三阶差分计算公式进行分析，得出坡度中误差 m_S 与 DEM 中误差 m、坡度 S 间的关系，即

$$m_S = \pm \frac{m}{\sqrt{6}\,g} \cos^2 S \tag{12.1}$$

　由式（12.1）可知，坡度越小，坡度中误差越大；坡度越大，坡度中误差越小。因此，坡度误差主要分布在较为平坦的区域（刘学军等，2004）。

　DEM 数字水印技术就是通过各种方法将水印信息反映在高程数据的微小变化上，相当于向 DEM 数据引入高程误差。因此可知，由嵌入水印引起的高程误差最好能够分布在地形复杂度大的区域。

　根据 HVS 特性，图像水印通常嵌入高亮度区域和纹理区域，可以在水印的不可见性与鲁棒性之间获得较好的平衡。同样，对 DEM 数据而言，水印信息也应嵌入地形较为复杂的区域，一方面可以很好地保持水印的不可见性；另一方面可减小水印嵌入所引起的坡度误差。因此，DEM 数字水印技术嵌入位置可通过坡度分析进行自适应选取。

　由于坡度信息反映了地形高程变化的复杂度，根据图像水印理论，复杂度越高，其所能嵌入的水印信息量也就越多；对某一高程格网点而言，其所能承载的高程变化也就越大。同时，DEM 坡度值具有明确的取值范围，因此，可通过一定的调节机制，利用坡度值自适应地确定水印的嵌入强度。

12.2.2　基于坡度分析的 DEM 水印算法

基于上述分析，本节提出一种基于坡度分析的 DEM 空域水印算法，其基本思想是：通过对 DEM 进行坡度分析，自适应地选取水印的嵌入位置；并采用一定的调节机制，利用格网点坡度值确定水印的嵌入强度；最后，通过坐标映射机制和加性法则将水印信息嵌入格网点高程。

1. 水印嵌入区域的确定

经研究表明，人眼对平坦区域、边缘区域内数据的改变相比其他区域更为敏感，同时，坡度、坡向等地形参数对平坦区域、边缘区域内数据的改变比其他区域也更为敏感。因此，考虑到嵌入水印的不可见性要求和 DEM 数据的应用精度，实验中应避免在这两类区域中嵌入水印信息。

平坦块的提取是将原始 DEM 的坡度矩阵划分为互不重叠的 $N \times N$ 块，统计每一分块内栅格点的平均坡度，小于某一坡度阈值的分块被认为是平地，不嵌入水印信息。

边缘块的提取是将原始 DEM 的高程矩阵划分为互不重叠的 $N \times N$ 块，统计每一分块内栅格点高程的方差，方差大于某一阈值的分块被认为是边缘地区，不嵌入水印信息。

从 DEM 数据中除去平坦块和边缘块，即可得到待嵌入水印的特征块。

2. 水印嵌入强度的确定

在多媒体数字水印技术研究领域，水印嵌入强度的大小通常根据经验或反复实验来确定，这样不仅费时费力，而且结果也不一定符合要求。本节根据"地形复杂度越高，所能嵌入的水印信息量越多"的原理，利用 DEM 数据所能容忍的最大误差 $E_{\max}$ 对高程格网点的坡度值进行调节，作为格网高程点上水印的嵌入强度。

3. 水印信息的嵌入

根据上述分析可知，基于坡度分析的 DEM 空域水印算法主要有如下步骤。

（1）水印信息的生成，这里嵌入水印信息为有意义水印信息，如图 12.1 所示的一幅 116 像素×32 像素的二值图像。

图 12.1　水印信息

对水印信息从左到右、从上到下进行扫描，当像素为白色时值为 1，黑色时值为 0，得到一维二值序列 $W = \{w_i\}$（$i = 1, 2, \cdots, k$），其中 $w_i = \{0, 1\}$；然后，随机生成一密钥 key，对水印序列 W 进行置乱，得到待嵌入水印信息 $W' = \{w_i'\}$（$i = 1, 2, \cdots, k$）。

（2）嵌入位置的确定，将 DEM 数据 I 分成 $N \times N$ 块互不重叠的数据块，去除平坦块和边缘块，提取待嵌入水印信息的数据块。

（3）水印信息的嵌入，采用坐标映射机制，将置乱后的水印信息 W' 依次嵌入提取的 DEM 数据块中，得到含水印信息的 DEM 数据 I'，嵌入规则采用加性法则，即 $M'=\{m_i+\alpha \cdot w_i'\}$（$i=1,2,\cdots,k$）。其中，水印嵌入强度由格网点坡度值和允许的最大误差确定。

（4）水印信息的提取，可以看作是水印嵌入的逆过程，在持有密钥和原始 DEM 数据的情况下，即可提取和恢复水印信息。实验结果如图 12.2 所示（其中，试验 DEM 数据是大小为 572 像素×554 像素、分辨率为 1000m，高程精度为 1m 的河南省 DEM 数据）。为客观评价提取的水印与原始水印信息的相似程度，采用式（10.5）来计算相似度。

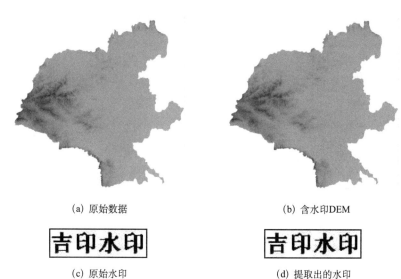

(a) 原始数据　　　　　　　　　　　(b) 含水印DEM

(c) 原始水印　　　　　　　　　　　(d) 提取出的水印

图 12.2　实验结果

12.2.3　实验结果分析

1. 含水印 DEM 数据的精度分析

为比较含水印 DEM 与原始 DEM 之间的误差，分别对两者的数据精度和应用精度（如坡度）进行了统计比较，如表 12.1、表 12.2 所示。

表 12.1　嵌入水印前后 DEM 数据的基本信息

	高程最小值/m	高程最大值/m	平均高程/m	坡度最小值/(°)	坡度最大值/(°)	平均坡度/(°)
原始 DEM	9	2227	248	0.0	27.06	1.41
含水印 DEM	8	2226	248	0.0	27.04	1.41

注：DEM 数据的高程精度为 1m

表 12.2　含水印 DEM 高程误差和坡度误差统计结果

误差	0~1/%	1~2/%	2~3/%	3~4/%	4~5/%	>5/%	最大值	中误差
高程误差	50.2	49.8	0.0	0.0	0.0	0.0	2.0m	1.0
坡度误差	1.0	0.0	0.0	0.0	0.0	0.0	0.06°	0.117

表 12.1 显示，水印嵌入后 DEM 数据的基本信息变化不大；表 12.2 反映水印嵌入后 DEM 数据的高程和坡度误差在各个误差区间的统计情况，高程误差在 2 个单位误差范围内，而坡度误差则全部集中在 1 个单位误差内，由此表明该算法在控制数据精度方面较好。

2. 鲁棒性评估

本节 DEM 水印鲁棒性的检测包括裁剪攻击和噪声攻击。

对于裁剪攻击，分别裁切任意大小的 DEM 数据块，利用水印提取算法对其进行水印提取，并利用式（10.5）计算提取水印的相关系数。图 12.3 显示了几种不同裁剪部位的裁剪结果及水印提取结果。实验表明，该算法对裁剪攻击具有很好的稳健性。

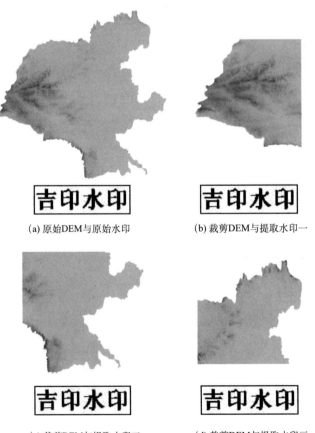

(a) 原始DEM与原始水印　　　　　　(b) 裁剪DEM与提取水印一

(c) 裁剪DEM与提取水印二　　　　　(d) 裁剪DEM与提取水印三

图 12.3　抗裁剪实验结果

对于噪声攻击，通过向 DEM 数据添加一定的噪声，检测水印的抵抗能力。对全部含水印 DEM 数据添加范围 $[a, b]$ 的均匀噪声，利用水印提取算法对其进行水印提取，并利用式（10.5）计算提取水印的相关系数。表 12.3 显示了水印的提取结果。实验表明，该算法对噪声攻击具有较好的稳健性。

表 12.3　水印的提取结果

噪声范围	[-3，3]	[-5，5]	[-8，8]
提取结果	吉印水印	吉印水印	吉印水印
相关系数	0.958	0.924	0.851

12.3　基于小波分析的 DEM 数字水印技术算法

本节从 DEM 数据的应用角度出发，以最为常用的地形参数——坡度为研究对象，结合离散小波变换对 DEM 数字水印技术进行研究。

12.3.1　DEM 与小波变换

小波分析具有多尺度分析、时频分析等良好特性，已成为空间数据处理和分析的重要工具，得到了广泛的应用。对 DEM 数据而言，小波变换可以实现对原始 DEM 的最大尺度、最小分辨率的最佳逼近，其低频部分反映原始 DEM 数据在高程上的渐变过程。某一低频系数对应着原始 DEM 数据的一小块区域，低频系数的坡度值反映了其对应的 DEM 数据块的地形复杂度。因此，可以在低频子带中提取具有较大坡度值的低频系数进行水印信息的嵌入。

12.3.2　算法原理

1. 水印信息嵌入

基于上述分析，本节提出一种基于坡度分析的 DEM 数字水印技术算法：通过对小波变换域低频子带进行坡度分析，提取适当的低频系数进行水印信息的嵌入，具体算法如图 12.4 所示。

（1）水印信息的生成：这里的嵌入水印信息为有意义水印信息，如图 12.5 所示为一幅 116 像素×32 像素的二值图像。

对水印信息从左到右、从上到下进行扫描，当像素为白色时值为 1，黑色时值为 −1，得到一维二值序列 $W=\{w_i\}$（$i=1, 2, \cdots, k$），其中 $w_i=\pm 1$；然后，随机生成一密钥

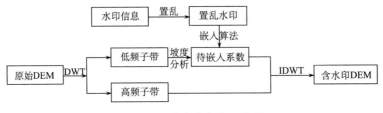

图 12.4　水印信息嵌入流程

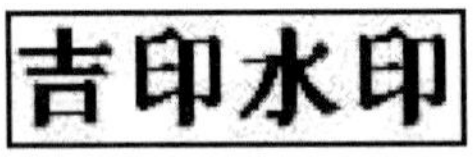

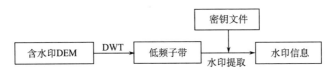

图 12.5　水印信息

key，对水印序列 W 进行置乱，得到待嵌入水印信息 $W'=\{w'_i\}$（$i=1,2,\cdots,k$）。

（2）低频子带坡度分析：对 DEM 数据进行小波变换，计算低频子带 P 各系数 $\{p_i\}$ 的坡度值，将低频系数按其坡度值的大小降序排列。

（3）水印信息的嵌入：将置乱后的水印信息 W' 依次嵌入降序排列的低频系数中，得到携带水印信息的低频子带 P'，嵌入规则为：$P'=\{p_i+\alpha\cdot w'_i\}$（$i=1,2,\cdots,k$）。

（4）含水印 DEM 数据的生成：对携带水印信息的低频子带 P' 和各高频子带进行小波逆变换，即可得到含水印信息的 DEM 数据。

2. 水印信息提取

水印信息的提取过程可以看作是其嵌入过程的逆过程，其提取流程如图 12.6 所示。

图 12.6　水印信息提取流程

（1）含水印 DEM 数据低频子带的提取：对含水印 DEM 数据进行相应的小波变换，提取其低频子带系数。

（2）水印信息的提取：将含水印 DEM 数据的低频子带系数与密钥文件中存储的密钥数据相比较，得到置乱后的水印信息 W'。

$$W'=\{w'_i\},\ w'_i=\begin{cases}-1,&m'_i<m_i\\1,&m'_i>m_i\end{cases}\quad(i=1,2,\cdots,k)\qquad(12.2)$$

根据水印生成密钥 key 对置乱后的水印信息 W' 进行反置乱恢复原始水印信息序列，然后依据最大隶属度原则获取水印信息 $W^*=\{w^*_i\}$（$i=1,2,\cdots,k$）。实验结果如图 12.7 所示（其中，试验 DEM 数据大小为 512 像素×512 像素、分辨率为 20 m，小波变换层数为 1，水印嵌入强度为 5.0）。

(a) 原始DEM

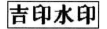

(b) 原始水印

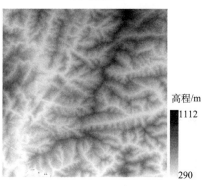

高程/m

1112

290

(c) 含水印DEM

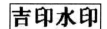

(d) 提取出的水印

图 12.7　实验结果

12.3.3　实验结果分析

1. 含水印 DEM 数据的精度分析

为比较含水印 DEM 与原始 DEM 之间的误差，分别对两者的数据精度和应用精度（坡度、等高线）进行统计比较，结果如表 12.4、表 12.5 所示。图 12.8、图 12.9 分别为水印嵌入前后 DEM 高程、坡度及其误差的分布，图 12.10 所示为水印嵌入前后提取等高线的比较。

表 12.4　嵌入水印前后 DEM 数据的基本信息

	高程最小值/m	高程最大值/m	平均高程/m	坡度最小值/(°)	坡度最大值/(°)	平均坡度/(°)
原始DEM	290	1112	554	0.0	71.14	33.38
含水印DEM	290	1112	554	0.0	71.62	33.39

注：DEM 数据的高程精度为 1m

表 12.5　含水印 DEM 高程误差和坡度误差统计结果

误差	0~1/%	1~2/%	2~3/%	3~4/%	4~5/%	>5/%	最大值	中误差
高程误差	91.17	1.86	2.76	2.22	0.07	1.93	5.0m	0.901
坡度误差	90.61	4.64	3.08	1.24	0.31	0.12	7.46°	0.747

表 12.4 显示，水印嵌入后 DEM 数据的基本信息变化不大。表 12.5 反映出水印添加后 DEM 数据的高程和坡度误差在各个误差区间的统计情况，且两者误差均集中在 3 个误差单位内，表明该算法在控制数据精度方面具有明显的优势。图 12.8（c）、图 12.9（c）分别显示了高程误差和坡度误差的分布情况。

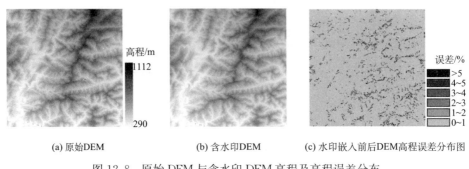

(a) 原始DEM　　　　　　　(b) 含水印DEM　　　　(c) 水印嵌入前后DEM高程误差分布图

图 12.8　原始 DEM 与含水印 DEM 高程及高程误差分布

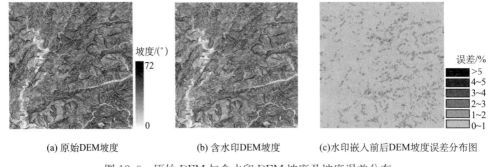

(a) 原始DEM坡度　　　　　(b) 含水印DEM坡度　　　(c)水印嵌入前后DEM坡度误差分布图

图 12.9　原始 DEM 与含水印 DEM 坡度及坡度误差分布

图 12.10 显示了水印嵌入前后提取等高线的变化（局部），可以看出，原始 DEM 提取的等高线与含水印 DEM 提取的等高线吻合程度很高，可以满足实际应用需求。

2. 鲁棒性评估

检验水印对噪声的鲁棒性。本节通过向 DEM 数据添加一定的噪声，检测水印的抵抗能力。对全部含水印 DEM 数据添加范围 $[a, b]$ 的均匀噪声，然后提取水印，并利用式（10.5）计算提取水印的相关系数。表 12.6 所示为水印的提取结果。实验表明，该算法对噪声攻击具有较好的稳健性。

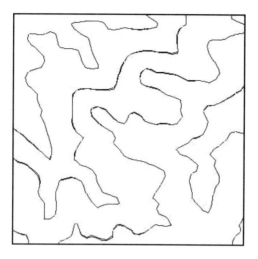

图 12.10　原始 DEM 与含水印 DEM 提取
等高线（深色线）结果对比（局部）

表 12.6　水印的提取结果

噪声范围	[−3, 3]	[−5, 5]	[−8, 8]
提取结果	吉印水印	吉印水印	吉印水印
相关系数	0.988	0.918	0.849

12.4　基于 DFT 的 DEM 自适应数字水印技术算法

对 DEM 数据而言，地性线是 DEM 的重要特征位置，集中了地形更多的信息内容，构成了地形变化起伏的骨架。同时，地性线也是 DEM 数据视觉敏感的部分，对地性线位置上水印信号的攻击，不仅会使 DEM 视觉质量受损，而且更易于导致数据精度的降低，甚至失去应用价值。因此，本节以地性线为出发点，结合 HVS 和 DEM 数据特征，利用 DFT 对 DEM 数据的版权保护进行研究，提出一种自适应选取嵌入位置的水印算法（王志伟等，2010）。

12.4.1　基于 DFT 的 DEM 水印算法

1. 水印信息嵌入区域的确定

经研究表明，相比其他区域人眼对平坦区域、边缘区域内数据的改变更为敏感，同时，坡度、坡向等地形参数对平坦区域、边缘区域内数据的改变比其他区域也更为敏感。因此，考虑到嵌入水印的不可见性要求和 DEM 数据的应用精度，实验中应避免在这两几类区域中嵌入水印。本节数字水印技术嵌入位置的确定包含以下几步，如图 12.11 所示。

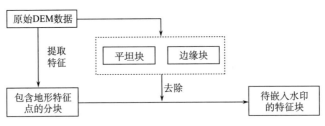

图 12.11　水印嵌入位置的确定

1) 地形特征点的提取

地形特征点的提取采用应用较为广泛的 D8 算法。该算法在 3×3 窗口上，利用最陡坡度法来确定 DEM 表面的地形特征点，能够较好地筛选出 DEM 的地貌特征点，且简单易行，运算速快。

2) 平坦块和边缘块的提取

平坦块的提取是将原始 DEM 的坡度矩阵划分为互不重叠的 $N \times N$ 块，统计每一分块内栅格点的平均坡度，小于某一坡度阈值的分块被认为是平地，不嵌入水印。

边缘块的提取是将原始 DEM 的高程矩阵划分为互不重叠的 $N \times N$ 块，统计每一分块内栅格点高程的方差，方差大于某一阈值的分块被认为是边缘地区，不嵌入水印。

3) 水印信息嵌入区域的确定

从包含地形特征点的分块中除去平坦块和边缘块，即可得到待嵌入水印的特征块。

2. 水印信息的嵌入

基于以上分析，基于 DFT 的 DEM 数字水印技术算法流程图如图 12.12 所示。

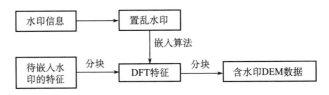

图 12.12　水印信息嵌入流程图

（1）水印信息的生成：这里嵌入的水印信息为有意义水印信息，即如图 12.13 所示的一幅 116 像素×32 像素的二值图像。

对水印信息从左到右、从上到下进行扫描，当像素为白色时值为 1，黑色时值为 −1，得到一维二值序列 $W = \{w_i\}$（$i=1, 2, \cdots, k$），其中 $w_i = \pm 1$；然后，随机生成一密钥 key，对水印序列 W 进行置乱，得到待嵌入水印信息 $W' = \{w_i'\}$（$i=1, 2, \cdots, k$）。

图 12.13　水印信息

（2）嵌入位置的确定：将 DEM 数据 I 分成 $N \times N$ 块互不重叠的数据块，按照上文方法提取待嵌入水印信息的特征数据块。

（3）分块傅里叶变换：将提取出的 $N \times N$ 块待嵌入水印信息的特征数据块分别进行离散傅里叶变换，得到频谱系数 F，并计算相应的幅值谱 M 和相位谱 ϕ。

（4）水印信息的嵌入：将置乱后的水印信息 W' 嵌入纹理区傅里叶低频系数的幅度中，得到携带水印信息的傅里叶幅值谱 M'，嵌入规则为：$M' = \{m_i + \alpha \cdot w_i'\}$（$i = 1$，$2$，$\cdots$，$k$）。

（5）含水印栅格地图的生成：将各个数据块中嵌入水印信息的幅值谱 M' 和原始相位谱 ϕ 组成新的离散傅里叶频谱系数 F'，再对 F' 进行分块逆傅里叶变换即可得到含水印信息的 DEM 数据 I'。

3. 水印信息的提取

水印信息的提取过程可以看作是其嵌入过程的逆过程，即对待检测 DEM 进行 $N \times N$ 分块，选择含有水印信息的特征数据块（即包含地形特征点，并除去平坦块和边缘块），

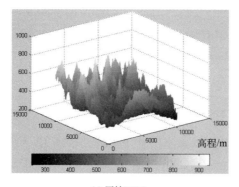

(a) 原始DEM

(b) 原始水印

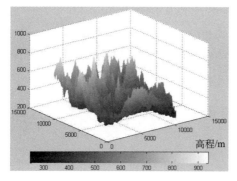

(c) 含水印DEM

(d) 提取出的水印

图 12.14　实验结果

然后对特征数据块进行分块傅里叶变换，在持有密钥和原始 DEM 的情况下即可提取水印信息。实验结果如图 12.14 所示（其中，试验 DEM 数据大小为 512 像素×512 像素、分辨率为 20m，高程精度为 1m，分块大小为 2×2 分块，水印嵌入强度为 5.0）。

12.4.2 实验结果分析

1. 精度分析

为比较含水印 DEM 与原始 DEM 之间的误差，分别对两者的数据精度和应用精度（坡度、等高线）进行统计比较，结果如表 12.7、表 12.8 所示。图 12.15、图 12.16 分别为水印嵌入前后 DEM 高程、坡度及其误差的分布图，图 12.17 所示为水印嵌入前后提取等高线的比较。

表 12.7　嵌入水印前后 DEM 数据的基本信息

	高程最小值/m	高程最大值/m	平均高程/m	坡度最小值/(°)	坡度最大值/(°)	平均坡度/(°)
原始 DEM	240	943	473	0.0	68.62	28.67
含水印DEM	240	945	473	0.0	68.62	28.69

注：DEM 数据的高程精度为 1m

表 12.8　含水印 DEM 高程误差和坡度误差统计结果

误差	0~1/%	1~2/%	2~3/%	3~4/%	4~5/%	>5/%	最大值	中误差
高程误差	84.55	10.08	5.37	0.00	0.00	0.00	2.0m	0.786
坡度误差	79.47	10.31	6.25	2.36	1.07	0.54	7.829°	1.142

表 12.7 显示，水印嵌入后 DEM 数据的基本信息变化不大；表 12.8 反映水印添加后 DEM 数据的高程和坡度误差在各个误差区间的统计情况，且两者误差均集中在 3 个误差单位内，表明该算法在控制数据精度方面具有较为明显的优势，图 12.15（c）、图 12.16（c）分别显示了高程误差和坡度误差的分布情况。

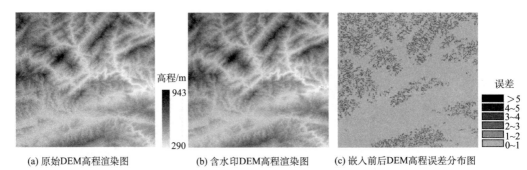

(a) 原始DEM高程渲染图　　　　　(b) 含水印DEM高程渲染图　　　　　(c) 嵌入前后DEM高程误差分布图

图 12.15　原始 DEM 与含水印 DEM 高程及高程误差分布图

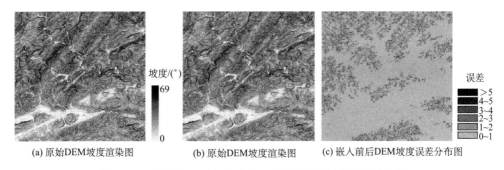

(a) 原始DEM坡度渲染图　　　　(b) 原始DEM坡度渲染图　　　(c) 嵌入前后DEM坡度误差分布图

图 12.16　原始 DEM 与含水印 DEM 坡度及坡度误差分布图

图 12.17 显示了水印嵌入前后提取等高线的变化（局部），从中可以看出，原始 DEM 提取的等高线与含水印 DEM 提取的等高线吻合程度很高，可以满足实际应用的要求。

2. 鲁棒性评估

检验水印对噪声的鲁棒性。本节通过向 DEM 数据添加一定的噪声，检测水印的抵抗能力。对全部含水印 DEM 数据添加范围 $[a, b]$ 的均匀噪声，然后提取水印，并利用式（10.5）计算提取水印的相关系数。表 12.9 所示为水印的提取结果。实验表明，该算法对噪声攻击具有较好的稳健性。

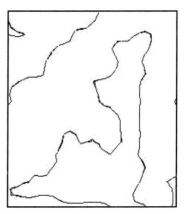

图 12.17　原始 DEM 与含水印 DEM 提取等高线（深色线）结果对比

表 12.9　水印的提取结果

噪声范围	[−3, 3]	[−5, 5]	[−8, 8]
提取结果	吉印水印	吉印水印	吉印水印
相关系数	0.937	0.904	0.869

参 考 文 献

刘学军，龚健雅，周启鸣，等. 2004. 基于 DEM 坡度坡向算法精度的分析研究. 测绘学报，33（3）：258～263.

王志伟，朱长青，杨成松. 2009. 一种基于坡度分析的 DEM 数字水印技术算法. 地理与地理信息科学，25（1）：91～93.

王志伟，朱长青，殷硕文，等. 2010. 一种基于 DFT 的 DEM 自适应数字水印技术算法. 中国图象图形学报，15（5）：796～801.

第13章　栅格数字地图可见水印模型

根据水印的可见性，数字水印可分为不可见水印与可见水印两大类（孙圣和等，2004；Berghel and Gorman，1996）。不可见水印将信息隐藏在载体数据中，主要作用于版权保护、隐含标识、认证及隐蔽通信等方面。可见水印技术以对人眼可见的形式在原始数据中嵌入水印。它可以用来强调所给出的数据是一个样品，或者通过在数据中嵌入商标或者版权标志来阻止非法拷贝。本章首先对可见水印技术进行简要的概述，然后针对栅格数字地图自身数据特性，基于小波变换技术，提出一种栅格数字地图可见水印模型，建立一种以用户为中心的可见水印模型。

13.1　可见水印技术概述

与不可见水印相比，可见水印在日常生活中容易见到，如在电视节目中，频道标识符半透明地放在屏幕一角以表明版权，实际上这就是一种可见水印，它也提供了对内容进行可辨识标志的功能，因为可见水印在没有去除密钥的情况下很难去除，它还可以阻止对数据的非法改动，同时可见水印也可以利用去除密钥从数据中去除水印标志，因此可见水印可用于广告和版权通知。该技术以更加积极的方式保护数据版权，带有可见水印的作品包含有一个标识版权所有者身份的可见版权标识，通过这样一个可见水印不仅可以提供一个直接的版权标志，而且可以有效地阻止非法恶意使用。

相对于不可见水印技术，可见水印技术的攻击手段不同，攻击者试图移去或毁坏可见水印，其常用的攻击方法有以下几种（Chen，2000）。

（1）应用数据处理工具来逐个数据进行修改，以改变其数值来去除可见水印。

（2）应用数据处理工具来识别特殊的区域或目标，而这些区域或目标一般都是含有可见水印，然后通过处理来改变区域或目标的数据来除去可见水印。

（3）针对给定阈值或给定特殊区域，通过编写程序来改变数据以破坏可见水印。

（4）应用数据处理工具给某些参数赋一批特殊的数值，达到用一批数据来取代另一批数据的目的。

因此为了抵抗这些攻击，兼顾考虑其用途，要求可见水印必须具有以下基本特性（符浩军等，2011）。

（1）可见水印在作品中清晰可见。可见水印添加后，能够用肉眼观察水印的存在，并且图像中的不同区域具有一致的视觉突出效果。

（2）添加可见水印后的载体数据细节信息不易遭到严重的破坏，对原始数据的质量影响越小越好。

（3）可见水印要具有很强的鲁棒性，能够避免各种恶意攻击，一旦遭到破坏，载体数据质量会遭到严重损坏。

可见水印的一些理想特性如下：在彩色和单色图像中都可见；可见水印不应该模糊原始图像的细节部分；只有仔细检查才能注意到可见水印；可见水印应该分布在图像的较大范围和重要区域中，以防止由于剪切而被删除；可见水印应该很难自动去除，移除水印应该比从所有者那里购买原始数据所花费的代价更大；对于所有类型的原始数据，在很少的人工干涉下，可见水印的嵌入过程都应该自动完成。

13.2　栅格数字地图可见水印模型

本节基于小波变换和 HVS 特性，结合考虑栅格数字地图自身数据特性，提出了一种栅格数字地图可见水印算法（符浩军等，2011）。先对可见水印进行预处理，然后在栅格数字地图经小波变换后将可见水印自适应的嵌入地图中最佳嵌入位置，最佳嵌入位置根据栅格数字地图数据特性和 HVS 特性确定。

13.2.1　可见水印嵌入位置的选择

一般来说，可见水印会比原地图要小，因此有必要在水印嵌入前对水印信息做预处理以保证其能覆盖地图的大部分区域，同时可见水印在原地图的嵌入位置也应仔细选择，以保证不降低原地图的质量和可见水印细节部分的可见性。栅格数字地图背景区域要比地图要素区域明显得多，背景区域像素灰度值偏高，而地图要素区域像素值偏低，同时相邻像素间像素值变化较大。为此，可以从栅格数字地图的数据特征出发，结合 HVS 特性，对嵌入位置进行分析与确定。

首先，假设原地图大小是 $M \times N$，可见水印 W 大小是 $m \times n$，一般来说，可见水印大小不会超过原栅格地图，即满足 $m \leqslant M$，$n \leqslant N$。对可见水印做扩展以保证其能覆盖原地图的大部分区域，扩展幅度为 $\min\{M/m, N/n\}$，扩展后水印 W 大小为 $m' \times n'$。

然后，设原地图左上角 $m' \times n'$ 大小的区域为 D_1，将 W 视为一个滑块，按从上到下、从左到右的顺序，从区域 D_1 开始以滑差 h 对整个地图进行遍历。具体做法是：先从区域 D_1 出发进行一轮从左到右的水平遍历，在遍历时滑块每次移动像素 h，在一轮的水平遍历完成后，滑块向下移动像素 h 的距离，再开始新一轮的水平遍历，如此反复直到将整个地图遍历完。设遍历开始时滑块所覆盖的区域为 $\text{Re}\,g(1,1)$，则依次设滑块在遍历途中所覆盖的区域为 $\text{Re}\,g(i,j)$，其中 $i=1, 2, \cdots, [(M-m')/h]$，$j=1, 2, \cdots, [(N-n')]/h$，$[\ ]$ 表示对数取整。分别利用下式求出这些地图块的重要性等级指数 I：

$$I_{(i, j)} = \sum_{x=i}^{i+m'} \sum_{y=j}^{j+n'} F(x, y) \tag{13.1}$$

式中，$I_{(i,j)}$ 为遍历中第 (i,j) 地图块的重要性等级指标；$F(x,y)$ 为原地图中 (x,y) 处的灰度值。在所有的 $I_{(i,j)}$ 中找到最大值，此最大值所对应的区域就是所寻找的可见水印最佳嵌入位置。

13.2.2　可见水印嵌入模型

栅格数字地图色彩具有较高的亮度和较小的饱和度，栅格地图有固定的着色机制，且限定于几种特定的颜色。同时地图中空域像素值变化比较大，反映在频域中则为低频分量变化比较大，而自然图像具有很好的相关性，相对来讲，变化就缓一些，所以在栅格数字地图中嵌入同等强度的可见水印，会导致栅格数字地图细节信息的失真，且通过分析图像像素便很容易检测并去除，不能达到确认版权的目的。

可见水印在栅格数字地图中的嵌入既要保证原地图的质量，同时又要考虑到可见水印的可见性，嵌入到栅格数字地图中的可见水印应具有以下三个重要特性：①无论在彩色或灰度栅格地图上，可见水印均应覆盖大部分区域，且以半透明形式呈现在所覆盖区域，不能破坏地图细节；②水印嵌入应该省时省力，不需要太多人工干预，即嵌入水印鲁棒性要强。这就要求嵌入到原地图的水印信息强度既不能太小也不能太大，且可见水印嵌入时不是一个固定的强度，应根据具体的数据特性来确定嵌入规则，所以有必要根据栅格数字地图的数据特性来设计合适的水印嵌入算法。

1. 水印嵌入模型

可见水印的嵌入必须对原地图和水印图像同时进行拉伸，这是因为可见水印的嵌入不仅会影响到原地图的整体亮度，而且会影响到其细节特征，常见的水印一般性嵌入准则有线性加法、乘法和量化索引调制。考虑到可见水印的特性，算法采用线性加法嵌入准则，公式可描述为

$$C'_{ij}(n) = \alpha(i,j) \cdot C_{i,j}(n) + \beta(i,j) \cdot W_{i,j}(n) \tag{13.2}$$

式中，$\alpha(i,j)$ 和 $\beta(i,j)$ 分别为原地图和可见水印的拉伸系数；$C_{i,j}(n)$ 和 $W_{i,j}(n)$ 分别为原地图和可见水印的低（高）频系数；$C'_{ij}(n)$ 为可见水印嵌入后地图的低（高）频系数，$\alpha(i,j)$ 和 $\beta(i,j)$ 由小波系数来确定，且低频子带和高频子带的拉伸系数确定规则不一样。

2. 低频子带的拉伸系数模型

栅格地图小波分解的低频子带是对地图的近似表示，集中体现了地图的大部分信息和能量，因为低频的纹理较少，在视觉掩蔽特性中所起的作用可以忽略不计，可以把低频子带近似看作地图的亮度信息。研究发现：人类视觉对不同亮度具有不同的敏感性，即通常对中等亮度最为敏感，向低亮度和高亮度两个方向具有非线性下降的特性，由此采用下式来定义亮度掩膜：

$$B(i,j) = \left(\frac{C_{ij} - C_{ave}}{C_{max}} \right)^2 \tag{13.3}$$

式中，C_{max} 为低频子带的系数最大值；C_{ave} 为低频子带的系数平均值；C_{ij} 为低频子带的一个系数。

然后，将 $B(i,j)$ 量化到 $[0.05，0.1]$ 区间范围内，$B'(i,j)$ 是量化后的亮度掩

膜值，同时，低频子带可以近似看作地图的亮度信息，所以可以定义拉伸系数：

$$\alpha(i,j) = 1 - B'(i,j)$$

$$\beta(i,j) = B'(i,j)$$

这里对亮度掩膜进行量化，是在保证对原地图视觉真实度破坏不大的情况下，水印具有良好的可见性。考虑到地图中空域像素值变化比较大，边缘信息比较多，而边缘区域是地图中最重要的视觉信息，人眼对图像边缘的改变很敏感，为了保持地图的完整，就必须保持图像边缘的完整，所以在确定尺度因子 $\alpha(i,j)$ 和嵌入因子 $\beta(i,j)$ 的时候，边缘应改变最小，因此只能将少量的可见水印嵌入到原地图的边缘块中，也就是说在地图非边缘块中可以用上式定义尺度因子和嵌入因子，而在地图边缘块中则需做相应调整，此处的尺度因子 $\alpha(i,j)$ 应接近于其最大值 α_{max}，而嵌入因子 $\beta(i,j)$ 应接近于其最小值 β_{min}。通过调整尺度因子和嵌入因子，这样就能较好地保持原地图的视觉质量。在地图边缘检测过程中，由于栅格地图的边缘较多，且其边缘像素值过渡明显尖锐，适合用梯度算子检测边缘块。

3. 高频子带的拉伸系数模型

栅格地图小波分解的高频子带反映图像的局部特征。高频系数从小到大分别对应空域上的平滑区域、纹理区域及边缘区域，系数非零个数及变化情况代表该块的纹理信息，非零系数越多，系数变化越大，该块纹理就越复杂。一般来讲，在原地图的平坦区域应尽可能多地表现水印图像纹理信息，而在原地图的纹理区域应尽可能多地表现地图原有纹理信息。同时，HVS 对高纹理区域地图像素的改变不敏感，同一邻域内的纹理数越多，对噪声的掩蔽性就越大，视觉失真性就越小，在一个富有纹理信息的区域中，能量均匀分布于各高频系数中，这就意味着此区域的方差 $\sigma_{(i,j)}$ 较小，可以加入较多的水印信息。这样就可以设 $\alpha(i,j)$ 与方差 $\sigma_{(i,j)}$ 成反比，$\beta(i,j)$ 与方差 $\sigma_{(i,j)}$ 成正比。综合上述，在高频子带中可见水印尺度因子 $\alpha(i,j)$ 和嵌入因子 $\beta(i,j)$ 可以定义为

$$\alpha(i,j) = \sigma'_{(i,\,j)} \cdot e^{-\mu(i,\,j)}$$

$$\beta(i,j) = \frac{1 - e^{-\mu'(i,\,j)}}{\sigma'_{(i,\,j)}}$$

式中，$\sigma'_{(i,j)} = \sigma_{(i,j)} / \sigma_{max}$；$\mu'_{(i,j)} = \mu_{(i,j)} / \mu_{max}$；$\sigma_{(i,j)}$ 为地图块的高频方差；$\mu_{(i,j)}$ 为地图块的低频系数。

可见水印的嵌入流程图如图 13.1 所示。

13.2.3　实验与分析

本节先后进行了两个实验，实验 1 按照本节算法进行了可见水印的自适应嵌入，采用的测试地图如图 13.2 所示，为 894 像素×804 像素大小的 256 级栅格数字地图，可见水印是 600 像素×605 像素大小的 256 级图像，如图 13.3 所示。

算法无需对可见水印进行人工处理，根据可见水印大小与地图尺寸在嵌入前自动对

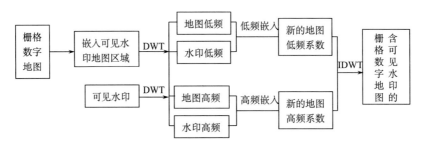

图 13.1　基于小波变换的栅格数字地图可见水印算法流程图

图 13.2　原始栅格数字地图

图 13.3　可见水印信息

可见水印进行预处理，然后寻找栅格数字地图重要视觉区域进行嵌入，实验结果如图 13.4 所示。仿真结果表明，可见水印半透明性地呈现于栅格数字地图重要视觉区域，尤其在纹理区域和边缘区域，极好地保持了原地图的细节。

图 13.4　可见水印实验结果

13.3　以用户为中心的可见水印嵌入模型

本节基于13.2节所提出的可见水印算法，结合用户的需求，研究可见水印嵌入模型，提出一种以用户为中心的可见水印嵌入模型。

13.3.1　可见水印嵌入模型

现有的关于可见水印技术研究在强调鲁棒性基础上多要求可见水印信息对原始数据的质量影响要尽量小，从而建立的可见水印模型也比较单一，这导致水印技术的应用与用户的实际需求产生了较大的差距，而一种水印算法的好坏不能仅仅只考虑它的抗攻击能力，同时还要考虑算法是否适用具体的应用环境。对水印算法的使用和评估的最终目的应该是以用户为中心，应根据用户的要求来设计适用于用户需求的水印算法，用户的需求是指用户设定满足其需要的各种条件，而且这些条件并不是固定不变的，有时候会随着需求的不同而改变。

由此可知，在设计水印嵌入模型时，应给予一定灵活度，即需要用户的参与（如调节算法参数等），只有在以用户为中心的前提下所设计的水印嵌入模型才更具有实际意义。下面以用户为中心设计一个可见水印嵌入模型，在整个模型中将可见水印嵌入算法看成一个黑盒子，但需要提供给用户调节的手段，具体的模型示意图如图13.5所示。

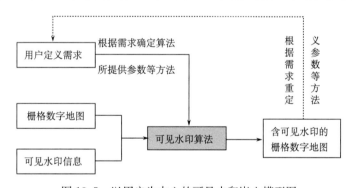

图 13.5　以用户为中心的可见水印嵌入模型图

13.3.2　实验与分析

在本节实验中，以所提出的基于小波变换的栅格数字地图可见水印算法为基础，提供一种可调节可见水印嵌入强度的参数给用户，给出强、次、弱、微、透五个不同强度等级的可见水印嵌入方法供用户选择，以满足用户不同需求。原图以及各等级实验效果图如图13.6所示。

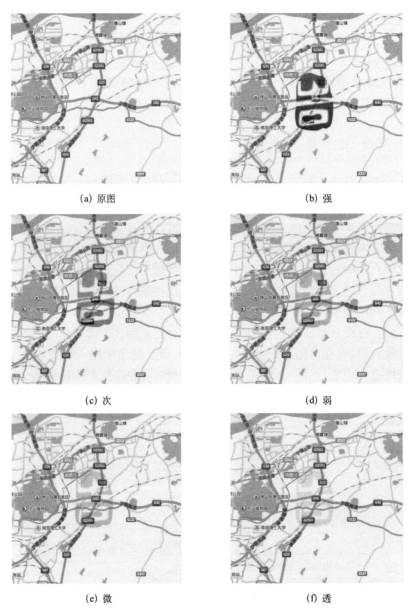

(a) 原图　　　　　　　　　　　　　　(b) 强

(c) 次　　　　　　　　　　　　　　(d) 弱

(e) 微　　　　　　　　　　　　　　(f) 透

图 13.6　不同嵌入强度的彩色可见水印嵌入效果示意图

参 考 文 献

符浩军，朱长青，缪剑，等. 2011. 基于小波变换的数字栅格地图复合式水印算法. 测绘学报，40（3）：397～400.

孙圣和，陆哲明，牛夏牧. 2004. 数字水印技术与应用. 北京：科学出版社：30～350.

Berghel H，O'Gorman L. 1996. Protecting ownership rights through digital watermarking. Computer，29（7）：101～103.

Chen P M. 2000. A visible watermarking mechanism using a statistic approach. In：Proceeding of the 5th International Conference Signal Processing，2：910～913.

索　引

地球观测与导航技术丛书已出版图书

序号	书名	作者	出版时间
1	地理信息共享技术与标准	龚健雅，等	2009
2	遥感数据智能处理方法与程序设计（第 2 版）	马建文	2010
3	面向任务的遥感信息聚焦服务	李德仁，等	2010
4	遥感数据自动化处理方法与程序设计	马建文	2011
5	轨道力学	周建华，等	2011
6	GPS 增强参考站网络理论	黄丁发，等	2011
7	空间聚类分析及应用	邓敏，等	2011
8	遥感影像信息库	陈圣波，等	2011
9	基于几何代数的多维统一 GIS——理论·算法·应用	袁林旺，等	2012
10	滑坡遥感	王治华，等	2012
11	定量遥感	梁顺林，等	2012
12	内陆水体高光谱遥感	张兵，等	2012
13	空间信息剖分组织导论	程承旗，等	2012
14	交通地理信息系统技术与前沿进展	李清泉，等	2012
15	永久散射体雷达干涉理论与方法	刘国祥，等	2012
16	海洋地理信息系统原理与实践	周成虎，等	2013
17	航天光学遥感器辐射定标原理与方法	顾行发，等	2013
18	环境一号卫星遥感数据处理	余涛，等	2013
19	星载雷达干涉测量及时间序列分析的原理、方法与应用	陈富龙，等	2013
20	卫星高光谱红外大气遥感原理和应用	董超华，等	2013
21	高光谱影像分析与应用	余旭初，等	2013
22	城市环境遥感方法与实践	杜培军，等	2013
23	空间数据挖掘（第 2 版）	李德仁，等	2013
24	高光谱遥感影像处理	张良培，等	2013
25	城市空间热环境遥感	陈云浩，等	2014
26	地理空间数据数字水印理论与方法	朱长青，等	2014